厦门大学211工程三期建设成果

厦门大学人文学院青年学术文库

中国古代哲学的
生态意蕴

吴　洲●著

中国社会科学出版社

图书在版编目(CIP)数据

中国古代哲学的生态意蕴/吴洲著.—北京:中国社会科学
出版社,2012.10

ISBN 978 - 7 - 5161 - 1376 - 9

Ⅰ.①中…　Ⅱ.①吴…　Ⅲ.①生态学—古代哲学—研究—
中国　Ⅳ.①Q14 - 02

中国版本图书馆 CIP 数据核字(2012)第 216565 号

出 版 人	赵剑英	
选题策划	张　林	
责任编辑	刘　艳	
责任校对	韩海超	
责任印制	戴　宽	

出　　版	中国社会科学出版社
社　　址	北京鼓楼西大街甲 158 号(邮编 100720)
网　　址	http://www.csspw.cn
	中文域名:中国社科网　　010 - 64070619
发 行 部	010 - 84083685
门 市 部	010 - 84029450
经　　销	新华书店及其他书店

印　　刷	北京市大兴区新魏印刷厂
装　　订	廊坊市广阳区广增装订厂
版　　次	2012 年 10 月第 1 版
印　　次	2012 年 10 月第 1 次印刷

开　　本	710×1000　1/16
印　　张	16.5
插　　页	2
字　　数	262 千字
定　　价	46.00 元

凡购买中国社会科学出版社图书,如有质量问题请与本社联系调换
电话:010 - 64009791

目　录

第 一 章

若干基本理论问题的反思

中国古代哲学的主体部分，是指以汉语和汉字为原始载体，而社会影响主要限于长城一线以内即东亚大陆主要农耕区域内的哲学思想。本书也主要是在这个意义上使用该术语。古代哲学和思想，其文献堪称连篇累牍、汗牛充栋，其内涵则包罗万象、幽曲湛深。但本书并不是要对所有重要文献及各种重要内涵做一全景式鸟瞰，而是着力探讨"古代哲学的生态内涵"，所以是有突出的主题和重点的，并力图条分缕析而要言不烦。①

古代哲学的概念、范畴和命题中，蕴涵着丰富的生态思想，即一些思想的主题，直接就是关于人与环境的关系的实然状况和应然理念的探讨；或者，一些思想透露出深厚的生态意蕴，即对这些思想的深层论述，往往牵涉到与环境和谐相处的问题。这些关于生态的思想或思想的生态意蕴，如后文所述，大致包括：道论和气论的生态意蕴，天人之学

---

① 现代学者在中国哲学史方面的重要著述略有：张岱年：《中国哲学大纲》，中国社会科学出版社 1982 年版；冯友兰：《中国哲学史》（两卷本），华东师范大学出版社 2001 年版；徐复观：《两汉思想史》（第 1—3 卷），华东师范大学出版社 2001 年版；汤用彤：《魏晋玄学论稿》，上海古籍出版社 2001 年版；汤一介：《郭象与魏晋玄学》，北京大学出版社 2000 年版；任继愈主编：《中国哲学发展史·隋唐卷》，人民出版社 1994 年版；高令印、陈其芳：《福建朱子学》，福建人民出版社 1986 年版；陈来：《有无之境》，人民出版社 1992 年版等。

以及［英］葛瑞汉：《论道者》，中国社会科学出版社 2003 年版；［日］沟口雄三、小岛毅主编：《中国的思维世界》，江苏人民出版社 2006 年版；［日］小野泽精一等编：《气的思想》，上海人民出版社 1990 年版；［美］陈汉生：《中国古代的语言和逻辑》，社会科学文献出版社 1998 年版；［美］郝大维、安乐哲：《汉哲学思维的文化探源》，江苏人民出版社 1999 年版等。

的和谐理念、阴阳五行模式或者取象比类方法的生态意蕴，佛教的宇宙图式、无情有性说，道家的"天地不仁"、"自然无为"的思想，儒家"仁民爱物"、"民胞物与"的爱物思想，儒家月令模式中的生态规划内涵，职官体系中的若干生态保护职责，儒释道三教关于朴素生活方式的教诲，等等。

除了谈到林林总总的关于生态的思想和思想的生态意蕴，本书还要在此基础上进一步论证这样一些观点：

（一）中国古代哲学的主流是其道论、气论和象论。此三论又经常是水乳交融而难分难解的：论及世界之物质统一性的为"气论"，[①]"一气"之生化流行之本根、规律、机制和枢纽为"道"，故所谓"道"，实为气化之道；而道论和气论之内在的认识论和方法论基础则为"象论"，也可以说是一种征候学，其要点便为"取象比类"。

气论展开的具体模型为"阴阳"、"五行"，这是经由"取象比类"方法而得到的"象"的匹配比拟的体系，其本根、规律、机制和枢纽便为"大象"，亦可谓之"道"。

（二）中国古代哲学的特质跟道论、气论和象论的独特内涵有关，进一步来看，也跟中国古代社会基于其环境特征的独特的农耕文明有关。此即：

（1）农耕文明所需之基本认识方法为物候学观察，而正是以东亚季风性气候为核心的环境的总体特征，使得农耕文明成为我国古代文明的主导因素，并使得物候学及在此基础上泛化所得之征候学方法成为主导性的认识方法。

（2）物候学观察注重揭示现象或"象"的效应性、循环性、同时性和实用性的维度，[②] 这些在传统的天道观中也都有所体现。

（3）道论和气论的独特内涵，正是刻印着东亚季风性气候背景下的季节循环的总体规律，循环之中又贯穿着内在的创造性生机，所谓阴阳

---

① 即《庄子·知北游》曰："通天下一气耳"，参见王先谦：《庄子集解》卷6，《诸子集成》第3册，中华书局1954年版，第138页。

② 有关这四个特征维度的具体分析，参见本书第六章第4节。

消息、五行生克之天道循环是也。①

（4）儒家所论"诚"与"中和"，道家所论"道"、"大象"，佛家所论"如来藏"，就是要在无思、无欲、无为当中包容、涵摄、参赞所思、所欲、所为；再者，阴阳、五行都是相对于"中道"而言的特定失衡状态。

（三）中国古代哲学的若干特征，如现世性、中和性、宗法性、包容性和内在超越性，都可以从上述背景中得到一些合理的解释。

分别言之，即现世性涉及征候学观察的效应性和实用性；中和性涉及此类观察的方法论枢纽即"象"的天平；宗法性则为东亚大陆农耕区的社会结构所需；包容连续型的心态体现天地万物一体之"仁"，其内涵也涉及中和性；而中国古代哲学的内在超越性，实为宇宙间创造性生机的内化表现。

关于中国古代哲学的特质，即关于它的生态意蕴和生态解释，应作如是观。但在展开论述这些特质之前，我们需要先面对一些理论问题和另一层面上的方法论问题。

一　人类实践及其哲学思考的整体性

古代哲学家思考的问题往往极其广泛，似乎天文、地理、自然规律、社会组织、家庭和家族、风俗民情、心理的和心性的，均有涉及，即天、地、人三才尽皆包赅在内。

但是与这种淹贯博通的风格相关的是，我们似乎更应该留意到，反而是在缺乏科技装备和专业化手段的背景下，古代哲学家更容易留意到各类现象和各类问题之间的水乳交融般的内在联系。但各类问题暨人类实践领域之间的差别，也不是毫无头绪的一团乱麻；人类实践活动的整体性和这种实践活动的领域暨问题的分化，是交织在一起的和共同呈现的。根本上正是由于前者，古代哲人的探讨才会显得好像无所不包一样。

---

① 此犹《易传》所谓"一阴一阳之谓道，成之者善也，继之者性也"，载于《周易·系辞上》，《十三经注疏》上册，中华书局1980年影印阮刻本，第78页。

　　人类群体内部，即为数不少的由一定的命运纽带联系起来的人类个体之间，必须建立良好的协作关系，才能发挥人类这种智慧生命的优势，这就是荀子所谓"能群"的意思。

　　　　水火有气而无生，草木有生而无知，禽兽有知而无义，人有气有生有知，亦且有义，故最为天下贵也。力不若牛，走不若马，而牛马为用，何也？曰：人能群，彼不能群也。人何以能群？曰"分"。分何以能行？曰"义"。故义以分则和，和则一，一则多力，多力则强，强则胜物，故宫室可得而居也。故序四时，裁万物，兼利天下。故它故焉，得之分义也。故人生而不能无群，群而无分则争，争则乱，乱则离，离则弱，弱则不能胜物，故宫室不可得而居也。不可少顷舍礼义之谓也。①

　　对于人类社会的进化而言，更高级的分工必定是伴随着更复杂和某些重要方面更有效率的协作方式的出现而出现的。可是如果人类没有更有效地组织和利用人类生态系统内的物质流和能量流的形式，那么更高级的协作就是难以想象的，因为这样的协作意味着更好的交流和沟通媒介、更有效率的工具的运用，意味着用更少的能量去做更多想做的事情。而我们也很容易看到，利用能量流的方式和协作形式之演进，经常是源自人类群体的某些知识积累和知识进步。然而事实上，借助语言或其他符号形式的交流，知识的积累和进步，为了建立某种稳定高效的协作形式而需要做出的自我控制、自我调节，所有这一切都蕴涵着一个基本前提：人类自我的某种基础性的反思能力。很简单的例子就像：在反思或反省中，你必须能够记得过去——例如一天前或一月前——你是用什么"能指"来表示你当下所要表示的意思即"所指"的。就是说，人类组织和利用生态系统内的物质流和能量流的能力，人类个体或群体间的协作关系，人类自我的基础性反思能力，这三项本身就是相互配合、协作演进的。因此关于人类整体的实践活动之领域分化，基本的划分脉

————————

① 《荀子·王制》，王先谦：《荀子集解》，《诸子集成》第2册，第104—105页。

络就是人与自然、人与人、人与自身这三重领域。①

如果没有极特殊的情况发生，任何一个人都必然从属于某个共同体，譬如家庭、家族（即血缘共同体）、社区、社邑（多具地缘共同体特征）、行会、协会、帮派或国家——因为人是群居的动物。唯其成员间具有某些共同的特质或命运或目标，始能成为某一共同体。又因成员之间或共同体的复杂体系能够发挥协同效应，故而在竞争和利用某些有限的资源方面，比孤立的个人更具优势。所以在竞争的自然史和社会史当中，便形成了人类的群居倾向及广泛利用各类共同体的趋势。

一个自然人，可能同时具备很多共同体成员的身份。但有些共同体是完整的共同体，有些则不是。一个完整的共同体是一个自我维生的系统。在其主要而必要的环节上，便已构筑和实现了人与非人（即人与自然环境或人工物品）、人与他人、人与自身这三重领域的功能耦合，乃是完整共同体的特征。耦合性指某些实践活动及其功能是另一些实践活动得以构建的前提或基础，而后者通过一些中介，实质上又成为前者的前提和基础。而且我们可以论证，完整的共同体必然在一定意义上是地缘性的，因为它需要很好地组织和利用一定地域范围内的生态系统中的物质流和能量流。相对来说，不完整的共同体则无法实现这三重领域的

---

① 相近的划分方式，我们可以在哈贝马斯的理论模型中看到。他认为比起韦伯（M. Webber）聚焦于"有目的合理"行为的制度化，并通常体现在经济和管理体制层面。他的"交往合理性"概念更为完整，更为具体，包含着三个层面："第一，认识主体与事件的或事实的世界的关系；第二，在一行为社会世界中，处于互动中的实践主体与其他主体的关系；第三，一个成熟而痛苦的主体（费尔巴哈意义上的）与其自身的内在本质、自身的主体性、他者的主体性的关系"（［德］哈贝马斯：《现代性的地平线》，上海人民出版社1997年版，第57页）。

此外，他在《交往行动理论》一书中，参照了卡尔·波普尔（Karl Popper）的三个世界的划分（［英］卡尔·波普尔：《科学知识进化论》，纪树立编译，三联书店1987年版，第409—410页），把社会科学理论中的行动概念，依行动者与世界之关系，划分为目的论的、规范调节的和戏剧的行动。目的论行动，是以作为客体对象的事态世界为前提，其行动模式是策略性的。规范调节的行动概念，主述社会世界。即在此，"行动者作为作用活动的主体，与其他可以相互参与规范调节的内部活动的行动者都属于这种社会世界"（［德］哈贝马斯：《交往行动理论》第1卷，重庆出版社1994年版，第125页），当然这里的规范比我们所用的含义要小。戏剧行动的概念，则叙述主观的世界，亦即，"我们把一种社会的内部活动，理解为遭遇，参与者通过这种遭遇相互构成可见的观念，并且相互表演一些东西"（同上书，第128页）。另参见［德］哈贝马斯：《交往与社会进化》，重庆出版社1989年版等。

功能耦合，也不必是地缘性的。

完整的共同体中存在某些结构—功能的耦合。譬如对环境的利用和改造，例如大型狩猎、农田水利、修筑运河、堤坝，等等，得要大伙齐心协力、分工合作，得要在利益分配上有一定的共识，才能取得大的突破，收到很好的效益。历史上的一些制度，例如中国古代的徭役之法，就是要调动大量的人力资源协同运作，其背后站着的是某种政治结构，没有一定的政治结构的支持，这样大规模的改造环境的活动是不可能的。也就是说，人与人之间的稳定关系无疑是较为复杂的协作的前提，此并需要行政管理之规范或者其他某些形式的有助于建立和维系稳定关系的制度。与此同时，如果没有符号交流的形式、媒介和渠道，没有人类自我的符号意识，人与人之间的交往和协调便成空谈。虽说运用符号的能力本身是精神层面的、反身性的，但如果没有物质生活的保障和社会生活的丰富素材，便很难把符号工具磨得很锐利。同样，一系列庞大的政治结构和社会结构的维系，也需要社会总的劳动生产率可以提供这样的支撑。——类似的功能耦合现象，并不难理解，却往往是"日用而不知"的。

虽然完整的共同体的功能是多样化的、错综交织的，但是实现三重领域之功能耦合的一些因果关系，是这个共同体的结构的主要支柱和基础，其他的功能环节是依赖它们的，而不是相反。这些基础性的功能耦合，涵盖了建立一种生产生活方式所必需的各个主要环节。而少之又少的必要环节应该包括：生产的组织、协作的惯例、权威的身份、知识和语言（甚至语言中指涉的精神和伦理）。功能耦合的路径是复杂的，甚至应该说，主要领域或环节之间的区隔界限有时也是混沌的。其可清晰界分的要素唯有：时间、地表空间、自然人和自然物。

在历史上，国家是最引人注目的完整的共同体。它的硬核是某种提供安全保障和司法服务（单纯的生命本身的延续和意志冲突的克服，何尝不是基本的、必须首要面对的课题），并总是试图在一定的地域范围内对暴力运用加以垄断的机构。除了正当防卫，自觉地运用暴力在一般情况下是不被允许的。一般来说，主导、掌控甚至垄断安全和司法服务两项，可能就掌握了塑造人际关系和社会结构的钥匙。安全保障所覆盖的地域和人的身份的范围就是这个共同体延伸所及的范围。国家是这个范围内的人们的共同体，也是涵盖各个基本领域的人们的实践活动的耦合体；为了实现安全和司法两项基本服务，必须借助某种形式的物质财富的转移支付，即使得一定的产品和财富由直接生产者那里转移到提供上述服务的人身上。而安全和司法服务提供了一个宽泛但实际的平台，很多其他的秩序和功能可以依赖它建立起来。

环境中的资源丰度、生产活动和各类具有直接经济价值的服务，是共同体中的人们赖以生存的经济基础；人们的组织形态，所有相关的规范和制度，权威和权力，塑造了共同体本身的结构特征；"国家"一类完整的共同体，还是一个精神家园和人文内涵的驻地，是语言、习俗、宗教、教育、种族和民族的大熔炉。

共同体的地域界限需要延伸多大，取决于融入这个更大地域范围的共同体的人们所获得的——包括安全和司法服务在内的——各方面的综合收益，是否大于在各地单独建构一个地域共同体的收益，当这样的地域单位越多时，共同体的范围就越大。当然，历史传统、路径依赖、精神文化暨深层次的身份认同，有时也很重要。绝大多数人，也许是所有的人，都必然至少从属于一个完整的共同体。例如原始部落或部落联盟、文明国家、与世隔绝的隐士团体、自立山头的叛乱势力、高度自治的少数民族区域（如唐代岭南羁縻州内的溪洞部落）。而一个不完整的共同体，必然依赖一个或多个完整的共同体提供的某些服务，例如得靠某个国家的暴力机关来维护秩序，依其法律体系寻求公正，等等。

在中国古代的很多时候，没有儒家教化就不会有国家体制的稳定性的保证，而没有这种体制及有效的安全和司法服务，产业凋敝、民不聊生的状况就会出现，至于产业民生之为政治体制和精神再生产的基础，更是无须多论的。所以功能的耦合与交织，不难观察到。

不完整的共同体，要么不能担当最基本的功能如安全和司法服务（因为它们已被垄断），要么就是不能真正实现最基本的三重领域的功能耦合，故而它们在某些方面必然要依赖完整的共同体所提供的服务。不完整的共同体有很多例子。很多宗教团体，就是基于信念上的一致性而建立的某种共同体。唐代的佛教僧团甚至曾有令人瞩目的寺院经济，[①]

---

①　参见白化文：《汉化佛教与寺院经济研究》，天津人民出版社 1989 年版；［法］谢和耐（J. Gernet）：《中国 5—10 世纪的寺院经济》，耿昇译，上海古籍出版社 2004 年版等。

但当时在多数宗派里面，僧人本身并不直接从事农业生产，而且僧团通常不是军事组织，管不了安全保障的事情。

在社会关系即根本上为人与人的关系的领域，仍可做进一步的领域划分，至少包括：公共服务域——指安全、司法保障、环境维护、基础设施建设以及像公众教育等公共服务的覆盖或分配，不少方面也是较为直接地从社会关系向自然环境和人类精神层面延伸的领域；政治域——包括具体的政府形式、行政、立法与司法体系的运作，合法运用暴力的方式等；组织域——人们相互间促成其共同目标的协调行动；① 以及交易或资源交换域——私人或集团之间自由交换其所拥有的资源的过程。② 上述域和域之间具有明显不同的逻辑特征，但它们的作用又是相互联通和缠绕的，根本上就是一体的，而彼此间的区别，有的时候好像是某一形式的整体与另一形式的整体之别，另一些时候则是功能耦合的路径不同。③

公共服务原则上是任何社会成员都被允许方便获得的，面对此领域，根本上来讲，个人之间并不需要太明显的策略性的相互作用，而是要"共享"，但也因此存在着期待不劳而获的"搭便车"，或者过分拥挤的现象，④故而如何享用公共产品或服务，就需要一套规则或规章。政治域指政治体制或政府的内部组织结构，而不是指很可能由它所提供的公共服务。组织域与政治域在塑造各种可能的结构方面有很多相似之处，就其意涵言，前者当包括后者，而人类行为中也有一些不涉及政府权威的协调，主要是针对这个方面，便用"组织域"一词来表示其具有不同的特征。

如果我们广义地使用产权概念，将其理解为赋予个人或集团的以一定范围内的任意方式使用某种资源的权利，那么交易基本上就是某种形式的产权交易。但社会成员之间投入交换的某些部分也可能是根本无法进行产权分割的非物质性资源，就像名声，一旦包含这样的过程就可称

---

① 此处所说的"组织"是广义的概念，参见［日］饭野春树：《巴纳德组织理论研究》，三联书店 2004 年版。

② ［日］青木昌彦（《比较制度分析》，上海远东出版社 2001 年版，第 28 页）提出具体制度所关联的六种域类型。即公共资源域（Commons Domain）、交易或经济交换域、组织域、组织场（Organizational Field）、政治域、社会交换域。

③ 换言之，界域的划分，并非在某个单一的逻辑平面上进行分割，毋宁说是基于某种拓扑空间。

④ 搭便车意即不劳而获等，是集体行动的难题；拥挤是指公共服务的供不应求。

为社会性的交换。① 在交易或交换域中，参与者在决策的能动性方面基本上是对称的，② 这是它和政治域的主要区别。而产权的分割、交易和作为某些社会性交换的结果的独享性质，又与组织域中常见的共用资源现象不同。

　　人类的实践活动不断再生产着上述各个域。关于这四个域的结构特征的关键词为：共享、协调与交换。第一个词刻画公共服务域，"协调"指向第二、第三个域，但有两层意思：导向和谐的与解决冲突的。即使没有恰当的第三方机制，人与人之间的协调行动也在塑造着原初的组织域。该域的特征是参与者拥有参与博弈的自由，亦即它可以随时退出（如同交易域）。而政治域常常不是这样的。国家机器乃是置身于冲突双方之外的第三方的裁决、监督乃至强制执行的机构，③ 这类机构的构成方式以及人们同它的关系属于政治域。它的优势在于能够不断地再生产比原初的组织域所提供的效能更高的公共产品。而公共性的平台，又能起到确立产权和进一步激发交易域的效能。一域中的某项机制发挥效能，常有他域中的另一些机制在背后默默支撑。虽说是"日用而不知"，却不表示可以否认各域背后的整个结构的存在和效能。

　　公共服务方面的需求的满足，也许是在一次军事行动或司法审判中得到体现，但是有些服务，就像在安全和司法领域，最大的效益不是在行动中实现，而在于"无须行动"（自然这不同于行政不作为），这时背后的体制岿然不动。从这个角度更可以看到，作为产品被提供的某些公共服务和作为供应者的体制及其内部运作之间的区别。广义上的公共服务应该还包括土地的规划、对环境的管理、对知识、技术领域或标准领域的管理，也就是向自然领域、精神领域延伸。同样类型的服务，可以是公共产品，也可能是交易物，譬如儒学的知识，当

---

　　① "交换"也是一个社会学讨论的主题。参见［美］彼德·布劳（Peter Blau）：《社会生活中的交换与权力》，华夏出版社 1988 年版。

　　② 交易博弈（transaction game）的一个重要特征是每个参与者都有不交易的权利，而且每个人都选择它认为可以接受的方式，例如据认为等价的方式，参见［日］青木昌彦：《比较制度分析》导论。

　　③ ［美］约拉姆·巴泽尔（Yoram Barzel）：《国家理论——经济权利、法律权利与国家范围》，上海财经大学出版社 2006 年版。

其由某一级政府担当教化之责而提供时，无疑为前者，而一般的授业课徒，均为后者。

在中国古代史上，三重基本领域及第二个领域里的基本特征，也许可以这样来看：

在人与自然的关系的领域：获食模式以农耕为主，以及注重对季节性、时令性环境特征的适应。

在人与人的关系的领域里，分而言之，即政治域：从先秦时曾经的"宗法封建制"，过渡到秦汉以降的"郡县制"，乃至很多时候的大一统帝国。

组织域：私人结社总体上不发达，但宗法制或家长制具有其实际的或隐喻的力量。

交易域：交易行为是大量发生的；但在面临政治域的强势时，产权并不受到严格保护。

公共服务域：范围主要局限于各级政府或宗族、家族所提供的。

在人与自身的关系的领域：尽人事以合天道或灭人为以全天道的学问，为本土思想的主流。——上述特征当如何看待，特别是第一个领域对于古代哲学传统的影响如何，恰为本书所要着重探讨的。

看起来，在特定的环境因素和技术条件下，对该环境的恰当适应方式，乃是特定的组织域和政治域应该提供的公共服务。而这种公共服务的供应还会包括某些特定的知识积累，这样的知识积累又是基于特定的认识论和思维方式的。比如农耕文明需要良好的物候学和历法知识，也需要大量关于植物（含谷物在内的）生长的知识，以及一系列农业技术方面的知识等。例如《论语》中提到的"告朔"，[1] 从其发挥效益的角度来说，就肯定带有公共服务的性质。因为这是在贵族宗庙中向贵族采邑内的公众定期颁布历法的一种制度。

从历史来看，对同一环境的适应，常常因为不同人群的技术水平、文化和制度等方面的不同而产生极大的不同（而生产技术等方面不同，应该是基于其此前的各类环境或累积的历史因素而建立起来的）。[2] 比如说印

---

① 参见《论语·八佾》，朱熹：《四书章句集注》，第 66 页。

② 这可能和社会形态演变的整体性有关，譬如说特定历史阶段上的生产方式选择，既要充分考虑环境因素（即选择那些使环境的经济效益得以充分发挥的模式）也要适合其既定的组织模式和技术存量，或至少使得有关的技术改进或组织模式的演化前景是清晰可见的。

第安人对北美环境的适应方式，就随着"五月花"号等陆续抵达北美的近代欧洲移民的方式必然有所不同。不过，即使对于欧洲移民来说，他们在北美建立的国家，就和他们在欧洲原本所建立的，也有明显的不同。怎么说呢？在北美较适宜大量人口居住的地区，即今美国境内和加拿大南部，密西西比流域把中部整体串联起来，就像圣劳伦斯河与五大湖区，把加拿大南部联系在一起，而在东海岸即英国移民最初到达的区域，沿海平原是主要的地貌因素，这使英国移民建立的十三州，就很容易发生和加强其贸易等方面的联系，加上其文化的一体性，而促成了强有力的联合。后来，当他们越过并不高峻的阿巴拉契亚山脉的时候，具有侵略性的文化就使他们会去利用密西西比流域的河流特性。北美大陆的情况，跟欧洲的河流以阿尔卑斯山和喀尔巴阡山为中心而向四周散射明显不同，也和欧陆对面、隔着海峡的大不列颠岛国有所不同。

看起来，在彼此间存在一定的贸易和文化上的交流的情况下，对不同环境的不同适应方式很可能强烈影响了各自的社会结构和制度。彼此间存在广泛的交流，意味着它们有选择其他生产技术、文化和制度的机会。而某一共同体不做另外选择的主要原因之一就是，那些模式和方式并不是对其本身所处环境的当下最好或接近最好的选择。比如说在东亚，在长城一线以南的宜于农耕的区域与以北的游牧区之间，社会结构就有明显的差异。对于后者，繁缛的宗法礼制根本就是没用的劳什子物件；而对于前者，相应的礼制是建立稳定的社会秩序和政治秩序的很管用的要素。

人与自然的关系太基本了，所以它是哲学家思考问题时不能绕过的一种背景或者主题。对于在这种关系中的自然环境的特征的理解和刻画，成为哲学中的宇宙论的主要背景。而如果特定的人与自然的关系又是基于特定的人与人的关系而建立起来的，那么把对于这两种关系的理解综合与协调起来的某一类型的哲学学说，就比无法做到这一点的学说，通常来说更具生命力和吸引力。而所有的理解事实上又都是一种内在的自我理解。因为基础性的记忆、反思和体验能力是所有进一步的知识的前提。这样看起来，人与自然、人与人、人与自我的关系，在一种系统的哲学思考中是很难不去同时涉及的。

在古代的中国，为什么是那样一种基于其天道观的儒家学说占据了主导地位，这个问题值得我们深思。有一点是确凿无疑的，那就是，儒家的天人之学最恰如其分地在宗法性伦理和政治秩序与宇宙论之间建立了一种强固的联系。这是其学说体系的特色，也是其优点。

二　哲学和宗教之间

单纯哲学学说的影响，经常显得微不足道。哲学产生广泛和持久的社会影响，一般来说，必须和某种宗教或者准宗教的势力相结合。主要的原因应该是，宗教是融入到民俗民风当中的一种围绕"人与自我关系"的深层次调节。笔者倾向于把宗教定义为：

> 宗教是围绕生与死的辩证法而展开的人类精神的超越向度，它通过超自然的预设情境，试图帮助信仰者从世俗存在的有限性而导致的罪恶或痛苦状态中获得解脱或救济。[①]

宗教为自我人格完善所设置的种种情境，例如祈祷仪式，等等，都包含着一系列微妙的心理技术。在对尘世生命的离弃或保持悖反的张力这一点上所体现出来的一致性，让人明白"生和死的辩证法"乃是宗教发挥其核心的心理功能的关键。在冥想、通灵、爆发性的体验、象征技术的运用，以及禁欲和自制当中，宗教使人们体验到了在日常的生存状态下所无法体验的东西。可以说，"生和死的辩证法"正是宗教的永恒主题。[②]

无论不同的文化传统把政治上的自由概念理解成什么东西，宗教心理学意义上所说的"自由"却总是以不满足的觉醒姿态出现，而且在一切事物中总与否定本身的产生相一致，并且正是这种适度的而非过分的、宽容的而非暴力的、内省的而非外向的、坚毅的而非尖刻的、维持"道的平衡"的而非偏执的"否定"功能，提供了自我人格

---

① 参见吴洲：《中国宗教学概论》，台北中华道统出版社 2001 年版，第 8 页。
② 倘若泛滥的性自由或者消费社会、丰裕社会在为我们提供更多更直接的物质需求的满足的同时，令我们失去了否定能力，我们就很可能距离真正的幸福越来越远。

完善的最卓越的保障，与空间、时间的样态相联系的爱和创造性则是这种完善性的必要的一部分。生命总是特殊的，而死亡却采取了带有普遍性的否定的样态，死亡抹去了专名背后的个体，围绕着"死亡"所象征的否定功能，我们会看到大多数宗教所承诺的"仁慈"或"博爱"的价值。

中国古代哲学的主流是儒、道、释三教。作为传统的术语，"三教"的"教"字的意思是教化。其实，"儒、道、释三教"既是哲学体系，也是包含相应的哲学学说之宗教体系。这一点对于道、释二教而言，大体是确凿的、明白的、罕有质疑的。但对于儒教是否为宗教体系的问题，则众说纷纭而莫衷一是。而我的基本观点是：与传统的祭祖、祭天和祭社等礼仪有关的宗法性宗教是儒教的宗教内涵的基调。这种传统宗法性宗教的祭祀礼仪的内容和程式，在儒家的《三礼》等经书中有很多的记载。

说到对待生死的态度，原本的道家和后来的道教可能有所不同，虽然其思想上的渊源关系也不能轻易否认。在对于生命的看法上，道家的态度比较洒脱，而道教的态度也是众所周知的：一般来讲，它追求"长生久视"即肉体生命的永恒存在。而佛教的宗旨，一言以蔽之，就是"了脱生死"。亦即，"长生久视"和"了脱生死"乃是道、释两家的核心关切。而儒家则有更为现世的着眼点，它把宗族或家国意义上的精神生命的延续视为其目标。

而以对于人和自我的关系的理解为核心和基点，宗教又可能影响其他的领域，即影响在人与人的关系、人与自然的关系领域里的实践活动和有关看法。

如果从文明肇端考察，可以说中国宗教史上一直存在着一种与集团的分化或者权力的运用相结合的传统宗法性宗教，以及从其中逸出的带有更多原始风味和广泛民众性的巫术传统。两者的社会学差别主要表现在对于等级秩序和权力的态度方面。

早先的某一时期，巫师和部落头领的身份基本上是重合的；可是到了一个阶段，也就是在伴随人口繁衍而逐步向文明迈进的转换关口，出现了民神杂糅、家为巫史的宗教泛滥现象。这时候，出于维护为早期文明国家诞生所必需的、具有政治象征意味的宗教祭祀权的垄断的目的，

像颛顼和重黎这样一些领袖人物便出来对巫职冒滥状况进行整顿。[①] 殊
不知这个行动在奠定传统宗法性宗教的政治权威的同时，也决定了它以
后数千年的命运。可以认为，服从这一祭祀垄断权的地域范围，在早期
国家的历史上是逐渐扩张的，到西周初年而达到第一个高峰。儒教是这
种传统宗法性宗教在汉代以后的帝国当中所具有的一种面貌。主要是因
为儒家这个学派所传承的知识，保存了大量有关这一宗教传统的信息，
并为维护这一传统的形式作出了贡献。[②] 而号称天子的皇帝对祭天礼仪
的垄断，恰是在严格申饬"绝地天通"的戒条。

但是民间的巫术信仰，并没有因此而被禁绝，也不可能被禁绝。不
绝如缕的方术信仰不过是其中较为引人注目的部分而已。到了汉代，遂
在神仙信仰和黄老道术的直接推动下，产生了完全土生土长的道教。汉
代发生的另一件重要事情，便是儒生按照经学模式对传统宗法性宗教的
精神原则所作的解释，被赋予了至高无上的权威地位。然而，无论其奉
祀的神祇，抑或以阴阳五行的编码方式为表现形态的生机观念，又都是
儒道两家共享的资源。因此，尽可以认为儒教和道教是本土宗教一阳一

---

① 《国语·楚语下》中有一段常为学者所注意："古者民神不杂……及少皞之衰也，九黎
乱德，民神杂糅，不可方物。夫人作享，家为巫史，无有要质。民匮于祀，而不知其福，烝享
无度，民神同位。民渎齐盟，无有严威，神狎民则，不蠲其为，嘉生不降，无物以享，祸灾荐
臻，莫尽其气。颛顼受之，乃命南正重司天以属神，命火正黎司地以属民，使复旧常，无相侵
渎，是谓绝地天通。"（徐元诰：《国语集解》，中华书局1992年版，第513—514页）

② 从一开始，儒家就显示出它是一种对于传统宗法性宗教有所契接的文化形态。所谓传
统宗法性宗教，乃是由华夏大地上尤其是黄河流域一带的原始社会后期的图腾崇拜演化而来的
一种宗教形态，至西周而登峰造极，战国以后就把这个接力棒交给以儒家为其代言人的所谓
"儒教"。这种传统宗法性宗教和后世的儒教一样，崇拜的最高神灵为代表自然力本原之"天"，
最经常举行并且不受身份限制的崇拜形式是宗庙祭祀或者更普通的祖先崇拜，在以后的发展中
对于原本就属于生机观念之对象化的神祇的崇拜，越来越退化为仪式中的一种假设性因素，然
而这并不妨碍它充分发挥敦睦宗族和维护国家象征的功能。这类祭礼的丰富性和完整性，在围
绕帝室（亦即代表中央政府）的实际礼仪当中体现得最典型。这在《史记·封禅书》、《汉书·
郊祀志》，以及后来多部正史之《礼仪志》或《礼志》所述"吉礼"部分。

对于本书来说，儒家文化作为一种宗教文化是显而易见的，它具有神灵谱系、仪式制度、
死亡体验等构成宗教的必要的要素。它的神灵谱系是拿《周礼》等文献来作为其经典依据的，
而对于包括祈祷在内的仪式的注重更是它的一个显著特色。不过，由于要保持政治象征的权威
性的动机作祟，官方祀典与一般士大夫或民间自发的祖先崇拜及农业神崇拜之间，存在着人为
的难以逾越的鸿沟。而总的来说，我倾向于把儒教定义为：由孔子的信徒按照经学的模式对其
祭祀对象、祭祀礼仪及其精神性内涵做出权威解释的传统宗法性宗教。

阴而又相辅相成的两面。

如果说道教是主张回复到先于秩序的原始淳朴状态，那么儒教则重视社会秩序和道德理性主义。纵观中国传统社会，不难看出，制度的建构大抵源于儒教的职能。其中，有三种祭礼的形式，即祖先崇拜、社稷崇拜和祭天，构成了儒教社会里面由大而小的三重祭祀圈。祭祖最为常见，它渗透到社会的各个角落，是与儒教特别强调而视为个人立身之本的"孝道"观念相适应的崇拜，在宗法性社会里发挥着难以估量的作用。而社稷崇拜的神祇来源，适足以表示这个社会的农业文明性格，这是再明显不过的了。可是，在保留土地谷物神的崇拜意向的前提下，这又常常演变成为带有公共娱乐性质的"社会"，甚至还伴随着进行热闹非凡的市场交易。"祭天"则是为帝王所垄断的祭礼特权。可以说，祭祖、祭社和祭天代表了中国社会制度建构的三个基本侧面，血缘、地缘和神缘交织起来组成了中国社会的一张大网。虽然三种崇拜形式也是因革损益、代有变迁，但是在它们身上得到典型反映的儒教社会职能，却是本土的道教或外来的佛教都不能跟它相提并论的。

在儒教这样的扩散型宗教当中，[①] 仪式程序的设计以及围绕仪式的一系列制度，例如对举行特定仪式的时间、地点、适用范围、承担者

---

① 有一种分类对于我们理解中国宗教史的轮廓来说具有相当关键的意义。这就是把宗教划分为两种基本形态：制度型（institutional）与扩散型（diffused）。这是美籍学者杨庆堃（C. K. Yang）在《中国社会中的宗教——宗教的现代社会功能与其历史因素之研究》（范丽珠等译，上海人民出版社 2007 年版）一书中提出的一组区分。通常制度型宗教具有对宇宙、人生诸现象的独立的神学解释；它在神谱、神话和仪轨等方面自成一体而与世俗制度的区别则被界定得相当清楚；再有独立的神职人员来负责诠释教义、教规并从事教派的各种活动。另外，扩散型宗教虽因具有神学思想、神性体验、神灵谱系、崇拜制度甚至神职人员而被视为宗教，但是这些要素乃是密合无间地扩散到一种或多种世俗社会制度之中并变成后者观念、仪式及结构的一部分，并无明显的独立存在，例如祭司的角色也可以由世俗国家的官吏来担任，而它的伦理实际上是为全社会所普遍尊奉的，等等。

儒教并不是像道教、佛教那样，具有独立于传统社会结构的观念与制度。传统宗法性宗教或者儒教，其基本的崇拜形态有两大类：一为自然崇拜，一为祖先崇拜。它并没有独立的神职人员，可以说，儒生是它的神学思想的诠释者，而皇帝则是自然崇拜方面的最大的祭司，它的仪式所乞求的恰正是权力的合乎自然力运行状况的合法性，祭祖活动则遍及社会各阶层，如此等等。

的资格或者身份等一系列因素的规定，乃可以认为是受到了仪式所涉及的崇拜对象，它试图契应、诠释和调整的神性，或者举行仪式的目的和象征价值等因素的调节。例如皇权对祭天仪式的垄断，以及同一类崇拜仪式随其实施者的等级差异而对祭品祭具的规格所做的相应的调整，都可以被看作是对这个社会里的等级制度的相当直接的表示。另外，儒教仪式的周期性循环的特点，比起道教斋醮抑或基督教和佛教的围绕其圣人、佛、菩萨的节日活动来，更强烈地体现了与农业循环周期亦即天道规律的配合。无论是岁末的蜡八祭、冬至祭昊天上帝还是宗庙四时的荐新祭等，都是这样。在此，有待解释的，并不是这些宗教因素是否反映了生态背景，而是所反映的这些生态背景是否带有中国农耕地区的特殊性。

在古代中国，生机论的道论和气论，既是世俗化的哲学命题，也是儒道二教的宗教崇拜和宗教实践所依据的原则。① 道、气二字，所论领域略有不同，但论其实质则款曲相通。道者，万物和万象之本根，即气化之道也；气者，道之经营演化、鼓荡流溢也。传统哲学和宗教的道论

---

① 尽管我们无法怀疑在举行传统儒教仪式时人们的真诚和对程序的尊重，但是像汉唐圆丘那样在祭祀时神位布置得极为繁复的坛墠，是否基于一种像基督教、伊斯兰教乃至多神体系的印度、希腊宗教徒那样狂热的感情是颇值得怀疑的。一个具有根本意味的差别是，在中国受教育越多的社会成员越有可能对仪式中的崇拜对象在另一个神秘世界中的拟人化的存在性问题持有存而不论的、冷静的中立态度，可是在中世纪的西欧，垄断了受教育权利的教会的神职人员，却热衷于给出有关上帝存在的极为繁复的证明。虽说儒教的祭典是极为特殊的政治性祭典，但是我们不能根据"位格"概念的匮乏来否认它的纯正的宗教性质。对于儒教的祭典来说，神灵观念并不是仪式进程中一个可有可无的纯粹的剩余。就其指认了一种超越感官和理性的神秘领域而言，它并不比西方的基督信仰更少宗教性。

对于道教或者广泛的民间信仰来说，各种各样带有拟人化色彩的神祇和故事也被创作出来，以满足人们内心对于神的世界的渴望，而使得一些似乎难以解释的超自然现象对人来说变得更为亲切可信了。但他们都具有典型的偶像化崇拜的特征，他们不是纯精神体，他们当中有很多生前是造福一方的杰出人物，死后乃至可能生前就受到了实蒙其福泽或期待蒙其福泽的人们的供奉。诸如此类的先贤崇拜和纯粹虚构的人物一样，都围绕着一大堆越传越玄的故事，由此而罩上令人目眩的光环。他们或许被想象为居住在天界冥间或其他洞天福地，并且以更为精粹的形态享受着他们的福报。但是有一个想法使"他们"不期然地遭遇了生机的观念，那就是认为他们之所以能够影响世人，无非是通过连续的、充满活力的介质——气，甚至他们本身的存在形态也无非是某种更加精微的气而已。祈祷者通过"诚"的凝聚状态来感格他，招致他。因此偶像化和生机观念构成中国古代宗教的神灵观念中相互反对而又相互影响的两端。

和气论之生机论内涵，若拿来与西方哲学和宗教的核心思想略作比较，其特点便愈发凸显。

西方哲学最核心的本体论（ontology）着力在探究绝对的"有"，[①]可是这种思路却绝对不是中国本土哲学传统所固有的。其相应的论域，即论"象"、"气"之本质、根源、根据、总的规律和法则的"本根论"，所谓"道"是也，而也有径认"气"为本根的。"本根"一词出于庄子，并非出于后学之穿凿附会。但唯恍唯忽、忽兮恍兮的"道"，不能以绝对的"有"、"无"论，而是"有"、"无"二者同出而异名，同谓之"玄"，以至"玄之又玄"的"众妙之门"。也就是在"有"、"无"的论题上是臻于"混沌"的。

而北宋的哲学家张载曾经说过，"凡可状，皆有也；凡有，皆象也；凡象，皆气也"。[②]"可状"就是"象"，故而"象"与"有"实际上是可以互训的。这种基本的感觉恐怕不是横渠先生一个人独有的。而象就是物候和征候，就是天道或人道运行中特定时节上的富有意蕴之现象。当然根本上，只是一个"天道"。《道德经》第三十五章提到"执大象"，河上公注曰："执，守也；象，道也。"[③] 此即透露出，本根论或道论的认识论基础实为象论。道者，象之道或气之道也。

中国本土的哲学和宗教传统，在基底的思想层面上，毫无例外都信奉一种气息流溢鼓荡的生机概念。除了孟子所言"浩然之气"和汉儒的阴阳五行概念，等等，我们还可以举出《庄子·知北游》中尽乎妇孺皆

---

① 归根结底，本体论（Ontology）所讨论之问题无疑是简单的，唯其简单所以是亘古而长新，复杂的是历史上人见人殊的解释。有人说，如以英语的三个音节来提出这问题，即What is there（何物存在）（参见［美］蒯因著，陈启智译：《从逻辑的观点看》，上海译文出版社 1988 年版，第 1 页）。

此所谓"何物"，或是（一）亚里士多德《范畴篇》里所说的"第一实体"，或是（二）现象背后之元素、始基、共相、规律或原则，这些共相或原则本身不能被认作流变的、易逝的，否则它就跟现象是处在同一层面上；（三）怀特海（A. Whitehead）所说的"过程性实在"，亦即那些其前后诸阶段为绵延、不可分割之过程，并且这过程原本就展现为现象上的交融、摄入，等等。不过上面提到的第三类观念，不是西方哲学的主流，倒是更接近于中国本土的哲思路向。

② 张载：《正蒙·乾称》，《张载集》，第 63 页。

③ 王卡点校：《老子道德经河上公章句》，中华书局 1993 年版，第 139 页。

知的名句："通天下一气耳，故圣人贵一。"① 作为生机观念的典型体现，本土哲学和宗教的流派，几乎没有哪一家不涉及"气"的概念并把它视为谈论中共享的知识背景，区别仅在于具体内涵和理论地位的不同而已。

虽然从各种具体的崇拜形式来看，中国宗教的祭礼通常很难摆脱与偶像化崇拜的干系，但是正如《易·系辞传》非常明白地告诉我们的，"神无方而易无体"，"阴阳不测之谓神"。②《说卦传》则云："神也者，妙万物而为言者也。"③ 神也者，变化之极，不可以形诘者也，所以本质上跟偶像化崇拜无关。对所谓"神无方易无体"的一种可能的解释，是认为它弥漫于无限的宇宙，就像张载所言"太虚"那样是充满活力的连续性介质。《正蒙·太和》篇对此所论尤详，"太虚为清，清则无碍，无碍故神"。④ 对于张载来说，气的概念可广可狭。就广义来说，太虚亦是气，并且是它的本然状态。就狭义来说，则"散殊而可象为气，清通而不可象为神"。⑤ 太虚就是清通不可象的，但是单单讲太虚，对于不谙思辨之道的人来说，容易导致两重误解。一种认为太虚是存在的匮乏；另一种认为太虚是创造和生成过程中被动的原始朴材，气之聚散攻取百途皆就它来塑造，但它本身缺少创造的内在动力而需要由外部注入。关于第一点，张载已经相当明显地表示了，知虚空即气，则有无、隐显，通一无二，此姑不赘言。关于第二点，张载又说："神者，太虚妙应之目。凡天地法象，皆神化之糟粕尔。"⑥ 归根结底，仍可以用"气"来概括体用一源、显微无间的本然状态，"太虚"的说法，不过是状其性德罢了，所以说"气之性，本虚而神，则神与性乃气所固有"。神是不可测知的动力，而又必定是太虚之气本来固有的，否则又何以称"气之性本虚而神"呢？⑦

① 王先谦：《庄子集解》卷 6，《诸子集成》第 3 册，第 138 页。
② 《周易·系辞上》，《十三经注疏》上册，第 77、78 页。
③ 《周易·说卦》，《十三经注疏》上册，第 94 页。
④ 张载：《正蒙·太和》，《张载集》，中华书局 1978 年版，第 9 页。
⑤ 同上书，第 7 页。
⑥ 同上书，第 9 页。
⑦ 同上书，第 63 页。

　　大化流新而阴阳不测的生机观念，并未顾及拟人化的意志和位格的概念，并未诉诸个体化的拯救或解脱之路，反而它是依赖于场域和取象比类原则的，它的一贯性来源于阴阳屈伸相感的循环论。这些都是基于农业文明背景而注重自然生态的中国古代哲学和宗教所固有的意识。① 本土哲学思想的思维方式，是用一些简约而又松散的、其推理的意义远逊于类比的编码方式，去驾驭纷纭扰攘的现象世界，宇宙被设想为精气充盈而又生机盎然的过程，它和人的道德世界之间是连贯的、一体的和互相感应的。由于背后支撑它的社会结构和认知方式，是依赖于情境的，因此个体化的痛苦和罪愆，对它来说显得很陌生。②

　　宗教体系乃是一种其作用是在人们中间确立绵密深沉的、普遍的、持久的情绪和动机的符号系统，它设立了一些抽象的概念、范畴和命题，来说明宇宙的动力或者存在的普遍秩序，为了使得上述情绪和概念显得更真实、更有力，不得不借助于通常有规则可循的身心锻炼法和宗教行为方面的外化表现来渲染崇拜的氛围，等等。③ 你可以认为，宗教思想中那些精致的哲学概念，是在论证那些融合了宗教崇拜的深沉的意象、情绪、情感，但你也可以反过来认为，那些意象、情绪、情感等因

---

　　① 西方的上帝是绝对的我，"现在你们应认清，只有我是'那一位'，除我以外并没有别的神"（《旧约全书·申命记》）；或者"我是耶和华，在我以外并没有神"。可是这样的"位格"，要肯定儒教乃至传统宗法性宗教所奉祀的"天"也同样具有，则是相当困难的。所谓"有夏多罪，天命殛之"（《尚书·汤誓》），或者"自天降康，丰年穰穰"（《诗·商颂·烈祖》），或者"天命玄鸟，降而生商"（《诗·商颂·玄鸟》），何尝不能理解为冥冥之中控制着自然界的生息繁衍和人世间的社会变迁的命运的枢机呢？后世将"天"字后面缀上一个"道"字，常常将两者联用不是更强化了这种枢机意识吗？

　　② 源自印度的佛教虽然认识到了与个体化相伴随的苦谛，可是它的态度是通过否认"自我"有本体论上的根据而采取一种对于现实的逃离态度。本土宗教后来把这种否认自我的态度同它的生机观念相结合，而特别突出了以此为背景的性善的理念，例如在宋明道学中春意和生生之易是他们的至善观念的共同背景。可是基督教的原罪概念虽然意识到了个体化的危机，却不曾认为拯救就是彻底地否弃任何意义上的自我，最终人将以他的个体人格平等地面对上帝的审判，所以个体对自己的所作所为负责恰好是救赎的前提，这未必是善功，但至少是他的"因信称义"。

　　③ 参见［美］克利福德·吉尔兹（C. Geertz）：《作为一种文化系统的宗教》，载于《20世纪西方宗教人类学文选》，上海三联书店1995年版，第168—191页，在这篇经典论文中，Geartz超越了归纳主义的功能性解释，而特别突出了宗教象征的价值。

素，恰是对这些哲学概念的映证。就像中国古代哲学中的道、气、象、天、天命、性、理、缘起、真如、实际、法性等概念和范畴，之所以能产生广泛和深刻的社会影响，就是因为它们借助了宗教的情感、情绪模式以及组织力量。

按照社会学或者人类学领域里的功能主义学派的观点，① 一种宗教制度，甚至某些宗教观念，是因为它们在人类生活中有其实际作用，所以才被创造出来，尽管它采取何种具体的形式仍带有某些不确定性。显然，按照这样的观点，宗教的存在基础和它的功能是吻合的，无须分别予以考虑。这种功能主义的研究纲领或者论题，也许不是论其对错与否的问题，而是揭示其复杂性机制的问题。在生活中似乎毫无实际作用的纯粹玄思的概念，要么事实上根本没有这样的概念，要么就是我们还没有反思性地彻底观察到它们起作用的机制。同样，对于道论和气论的各类概念、范畴、命题和论证，人们自然也可以询问：究竟是怎样一种机制使其在中国古代社会里产生影响的。

哲学与宗教的结合，堪称是中国古代思想史的一种特色。这是明显的优点，但也是明显的缺点。可以这样说，与宗教的结合，削弱了哲学的思辨能力，而与哲学的结合，则淡化了宗教的神秘性。而本来，思辨能力和神秘性，分别是哲学和宗教领域里最本真的东西。

三　主位视阈与客位视阈

对某种哲学或宗教传统的理解，时常令我们要面对主位态度或视阈和客位态度或视阈之间的转换产生的问题。在研究纷繁多样而玄妙深湛的东方传统哲学时，有一种基本态度和基本方法上的区别，即要么是以那一哲学或宗教传统的继承绍述、延续法脉或信奉者的心态去思考和体验有关的想法和命题，甚至融入一段延伸向未来的思想创造的历史当中；要么是宣称站在一种价值中立的立场来对思想史上的材料进行似乎

---

① B. 马林诺夫斯基（B. Malinowski）和拉德克利夫—布朗（Radcliffe-Brown）是功能主义学派的代表人物，他们对宗教人类学的研究产生了持久的影响。尽管并非它的任何已知的结论，但是作为论题的"功能主义"几乎是无法回避的。

纯客观的研究，我把它们分别称为主位的视阈与客位的视阈。前者可以视为立场和态度，后者为方法或态度。①

　　在可以运用客位视阈的场合，客位视阈不是问题。与神秘主义者假定只有用主观体验或者完全融入某一思想传统当中才能真正思考它的态度很不一样，多数社会科学家们从观察中收集各种事实性材料，对这些材料的内容的判断在有理智的人之间是大体上相似的，而历史学家——包括很多哲学史和思想史方面的专家——则把他们的解释置于文献、人工作品和其他可见的材料之上，他们更像是辛勤工作的蜜蜂不断地构筑和充实自己的蜂巢。他们不拒绝概念和理论，而是使得它们成为整理经验的方法。

　　问题主要来自研究中有时不能跨越的主位视阈。理论框架的逻辑自洽性和能够容纳的信息的多寡是容易判断的，但是前提假设的直觉基础在哪里，以及对于那些作为前提的基本概念和基本假设又该如何真切把握呢？它们需要某种体验吗？这些就成了困扰人们的问题。单纯考察事件发生发展和人物登台亮相时机的所谓"考镜源流"的工作，通常在把

---

　　①　这两种研究视阈，在宗教的研究领域中恐怕是尤其纠结的吧？从信仰的角度来说，一个基督徒能够真正理解一位佛教徒或者一位道教徒的感受吗？德国诗人海涅曾经这样说过："基督教最可怕的魅力正好是在痛苦的极乐之中"（《海涅文集》，人民文学出版社1983年版，第3页）。可以说，西方宗教从来没有真正排斥过激情状态，甚至有人把它看作神恩所唤起的喜悦，16世纪西班牙的圣特里萨就曾经向我们描述过这种喜悦，她说"当我力图抗拒这种欢悦之情时，似乎被脚下的一股力量托起，这股力量强大无比，它比任何其他的精神感受都更为强烈，我觉得自己好像要被撕碎了。这是一场可怕的拼搏，继续反抗主的意志会毫无用处，因为主是任何力量也反抗不了的。"（转引自［美］J. 斯特伦：《人与神——宗教生活的理解》，金泽译，上海人民出版社1991年版，第35页）而中国宗教的实践观，普遍都含有抑制或调和激情的主张，其所主导之体验，通常都导向恬淡而恍惚的意境，加上背后各种各样联想的作用，它们与西方宗教乃至它们彼此之间都会有很大的不同。

　　因此，如果"理解"意味着同情式地进入他人的心理状态，而非冷漠的、无动于衷的、隔靴搔痒式的事实性判断，那么理解一种宗教就意味着接受该宗教对于生活的安排，像宗教圣贤那样去思考、体验和呼吸，去领悟其中言不尽意的微妙之处。然而即使我们能够在思维模式上与之协调，要在情感体验上也步调一致却相当困难。难道说只有主位的基于信仰或者几近于信仰立场的研究才是唯一恰当的、有意义的研究吗？这样的话，只有具有共同信仰的人才有资格进行沟通和对话，而其他人在涉及对该宗教的问题做出判断时只能三缄其口，这样我们既无法对宗教作比较研究，也无法突破宗教信条的封闭体系，而只能面对信或不信的非此即彼的选择。难道一个人不信仰某种宗教就真的不能理解它吗？还是说我们有其他的途径，例如从客位立场进行研究的可能？

握概念的意蕴和恰当性方面的难度会大大降低，因为涉及的无非是时间、地点、人物的姓名和公共特征、事件的关联等编年史的要素。其中的分歧主要来自材料不充分情况下判断和推理的或然性，而非来自对于描述框架的争议。然而一旦涉及的是哲学思想（更遑论涉及宗教体验）的领域，那么问题就会让人头痛了。这里，客位研究的态度仍然可以适用吗？还是说不得不让位于各色各样的主观的体验？

虽然在根本上，他者的跃动着的生命对我们来说是难以进入的和难以替代的，但我们却可以在他的生命力得以表现的意象风格方面——也就是深层直觉和体验过程的踪迹上——体会到某种被唤醒的共鸣。在涉及时间与空间、节奏与布局等意象或象征风格方面，他者不再是一个冷冰冰的符号，而自我亦获得了新生，它更为充实、更为强健。虽说客观性的境域只是一种理论的乌托邦，但我们却可以通过对自身传统中的内在丰富性的拓展，以及在此基础上将其结构呈现出来的方法，来对哲学史、思想史或宗教史的材料进行整理。当然，作为理论上的成果，概念、范畴、命题之间的逻辑自洽性是不能缺少的。

往往，一种哲学是以其理想的悬设和对现实的否定的功能来牵引历史的。理想与现实之间的矛盾，在哲学的思考里不乏典型的表现。然而，理想与现实也不是完全割裂的。当我们面临深渊要做出黑暗中的跳跃时，理想是我们的决定和勇气的所在。理想并非就像庸俗的市侩哲学所认为的那样，是神经质的、不必要的虚构，是敏感和软弱的产物。正是通过理想化的能力，现实才得以呈现和被知觉，这恰是哲学思考的一项基本功能。譬如，谁能说时间与空间的本性竟然不是粗糙的现实得以被安置的理想化境域呢？

围绕主位与客位范畴的方法论反思，涉及人们驱使自己行动的主观动机和人们跳开一步力图站在旁观者立场来描绘其客观机制这两种方式的关系。在中国古代哲学中，儒家的天道观、道家的宇宙生成论，或者佛教的缘起论和心性论，当然都含有它们自己独特的主位视角和主位立场。但如果我们以其中任何一家的"宗徒"的身份和心态去对待这类学说，恐怕就无法理解其何以如此说的客观情境和客观脉络。

在其主位视角中，那些深具影响的古代哲学和宗教学说，往往也深信它自己是真理的掌握者，相信所提出的关于宇宙和人生的真谛是确凿无疑的。而它们在若干基本论题上是有所重合的，这便意味着它们不可能每个都是对的，尽管逻辑上有可能每个都是错的。而我们的阐述和解释不可能跟在后面亦步亦趋，绝对地相信它们提出的理想、目标是合理的、可行的，值得追求，或者它们关于客观背景的描述是真实的、可靠的。

一种完整而恰当的关于古代哲学的阐述和解释，必须兼顾两者：既能融入其话语体系中，理解其主位的视角和立场，理解其直觉基础和推理步骤；又能从一种客观的背景和脉络上去研究其何以如此说的衷曲，即使这种客观脉络往往是其主位视角暨其哲学学说本身所不能真正理解的。也许，完美地兼顾两者是做不到的，但这不一定会妨碍我们在有缺陷的同情式理解的情况下，实现客位角度中对其形成这样的哲学学说的前因后果的正确认识。而且有缺陷的同情式理解，即未能完全、彻底地融入其主位思考和体验中去的缺憾，或许对于客位研究来说竟然还具有积极的、建设性作用，也就是说，这可以使得我们跳开一步，站在一个恰当的、更宽广的角度中，看到原本看不到的东西。

这种有缺憾的同情式理解，使我们不会贸然相信儒家所描述的天道观是天经地义的、颠扑不破的真理，不会使我们理所当然地相信东亚地区的季节循环规律和若干特征，也就是在南欧、西欧或者南亚次大陆的同样规律和特征，这种跳开一步的、有若置身事外的视角，又使我们更容易把佛教关于六道轮回的说法当作一种极其有用的警世喻言，而不是当作客观的、经得起实验验证的科学描述。更重要的是，这样的方式让我们能够意识到，基于东亚大陆的独特环境的农耕文明，有可能是儒、道两家天人之学的总背景。

四　语言的累积、限制和传播效应

对于某一特定的文明而言，一些合理的思想观念和思维方式，包括世界观和价值观等，往往是保存和累积、凝聚和升华于语言当中。但是跟思想观念的累积相对应的则为：语言表达中业已明示的观念，或在其各种形式中隐含的视阈和思维方式，对于使用者的生活世界的拓展，同时构成一种基本的限制。

我们日常所说"语言"为一个笼统、广义的概念；也是本书多数时候所用的意思，即一种人类表达和通信的最基本、最重要的媒介形式。但在这个广义的概念下，有时候还应关注某些进一步的细致区分，譬如"语言"和"言语"，"言语"中的"语义"和"语体"，以及借助语言载体的传播和通信问题。

语言内部自律的形式化规则和其情境化的语用之间的区别，即作为结构的语言（language）与作为过程的言语（parole）之间的抽象区分，早就由德·索绪尔予以奠基。[①] 语言被理解为一种共时性的规则系统，由人们具有构造完美表达的能力而被抽象地设定。作为交往过程的参与者，有能力言说的主体，既能使用这样构造完美——至少具有形式上的可领会性的——表达，又能理解并响应它们。"言语"总是主述者（言说者）、聆听者与言谈指涉物之间产生的特定关系。[②] 从社会性的角度来说，亦每每涉及主述者与聆听者之间的"角色互动"场景，以及其所受到的限制条件。

然而不仅是言语，就连作为内在系统的语言的构造本身似乎也内含着主体间的维度。[③] 如果遵守规则不可能私自地进行，那么私人语言不

① 参见〔瑞士〕索绪尔（F. D. Saussure）：《普通语言学教程》，高名凯译，商务印书馆1980年版。

② 但是索绪尔却认为，一旦把语言和言语分开，也就一下子把什么是社会的，什么是个人的，区分了开来，并且还提到"言语却是个人的意志和智能的行为，其中应该区别：（1）说话者赖以运用语言规则表达的个人思想的组合；（2）使他有可能把这些组合表露出来的心理、物理机构"（〔瑞士〕索绪尔：《普通语言学教程》，第35页）。事实上，他是指出了言语活动运用共时性结构的创造性和随机性的一面，而未尝注意社会交往过程对言语活动的内在驱动。

③ 正是20世纪分析哲学的重量级人物维特根斯坦（Wittgenstain）提出"私人语言不可能"的论证。按照经验哲学所述，抑或按照我们惯常的思路，谈论私人的内在感觉的基础似乎是个人对它们的命名与指称。但在维氏看来，倘若按照"对象和名称"的模式来解释感觉语词的用法，则对象便是不相干的东西，而无须特殊的考虑。依维氏所述，倘若现在有人告诉我们，他仅仅是从他自己的情况知道了痛是怎么回事！那么我们不妨设想下述的思想实验：假定每人都有一个装着某种东西的盒子，而且都把这种东西称为"甲虫"，谁也不能窥视旁人的盒子，完全可能每个盒子里都装着一些不同的东西，但是假定"甲虫"这个词在这些人的语言中有一种用法，那么它不会用作一件东西的名称。盒子里的东西在该语言游戏中根本没有位置（〔奥〕维特根斯坦：《哲学研究》，汤潮译，三联书店1992年版，第293页）。另参见徐友渔等：《语言与哲学》，三联书店1996年版，第75—79页。〔美〕J. 丹西：《当代认识论导论》，周文章等译，中国人民大学出版社1990年版，第83—92页。

可能的命题的实质是说，当我们考察关于知觉性经验的言说的必要的构成条件时，便不能忽略交往形式的内在渗透，其机制不在于确认感觉本身的差别，而在于为符号层面上的用法的差别化提供驱动力。在习得和内化——同时参与着改造和革新——公共语言的前提下，当然存在着某些好像纯粹诉诸内省的和喃喃自语着的"私人语言"，即符号或者意念等会给人一种私人运用的印象。但这是在语言的公共性驱动和运用的背景下的特殊表现。其实，断言所有的人类活动都内蕴或隐藏着多重的主体间的制衡关系，这并不是一件特别令人为难的事情；并且这是一种内在的关系，即不是由偶然的因素附加上的，或者说，有关活动的条件、意指或确证，在切近的追溯中必然都可以联系到这一环节。而语言就是一个典型的例子。

语言和言语的公共性还有可能给我们这样的启发：虽然具体到某一位哲学家，他不一定是一位精擅农耕作业和富有这方面知识的专家，但这并不妨碍他同样可能受到农耕文明在认识论、思维方法和基本观察角度上所产生的深层影响的影响。因为，语言和言语中的基本直觉是潜通默运的，而如果这样的直觉竟已为农耕文明所需的某些思维方法和世界观渗透的话，则在话语的交流中正在共享并不断参与塑造此种语言结构和言语规则的人们，就不免被这样的基本直觉所左右。

从广义的语言角度来观察，所谓哲学思想，无非是一组既成和潜在的命题，并且命题和命题之间具有一定的融贯性。既成的命题就是哲学家在其一生或某一阶段的创作中业已明确表达过的命题，潜在的命题则是根据既成命题的含义，在特定的语言系统中，应该与其具有一定等价性，但尚未形诸表达的命题。既然如此，哲学的命题系统，就像其他命题系列那样，难免会受到其所属语言的语法结构和语用规则的影响和限制，进而受到言语中的语体的影响，受到某些时代的通信模式的影响。

作为人类最常使用的一种符号系统，语言凝聚着人对这个世界的认识和感受，它像一道道耀眼的闪电，把人类从动物的蒙昧意识中唤醒过来，照彻了他的前进道路。语言作为人际交流的中介，参与塑造和维护着人群在多重领域里的实践方式，很自然地，它也会全面而深刻地映现或塑造人类的观念和实践的体系，这其中当然包括其哲学意识。如果说哲学思想主要是言语运用方面的创作和积累的产物，并构成一套可自我衍生和转型的话语系统，那么语言规则就是在不断塑造和影响其思考问题的方式的一种基本的限制。

世界各民族历史上的语言，语法类型的差别如此之大，乃至不可能不影响到使用它们的人群的世界观和人生观。语言和世界观，两者究竟孰先孰后的问题，真可谓是欲辩已忘言啊。不管怎么样，关于中西哲学的深层差异，我们是一定能够找到其语言上的映现的。

按照语言的谱系分类法，亦即按照若干语言在语音、词汇、语法方面所存在的有规律的对应关系，而确定其历史渊源和亲属关系的那种分类法，汉语属于汉藏语系，与它具有亲缘关系的有藏语、苗语和傣语等。而在基督教所扎根的欧美地区，流行的语言如希腊语、拉丁语、英语、法语、德语等都属于印欧语系。另外，基督教从中脱胎而来的犹太民族的母语则为希伯来语，属于闪米特—含米特语系。而按照类型分类法——根据句子和词的构造规律以及词中间各语素的相互关系而进行分类，则汉语属于所谓的"孤立语"，也叫分析语或词根语。亦即在这类语言中，单音节词根占优势，声调多具有音位价值（换言之，声调这种发音的差别具有辨析词义与词汇的价值），实词通常不伴随表示语法意义的附加成分，形态变化很少，词在句子中的关系要靠词序和虚词来表达。而印欧语言则通常有高度的曲折变化。表示词汇意义的词根或词干与表示语法意义的附加成分紧密结合在一起，使得同一个词在不同的语法结构里有不同的形态。再者，印欧语往往有很复杂的规范语法。①

从哲学思想或形而上学的富于生命力的表现来看，人们仅仅是发展了那些适合语言背景的部分。语言是那种确定和组织我们可以想象的内容的手段，它提供了思想所承认的事物特征的基本轮廓。例如包括张东荪在内的东西方学人都曾指出，亚里士多德（Aristotle）所说的十个范

---

① 以上所述，参见张公瑾：《文化语言学发凡》，云南大学出版社 1998 年版；［美］布龙菲尔德（L. Bloom field）：《语言论》，商务印书馆 1980 年版；［德］W. V. 洪堡特：《论人类语言结构的差异及其对人类精神发展的影响》，商务印书馆 1997 年版；［美］爱德华·萨丕尔：《语言论》，商务印书馆 1997 年版，等等。

畴与希腊语法的渊源关系。① 亚氏《范畴篇》谈道：

> 每一个不是复合的用语，或者表示实体、或者表示数量、性质、关系、地点、时间、姿态、状况、活动、遭受。②

有人证明，十个范畴中包含着希腊思想所特有的名词和动词种类，换言之，亚氏向我们提供的有关世界状况的全面而普适的范畴分类表，却还是一种特定语言状态的观念折射。

而在亚里士多德的术语和分类之上，出现了一个囊括一切的动词"存在"（être），它绝不是任何语言都必须有的，希腊思想不仅仅拥有这样一个词 être，还使"存在"成为一种客观性的观念，哲学思考可以像围绕任何其他观念一样来分析和研究它。所以西方哲学思想在其整个发展历史中都曾力图在表面现象背后寻找稳定的"存在"，这一点对于中世纪基督教的影响，亦是不绝如缕，导致围绕"上帝存在"的证明成为经院哲学的一个中心话题。最著名的就是深受柏拉图哲学影响的安瑟尔谟（St. Anselmus，1033—1109）的证明，他从"被设想为无与伦比的东西不仅存在于思想之中，而且也在实际上存在"，以及"上帝是一个被设想为无与伦比的东西"这两个前提，③ 导出"上帝在实际上存在"。可恰恰是柏拉图最强烈地认为存有与变异，理性与感性之间横亘着根本性的鸿沟，而灵魂则似乎与神的、不灭的、普遍的、不可分割的东西很相近。

此外，印度佛教所使用的梵语也是一种印欧语言，基本结构酷似希腊语和拉丁语。虽然，印度思想同样是建立在一整套根植于语言学的范畴之上，并且特别重视"存在"的概念和具有相当的思辨色彩。但它后来走的是一条与希腊思想迥异其趣的发展道路，即对"存在"概念的合理性提出了质疑，但反对者在分享了语法功能的暗示方面仍不能逃脱语言的魔掌，最典型地表现出哲学上的怀疑论倾向的佛教的晚近命运，则

---

① 参见张东荪：《思想、言语与文化》，载于《理性与良知》，上海远东出版社 1995 年版。

② ［古希腊］亚里士多德：《范畴篇》，方书春译，商务印书馆 1959 年版，第 11 页。

③ 参见赵敦华《基督教哲学 1500 年》（人民出版社 1994 年版）中有关 Anselmus 的章节。

是在印度本土的销声匿迹和在东亚地区的畅通无阻。据说在梵语中主要由两个语根表示"存在"的含义,其中√as指单纯的抽象意义的存在,或静的、绝对的存在,而√bhu指具体意义的存在,或动的、相对的存在①。在实际用例中,可互换的甚多,区别不显著,但在互换便会改变意义的场合,其所影射的哲学上的差别就颇值寻味了。梵语中缘生的公式:"asmin sati, idam bhavati"(此有,故彼有)前半句的"存在"指不计其过程的单纯的存在,而小乘佛教如说一切有部所谓的"存在",用的也是这个相当于希腊人思想中的être的√as词根。②而东亚所接受的大乘佛教特别是龙树中观学派论证的目的,正是为了否定√as词根所指涉的绝对的存在层次。

中国古代思想中的形上学,也许是唯一一种展示了深湛的哲学沉思的巨大潜力,但却未曾使用任何印欧系语言的形上学体系。在世界语言之林中,汉语的语法范畴主要并不是通过语音或墨迹的形式来表现。汉语中的动词与形容词、副词与补语、主语与表语这些范畴,只能通过含蓄地和武断地参照使用相应语汇的言语行为才能在内心的思维意识中把握住它们。主要的形式上的标志是虚词,以及相对灵活但又有一定规律可循的词序。汉语中没有任何理由可以使人放心地使用希腊语中能够很流畅地表达出来的"存在"或"实质"这些概念,亦即那种稳定的、永恒的和超越表象之上的"存在"概念。而按照中国思想的体认,唯一可称得上驾驭表象的东西就是"道",亦即内在于一切变化的自发的枢机,而不是任何持驻的共相或实体。

由于缺乏任何词形变化,故而在古代汉语中表现得尤为典型的驾驭句子的手段是,通过对偶或其他较为规整的词汇的组合形式来表达一个命题,或使之区别于其他的词汇组合。在各种角度中,句子的意义均出于由对内在关系的判断来控制的词汇的组合,无疑也正是由此催生了中国人思想中注重相辅相成的一面,尤其是一些基本对偶概念的突出作用。也就是说任一概念只有在与其对立面的耦合当中才能显示出它的价

---

① 金克木:《试论梵语中的"有—存在"》,载于《梵佛探》,河北教育出版社1996年版,第97页。

② 金克木:《梵佛探》,第98页。

值。所以是偶极化的辩证手段而非连续性拓展的空间化叙事，谱写了中国思想的基本情调。同时这种对称的词汇组合关系在构成每一段完整的意思的时候，以及在若干段落之间还表现出一定的节奏上的起伏与回旋，这一切难道不令人想起古老的哲学经典《易经》中所说的"位"和"时"的概念吗？这个"位"不是无限拓展的空间中一个坐标，而是偶极化概念的一个发展阶段。自身就内含着一种循环反复的时间导向和一种"适时性"的概念。

西方的哲学传统，受到西方语言形态的某些语法范畴的启发，以那些具有形式上的标记的普遍性的范畴为基础，涉及一些抽象的和自足的概念。① 其讲求彼岸世界超越性的宗教，也正是建立在这样的地基之上。所以经院哲学可以把它们的神性思考融入探讨之中，而不论这种思辨的确定性对于现实来说显得多么扭曲。中国思想，由于它所运用的语言表达手段，需要通过语音方面的对称和节奏，以及内在关系的判断，来确立和划分语义单位及其语法类别，因此显得似乎仅仅懂得功能特征的对偶与推演。而较诸思辨的探讨，它更注重在有限的直观范围内跳跃着的诗性体验。它并不论述永恒的实体或共相，而是论述发展和衰退的适时性、阶段性和循环性。它更喜欢的是对立面相互结合与相互转化的运转模式，而不是僵硬的法则。因此，中国的哲学和宗教思想在均衡和灵活性方面，显得更具有优势。但是缺少突然的变化和真正的新颖性。

根据西方的哲学和宗教传统，世界的诞生和存续理当有一个动因，而这个动因就是造物主上帝。亚里士多德在《形而上学》第 12 卷中给出的关于"神"的存在的证明，为中世纪经院哲学所熟知，其由不被运动而能运动他者的东西而推出"神"的存在，神就是永恒的、现实性的实体，其曰："神是赋有生命的，生命就是思想的现实活动，神就是现实性，他的生命是至善和永恒"。② 可是在中国人眼里，世界必须由上帝这一外部力量来推动的想法，无疑是滑稽可笑的。此中的差异多半也

---

①　参见［法］谢和耐：《中国和基督教》，耿升译，上海古籍出版社 1991 年版，第 344—358 页。

②　苗力田主编：《亚里士多德全集》第 7 卷，中国人民大学出版社 1993 年版，第279 页。

可以从东西方语言的差异中得到解释。

在西方的思想史上，实体与偶性的关系是如此基本，以至于20世纪的反形而上学思潮必须付出巨大的努力才能摆脱它。而这种对立正是源于印欧语言强调主语与谓语之间的差别的特点，而摆脱了感性的不稳定变化的"主语"，有助于构成理性的实体模型的概念。正是这种系统地强调词法的主格与宾格、主语与动词补语以及主动态与被动态之间的对立的语言体系，更适合于发展出一种浸润着主体人格意识的文明，而上帝与他的造物之间，正是行为的施动者与对象的关系。①

然而，正如汉语词法清楚地表明的那样，没有任何必然的理由要求把主语、谓语和补语区别开来，而在大多数古代的汉语文献中，弥漫着一种无人称的基本语气。所以按照中国人的观念，行为通常是非人格的和没有私欲的。正如老子说的"天地不仁，以万物为刍狗，圣人不仁，以百姓为刍狗"。② 加上其语言呈露语义的方式，主要来自对内在关系的领会以及对节奏和对称等语音形式的判断，由此而发展出的相对论和适时性的概念，皆足以导致中国人对自然现象的自发特点的敏感，我们不能想象会有绝对的、外在的造物主。换言之，我们拒绝把赋予宇宙生命的"气"和"气化之道"，跟宇宙本身割裂开来。

从某种角度来说，思想就是一种语言艺术的创作，并且它具有语义和语体的两重性。语义和语体的两重性，是人们可以用来分析作为广义符号学对象的文本、标志、象征物、艺术作品，并透视其中的通信功能及其对文化的一般影响的一组范畴。所谓语义，指文本中可以被转译而忽略其载体或媒介形式的那些理想化的信息，它和逻各斯中心主义的立场有关。所谓语体，指文本中不可能被转译的涉及节奏和布局，并塑造了文本的内在统一性亦即唯一性风格的信息。通常所说的"思想"，不可能不是符号的某种特殊的功能，所以也适合用上述范畴加以分析，但人们往往忽略了语体的关键作用。——笔者认为这对范畴非常重要，但在本书中无意去详尽展开。

---

① 参见［法］谢和耐：《中国和基督教》，第344—358页。
② 《老子道德经》第五章，《诸子集成》第3册，第3页。

如果仅从思想观念的确定性方面来对各类哲学暨宗教特征加以甄辨的话，我们能够获得的有意义的差别将少得可怜。但要是结合经典的创作、说教的方式，经典的跌宕多姿的诠释史等方面去观察它们，那就会面临类似于艺术风格那样的无穷无尽的多样性。自来，由于要处理的信息量的庞大和解读者参与造成的不确定关系，从语体或风格方面研究哲学文化或宗教文化的要素，尚处于真正洪荒杳溟的阶段。然而，哪怕仅仅是一些外在的对于经典编撰史和传播史的关注，也将由于这样的意识而变得活跃起来。

经典的源头是一种精神生命的领悟及其创造力。但经典以它带有一定多义性的世界观、人生观并其独特的编码方式而建构了一个相对自足的价值世界。一方面是经典中的批判意识和它所悬设的理想世界，给生活中处处遭遇艰难困厄的渺小人类带来远自天边的希望的火种；另一方面则是跟语义上的抚慰同时行进的另一个生动维度，亦即沉默的语体风格，它赋予经典那种独特的、难以抗拒的魅力。没有人能够说得清楚在充斥着犹太人的史迹与族谱的《旧约》里面到底讲了些什么，是什么样平凡的真理让中世纪西欧人和他们精神上的后继者如此沉醉。就像飘逸而质朴的书法的每一笔都饱含着无穷的气机，而令人无法参透一样。经典的叙述风格总是那样令人捉摸不透和回肠荡气。它是一座丰碑和一座桥梁，记载了某一群人的生活史，他们的痛苦、忧伤、绝望、沉思和重新燃起的希望的火焰。比起其他创作，哲学尤其宗教经典，更有理由被认为是人的内心体验的深刻写照，因为它的沉着、镇定和永无止境的热情，更因为它触及的是人类的终极关怀这样的问题。

中国古代哲学的内在统一性，亦且见诸时、空之相上。此谓：时间上的接续、绵延，并空间上的传播、扩散。时间相上的接续，固然有基于道统意识的自觉传承或思想上认祖归宗的影响，可是也是作为一种话语体系的哲学思想的表达，在语言结构和语用规则上受到大致上的约束而造成的深层后果。这使得两千年来的哲学表达都似曾相识，而就连内容层面也受到牵连和波及，好像难逃宿命一样。空间相上的传播，则与黄河流域华夏文明的起初的强势有关。遂使江淮、岭南等地的人们，在渐次接受有关的语言结构和语用规则的同时，也接受其基于这些而构造和衍生出来的某些话语系列，例如其哲学命题。

秦汉之际，一个通过传播、研究和援用儒家经典来对现实政治及其宗教礼仪活动的正确性进行评判的知识分子阶层逐渐形成。最基本的经典就是《易》、《书》、《诗》、《礼》、《春秋》。在这里，存在着典型的知识权力在社会成员中如何分布及如何被垄断的问题。

儒生的主要职责之一是服务于政治性的通信和传播领域，例如起草那种冠冕堂皇的诏诰、制策和奏章，等等，它包含一种不言而喻的合法性论证，人们可以援用孔子的言论和据信是经过他手笔的经典来当作论辩中的最后依据。在某些场合，重要的并不是孔子说了些什么，而是我们都一致认为他说的是重要的。对孔子的共同奉祀使我们得以确认彼此的身份，得以尽快理解对方与我的联系和差异；因为双方使用的是同一种宗教、伦理和政治语言。可以认为，儒家在秦汉大一统帝国的政治框架下为作为教化的儒教做了紧密联系在一起的三件事情：其一，在礼仪制度中注入了更加持久和绵密的人道主义解释，并把它视为政治评价的终极原则；其二，几乎是熔铸先秦诸子百家思想的精华于一炉；其三，促使自身的观念和语言成为这个政治框架的一部分。

从文化传播和信息通信的角度来看，没有哪一门学问能够像经学那样对中国的儒学和儒教史，乃至一般的意识形态和文化学术有着那样深远的影响。由于儒教在中国政治结构中的显而易见的地位，传统社会中所说的"经学"，主要就是指从事儒教经典的注释、研究的学术。这样的经学，慎重一点说，也可追溯到西汉初季。在这两千多年中，经部书籍，真可谓"汗牛充栋"。经学的根柢是经典，而它们不是可有可无的一套文学汇编。经典对于一个连续发展的文化共同体来说，是通信模式上不断被解读和被复制的基因。经典的创作和流传，参与塑造了一个教团的共同体意识。可以说，经典扩展到哪里，这个共同体就扩展到哪里，是经典帮助塑造了共同体的意识。

五 生态意蕴和生态解释

本书的研究，注重揭示中国古代哲学的正面的、直接的生态意蕴，又试图从东亚季风性气候等地理环境所构成的背景和边界条件的角度，去解释渗透着这类生态意蕴的古代哲学特质的形成机制。所以重视生态与地理因素的影响，为本书研究方法的一大焦点。

"地理"和"生态"两个词汇，关联紧密，但也有明显区别。地理是指各种尺度上的地球表面性状（地表与人类生存息息相关）及其差异和空间变化。故相应地，地理学则应该是"对地球表面的变化特性进行正确、有序、合理的描述和解释"①。为了寻找空间分布上的差异和相似，本质上这是一门从事比较的学科。地球表面指非常薄的球壳，只有地球周长的千分之一厚，也可以向上延伸到大气圈的状况。其相应于地表的空间分异就是"地理的"。地表上分布的各类无机物或动植物，以及其他现象，或者影响到地表性状，或者至少是呈现地表空间差异性分布的，于是都有其"地理"。

自然地理中主要的方面，诸如气候、地貌、水文，是人类生存环境中的重要因素。"环境"（environment）一词是强调它环绕于外，构成外部制约或支持的因素。而"地理"是强调空间分异，各有侧重。地理的研究实有助于对于人类生存环境之揭示。"生态"一词则是指有机体与其栖息地之间的关系，这里特别关注以人为核心的这种关系，而相应地，"生态学"（ecology）或者环境生物学（environmental biology）就是研究有机体与其栖息地的相互关系的科学，乃至有对于种群、群落和系统各层次之研究。

生态系统（ecosystem）就是，"一定空间中共同栖居着的所有生物即生物群落与环境之间通过不断的物质循环和能量流动过程而形成的统一整体"②。"生态系统"和"生物地理群落"（biogeocoenosis）的含义极其相似。生态系统的范围和尺寸，无严格限制，小至一滴水，大则整个海洋，或者地球上的生物圈，都可以成为被考察的对象，即相应生态系统的核心范围。因为一个生态系统就是由一定地表空间范围内各类生物

---

① ［英］R. 约翰斯顿主编：《人文地理学辞典》地理学条，商务印书馆 2006 年版。
② 杨持主编：《生态学》，高等教育出版社 2008 年版，第 191 页。

的分布状况和非生物环境两方面所构成。[①]

　　人类是杂食动物,在生态系统中,人体一直是消费者(consumer),而不是生产者(producer)或分解者(decomposer)。[②] 倘若要对人类行为进行生态分析的话,获食模式不能被忽视。人类历史上,主要的获食模式,无外乎五种:狩猎和采集;粗耕农业;游牧和畜牧;精耕农业;食物加工。[③] 而每一种模式,也因时因地制宜(例如农耕要考虑作物适

---

　　① 作为生命支持系统的非生物环境包括:能源——太阳能等;气候——光照、温度、降水、风等;基质和介质——岩石、土壤、水、空气等;物质代谢原料——CO_2、O_2、N_2 等;无机盐(矿物质原料);腐殖质、脂肪、蛋白质、糖类等。

　　生物所依赖的物质和能量在生态系统的诸环节上不断地流动。最终的能源来自太阳。根据在传递能源的过程中所起的作用,系统中的生物体,主要有三类:生产者(producer)、消费者(consumer)和分解者(decomposer)。"生产者"是绿色植物、光合细菌、化能细菌,它们把土壤中的养分和太阳能转变为可供食用的形态。——在人类历史的叙事中,在可能引起误解的场合,或许应该把它们称为"生态系统的生产者"。直接或间接靠植物获食的是消费者,大体上有一级消费者(食草动物)、二级消费者(一级食肉动物)、三级消费者(二级食肉动物)、杂食消费者、腐食消费者等类型。分解者是细菌和真菌等,它们把死掉的有机物质分解成储藏于土壤中的可供植物吸收之营养成分(参见杨持:《生态学》,第 193 页)。

　　由热力学第二定律得知,能量流动是不可逆的,它由太阳不断地供给,而以无法回收的方式——主要是热量——给消耗掉了。但是物质——养分的转换却是循环往复的。

　　② 如何将自然生态系统与人类行为系统(特别是经济系统)结合起来予以定量分析,一直是主要的难题。但能值分析理论似乎开启了一扇希望之门。此法乃以同一种能量类别单位,比较系统中流动和储存的不同类别的能量,以及分析其效率等。关键的能值转换率(sej/J)概念,一般是指每单位某一类能量(或物质)相当于由多少太阳能焦耳转化而来,某一实际能量乘以该率即为"能值"。显然,能量系统中等级较高者具有较大的能值转换率,即依赖着较大量的能量流动过程,并具有较高的能量质量和较大的控制力,扮演中心功能的角色。参见蓝盛芳等:《生态经济系统能值分析》,化学工业出版社 2002 年版;樊胜岳等:《生态经济学原理与应用》,中国社会科学出版社 2010 年版。

　　由于资料所限和无法实际测量,故而将能值分析法运用于古代史的研究,难以得到定量的结果,但即使只是围绕概念层面做一些定性的分析和判断,依然给我们理解相关问题提供一些启发。譬如,能值投资比率(emergy investment ratio)一概念是指,在一个生态—经济系统中经济投入要素的能值除以环境提供的能值,该值越小表明环境对其影响越大。净能值产出率(net emergy yield ratio)则是系统中的能值产出与来自人类经济活动的反馈(如物资、劳务和科技等)的能值之比,其值越高则反映经济效益越高,系统具有较强的竞争力。能值自给率(emergy self-sufficiency ratio, ESSR)即取自本地的资源能值量对由外输入的,这是衡量系统开放程度的一种方式。

　　③ [美]普洛格(Fred Plog)等:《文化演进与人类行为》,辽宁人民出版社 1988 年版,第 132—299 页。

应性，采捕作业必然受制于环境中的资源状况等），产生了一系列更具体的选择暨样式上的差异。对农、林、牧、副、渔、猎等各个领域里的某些具体生产方式的选择，即对这一系列生产方式的组合形态的确定，便受到生态背景的影响和制约。

从大的方面来看，有些事情是确凿无疑的。譬如年均降水量400毫米以下的草原，基本就不宜农耕，而是以游牧为主了。而在技术存量（有时体制的既定状况或现实可能性也会起作用）一定的情况下，选择某些生产模式，即使不是全然不可能，但也许是不经济的；自然，更为经济的模式将有更大的概率被选择。特定群体的获食模式的选择，可以看作对相应地域环境的适应的结果。而除了获食模式，某地整体的经济结构，同样有可能受到当地资源的种类、规模、质量，资源供应的起伏波动，及其他群体的活动的影响和制约，而这些影响和制约，又都是在一定的技术现状和社会体制的条件下起作用的。

从根本上来说，没有任何地球上的生态系统是封闭的，因为总是有更大范围的某些因素对该系统的物质或能量流动产生影响。因此需要考虑的只是系统的开放性暨封闭性程度。在今日愈趋于全球化的时代里面，贸易和资源调配是全球化的，由于间接涉及的环节之无远弗届，某地的人类行为对环境的影响常会全面扩散，而使特定人群与特定栖息地之间的简单联系不复存在，亦即生态联系的封闭性愈难辨认。但在过去的农业社会里面，由于交通运输技术和条件的极大限制，市场发育和市场开放程度的不足等原因，其整个的人类生态系统的开放性，也无法跟工业社会相提并论。

特别地，由于中国的以农耕为主的地区，大体上位于青藏高原以东和长城一线即400毫米等降水量以南的地区。其东面是一望无垠的太平洋，航海技术几千年来总体上的停滞不前（此系与蒸汽机时代相比而言），使得即便近如扶桑之国，竟也是通行抵达为难。① 其北面是间有荒漠、戈壁的欧亚大草原，高寒和荒漠化令其地旷人稀，虽然是东西方

① 就以处在2500年来的历史中段的唐代而言，我们也可以看到，像鉴真这样去往日本的传法者，是冒着怎样的九死一生的艰险，正为海路通航效率极低的写照。参见〔日〕真人元开：《唐大和上东征传》，中华书局2000年版。

交流的一条通道，却绝对不是坦途，不是大宗货物贸易和频繁人员交流的途径。其南面是南中国海，西南面是东南亚热带雨林等，西面则是号称世界屋脊的青藏高原。这种近乎四面阻绝的处境，就使得长江、黄河流域（即中华文明的核心区域）的人类生态系统大致上为自成一体的。

　　人类的生产环节往往要消耗大量来源于自然界的物质资源。而在经济三大部门中，农业比工业，正如后者比服务业，与自然界联系更为紧密，接触更为频繁。直接融入生态系统的物质循环之中，特别是嵌入到食物链之中，以直接满足不可或缺的摄食需求之人类活动，就是农业。而农业中最重要的种植业，乃是这样一个部门：通过播种一些主要是经驯化的绿色植物种子，以及对其后的过程加以照料，有意识地让某些特定的光合作用有更高的发生概率，朝着为人们提供更稳定的食物即能量保障的方向上发展。换言之，农耕者较为高效地引导着生态系统中的"生产者"进行光合作用、固定太阳能和从无机物原料中产生各类有机物质的过程。游牧或者畜牧涉及人力照看某些动物生长、栖息与繁衍过程的工作，这同样是在引导着某些过程。但它们的效益，除可能作为食物来源外，尚可提供运输或耕作的畜力。①

　　至于其他两个部门，工业所需的终极原料不是来自农业领域（例如蚕桑），就是直接来自自然环境（例如矿石）。相形之下，服务业的生态意义就要隐晦曲折得多。表面上，分配、流通和投资环节并未直接介入或引导生态过程，因而距离较远，但若考虑到这些过程最终都有可能影响到生产，例如决定其规模的扩张或收缩、生产目标的选择等，则从一些较长时段和较远距离的视角来观察，它们对生态系统造成的影响可能一点都不小。在广义的服务业当中，知识的发现、发明、积累和储备，几乎是一切其他人类活动形态的保障。哲学和宗教思想，并不是奢侈的、不必要的东西；跟一般思想的发展和运用一样，从生态经济的角度来看，它们属于广义上的服务业。之所以这样说，是因为它们对塑造知识形式、推动知识累积和传播的作用，也因为它们对于各类组织形态的

───────────────

　　①　此外，人类还采取采集、狩猎和捕鱼等生产方式，以直接截取某一环节上的食物资源而不是经由长期培育或养牧的方式，介入到生态系统的物质循环当中，属于广义上的农业部门，但如果以其中某一种方式为主导，就和农耕文明对于社会结构等方面的要求会有所不同。

演进的贡献，也因为它对心理和情绪层面的调节作用，而且，知识、组织和心理的方面，都有可能通过某些环节再影响到人群对环境的适应。

对于一段特定的历史来说，通常没有明显理由认为其中任何重大的状况都和某种生态暨地理因素有关。也许，我们应该摒弃的是试图对历史的一切重要情节都给予这方面直接解释的生态决定论。但另外，可以毫不犹豫地说，人类历史本质上涉及"自然人化"的过程。[①] 对于有着特定栖息地的特定人群来说，这样的自然并不是抽象意义上的整个地球。这里既有服从于整个地球生态圈乃至银河星系的大尺度的规律，也有属于该地域的独特的生态系统方面的规律（此类规律正与当地人群生活息息相关）。地域差异性无处不在，这常常意味着：忽略有关的方面，就无法对包括思想史在内的一段段特殊的历史做出解释。

本书对于中国古代哲学的解释，虽然强调生态及地理层面的作用，但并不想让人误会是基于地理决定论的方法。因为在本书看来，生态暨地理因素对于历史特征的塑造和影响，往往是经过了本身有一定历史延续性的生产方式、技术和体制层面的中介的。生态或地理的决定论之所以无法接受，还因为：在特定的历史条件下，与特定的自然环境取得某种程度的协调（此为一种固有之压力），或者在受环境制约之情形下对之加以合理利用，通常都面临多样性选择的境遇；并且，后来的人们纯粹从生态或技术角度看到的利用环境的最佳方式，并不一定是那一段历史的必然结果。

倘若我们想要探索在"历史"与"地理"之间可能存在的因果联系，就必须拓展基于因果范畴的解释的思路。两个事物之间的广义上的

---

① 事实上，马克思主义先驱在论述亚细亚生产方式的时候，已经注意到了不同自然环境对于社会结构和发展模式的不同影响。恩格斯曾讲道："东方各民族为什么没有达到土地私有制，甚至没有达到封建的土地所有制呢？我认为，这主要是由于气氛和土壤的性质，特别是由于大沙漠地带"（马克思、恩格斯：《马克思恩格斯全集》第28卷，人民出版社1973年版，第260页）。又如马克思在《不列颠在印度的统治》中说，由于亚洲国家幅员广大，亟须中央集权政府之干预，始能保障灌溉、排水等公共工程的正常运转（马克思、恩格斯：《马克思恩格斯选集》第2卷，人民出版社1972年版，第64页）。但总的来看，以往的历史唯物主义忽略了生态及地理因素对文化或文明的持久塑造力，以至于不能在其超越地域差异的普遍规律框架中容纳对于文化和文明的独特性即地域差异性的解释，而这种差异一定程度上也被工业革命以来不断加速的经济全球化趋势所掩盖。

因果联系，其实可以从"基于"、"为了"、"因为"等不同角度来审视。

所谓乙基于甲，是说某些边界条件的限制（无论这种限制是否有很强的刚性特征）。边界条件是指，至少在某个足够短的时段内，某一人群无法加以改变的一些基本态势。对于边界条件，人类的活动倾向于做到：不与之严重对立或者不逆其规律而行；良好地适应；为了某些更高的目标，得要对它们加以充分利用（这几条含义略有重叠且有时可能一起实现）。如果达不到这些要求，那么，要么预期的行动无法实现，要么行动是极端得不偿失的，或面临巨大阻力的。在一个正常社会中，对于一般人而言，法律或公共政策通常是其行为选择得要严肃面对的边界条件。而对于一个较为封闭的小型农业社区，或者对于高度资源依赖型的社会（各种前工业化社会大体皆然）来说，自然环境则是它们的边界条件。

在边界条件甲或一系列边界条件的集合甲的约束下，乙是可能实现的有限选项的集合，唯是这些选项有较大的概率发生；而基于甲，集合乙以外的相关状况，可能实现的概率极小，或者根本不可能。从这样的意义上讲，甲也可以说成是乙得以产生的基础或背景。生态地理条件对于历史的长时段影响，常常就是充当这样的背景和框架。不管人的主体能动性如何发挥，均不能跳出他暂时尚不能深刻改变的框架。

所谓乙为了甲，是说一种目标定向般的联系。即如甲是一个亟待解决的问题，而实践活动或状况乙是令问题获致解决的前景时，乙就很可能发生。

所谓乙因为甲，则是说一种更紧密、更直接的因果决定关系：当甲发生时，乙也将要或者正在发生，而不管乙是否为一种针对甲的解决方案。

在历史影响生态地理的方向上，更容易观察到后两种联系。就像：因为长期的肆意捕杀，所以某种动物在某区内趋于消失。或者为了水稻种植的稳产、高产，建立塘浦圩田系统即改变了原有的水网生态。[①]

---

① 在人类行为的层面上，后两种联系，甚至三种联系都有可能裹挟在一起。譬如肆意采捕，常是为了皮睛羽革之利，因兹滥捕，种群数量骤减。故其模式为：为了甲所以乙，因为乙所以丙。三种基本模式嵌套在一起的常见情况便有：基于甲所以乙（乙指环境对给定生理系统或基础行为系统的人类的影响），其中可能暴露出问题丙，为了丙所以丁，因为丁所以戊。

　　然而在生态暨地理因素影响历史进程和历史面貌的方向上，我们更多的是观察到第一种意义上的因果联系，即人类行为或行为模式，经常基于生态暨地理的因素而发生，后者是前者的边界条件，是前者必须要充分运用、良好适应，或至少不与之发生严重冲突的因素。如果这种"基于"的联系确实存在，那么一般来说，长期的或普遍的现象，就必须用长期的或普遍的限界条件来解释，反之亦然。而如果长期的人类活动改变了有关的背景、基础和限界条件，"基于"式的因果联系就是在新的参数下发生的。

　　思想史只是整体历史的一部分罢了。但我们没有理由认为，某一思想传统必须要准确而全面地反映和刻画其环境特征，就像一面镜子或白板，[①]我们也没有理由认为，对某一处环境的适应，必定要有上层建筑中的哲思玄辩来参与；或者一个时期的环境的总体特征必然产生唯一与其相契合的思想体系等。但是这样的假设恐怕是合理的：长期处在某一类环境中的思想传统，极有可能采取了某种适应该环境的形式，及具有了环境所赋予的意蕴和特征。此类生态意蕴可能表现为：（1）某些直接的或间接的关于其所处环境的知识（甚至有其哲学上的抽象提炼）；（2）某种原本是为适应其环境而产生的思维模式或观念系统的泛化效果；（3）对于某些就适应环境而言具有必要性或优点的行为或心理模式的塑造，即围绕这种塑造而产生的实际知识或劝诱性知识或整体的特色。

　　认为对同一处历史性环境只有单一适应模式的观点是难以接受的。[②]进而，也不能说，在某一范围的自然环境中，只能决定性地产生唯一一类思想观念的模式，而更加不能说，预定着一套命题系统，将是这种环境的产物。但在既有的环境中，能够对环境的特征给予很好的刻画，或者更重要的是，能够对人类良好适应其环境的一种或一些模式给予恰当的论证、辅助或支持的思想，比起不能做到这一点，或在这方面做得很差的思想，便有更大的概率被选择。而这种情况在有能力产生哲学思想

---

　　①　就像三大世界性宗教具有很强的环境适应性，而令人很难看到其有典型的环境特征，而典型的环境也有可能是独特的，并束缚其普遍传播。

　　②　17世纪的时候，在北美印第安土著和欧洲移民之间，倘若没有发生战争，他们都能在那里生存下来，而其模式却是明显不同的。

的某种文明传统的越早期的时候，有可能表现得越发明显。但是总之，不管怎么样的环境，对于思想史来说主要都是作为基础或边界条件而起作用。

一个概要性的论断是：中国古代的历史——包括其思想史——正是基于中国古代的生态暨地理而发生的；后者有保持各种程度上的稳定性的，也有变迁频率较快的。但揆之以理，某种文明的思想史的整体和持久的面貌，只能是由该文明的长时段和总体性历史来解释，而环境的某些一贯特征则是这部长时段和总体性历史的一部分。

在中国古代的哲学和宗教史上，儒、道、释三教，都有各具特色的宇宙论（cosmology）；同时它们也关注生命活动和大自然的关系，进而在其各自宗教关怀的宗旨下，探讨如何完善这种关系。① 此三教在历史上对中国的生态环境所产生的综合影响，或许远比人们预想的要复杂得多，而本章主要是研究中国宗教的宇宙生态观中某些积极的内容，另附带提出若干解释原则，来探讨部分内容背后的农业生态背景。

特定的宇宙论看来是特定的某些生态知识、生态意识或生态学的前提，从而也可以把前者视为后者的一部分。哲学和宗教思想与"生态"问题的关联则可能基于下述不同的方式：（1）某些哲学的概念、范畴、命题或论述，正面围绕生态主题或者具有直接的生态意蕴。（2）某些经验层面上的生态知识或生态意识，可能是点滴的经验教训，也可能是系统的知识体系，甚至可能以完整的规划的面貌出现。（3）某些概念、范畴、命题或论述，无论论它是否至少符合前述两个条件之一，其背后可能隐晦地、间接地指涉着某些生态环境的因素，或者自身中刻印着某种生态特征，但这些未必是其正面探讨的主题，也未必能从其知识形式中直接推论出来，而需要结合一定的条件予以解释；其中，某些思想内容或其呈现的特色，应该看作是为了适应东亚大陆的环境而产生的思维模式或观念系统的泛化效果；或者某些知识内容实际上是围绕着那些具有较

---

① 英国历史学家汤因比曾经提道："所谓正确的宗教教义，就是教导人们对人和包括人以外的整个自然抱有崇敬心情的宗教；相反，错误的宗教就是应许牺牲人以外的自然，满足人本身的欲望的宗教"（［英］阿诺德·汤因比、［日］池田大作：《展望二十一世纪：汤因比与池田大作对话录》，国际文化出版公司1985年版，第381页）。按照这样的标准来衡量，儒、道、释三教在这方面便都具有正确的教义。

高环境适应性的行为或心理模式产生的，而不论这种知识是实际的知识还是劝诱性的；或者一些整体的特色也是基于一些体现环境适应性的行为或心理模式而产生的。① 基于第三种的关联的解释就是"生态解释"。这种生态解释，为本书的论述的特色，所以会在某些章节里面勾勒这种解释的主要逻辑线索。

现代生态学具有各种各样的理论模型，这些模型中的任何一个似乎都不能成为检讨古代思想的类似部分的绝对标准。例如不少生态学理论关注食物链的因素，并考虑了从热力学第二定律所推论的能量流动的限制。但在古代思想中却不可能建立起确切的为当时人们所普遍接受的食物链的概念。因此必须结合其本身的范畴体系来分析。这样的生态哲学体系似乎包括这样一些论题：宇宙的结构；人在宇宙中的地位；人与万物的关系的实然状况与应然理念等；围绕生态保护的一些措施，乃是为达到某种应然的目标而配置的手段；而完整的生态规划则除了一些措施以外，当然还有对于什么是和谐的人与环境关系的目标定位。②

在古代农业社会，尤其是在像中国古代这样的农业社会里面，正是

---

① 在中国古代哲学中，天道循环论的总体图式、道论和气论哲学的生态意蕴、天人之学的和谐理念、佛教的宇宙图式等，应属第一类情形；阴阳五行模式的具体匹配，《礼记·月令》的生态规划内涵、《周礼》职官体系中的若干生态保护职责、《四民月令》或《四时纂要》等书中的民间月令，属于第二类；而取象比类方法的广泛运用、中国佛教的"无情有性"话头、道家的"天地不仁"、"自然无为"的思想、儒家的爱物思想、儒释道三教关于朴素生活方式的教诲等，以及中国古代哲学的若干特色，如现世性、中和性、宗法性等，都属于第三类，也就是需要给予恰当解释的。

② 按，现代生态学历史或可上溯至 19 世纪 60 年代德国生态学家厄恩斯特·海克尔（Ernst Haeckle）首先使用 Oeclogy 来指代整个这门学科（参见［美］唐纳德·沃斯德（D. Worster）：《自然的经济体系——生态思想史》，商务印书馆 1999 年版，第 232—234 页）。1973 年，挪威的哲学家阿恩·纳什发表《浅层生态学和深层的长远的生态学》，正式提出两组概念的差别，即浅层生态学（Shallow Ecology）和浅层生态运动（Shallow Ecological Movement），以及深层生态学（Deep Ecology）和深层生态运动（Deep Ecological Movement）。而 1985 年，美国学者比尔·迪伏和乔治·塞逊斯合著《深层生态学：重要的自然仿佛具有生命》的出版，则意味着此种理论的形成。深层生态学表示不仅要从技术的角度来研究和解决某些环境问题，而且要考虑怎样的价值观、生活方式、社会制度、经济运作和教育方式，有助于从根本上断绝问题产生的人为根源（参见王正平：《深层生态学：一种新的环境价值理念》，《上海师范大学学报》（社会科学版）2000 年第 4 期）。看来中国哲学的生态思想大体可定位于深层生态学。

地理和气候，加上它们对不可见的能源流动系统和可见的生物景观的影响，提供给人们的思想一系列基本的象征素材。一种哲学体系所运用的基本概念、范畴为何，就可能暗示它在起源、演进和传播当中所遇到的各种问题，这其中自然应该包括对人群的生活产生重大影响的生态信息。例如我们坚信，阴阳概念的产生和持续地发生影响，就必须从它蕴涵着东亚农业生态圈的信息这个角度去寻找原因。当然我们无意于说，古代哲学中的一切概念和范畴都是围绕着生态信息的。而只是认为，在人们能够设想的各种区分性差异当中，为什么是这些而不是那些得到了强调，原因当然是多方面的，其中颇不乏生态因素，这倒未必是直接的映现，也可能是嵌入到一系列微妙的调节当中。

对于中国古代哲学和宗教的研究来说，有一种背景因素非常重要，那就是与东亚季风性气候条件下的农业生态圈有关的思想形态的调节功能。对《礼记·月令》等提供的阴阳五行模式的详尽考察，使我们确信它所蕴涵的对自然规律的判断，主要是适用于季风性气候圈。一般来说，源自物候学的方法，构成了中国宗教的形上学与它的生态背景的中介。而东亚季风性气候类型，一方面为本土的物候学提供了迥异于其他生态环境的观察内容——其核心信息就保存在阴阳五行的编码模式当中；另一方面根据亚欧大陆的历史经验，只有当农业生态模式在某一文明体系中占据主导地位时，物候学（或进一步的征候学）方法的认知倾向才会为该体系内的形上学奠定基础。而物候观察的效应性、循环性、同时性和实用性，其实也是中国传统天道观的基本内涵。[①] 再就东方情调的思想与体验而论，生态效应止乎其中的渊深境界，就是"妙万物而不居"的观察者。

---

①　有关这些物候学特征的详尽解释参见本书第六章。

第 二 章

中国古代哲学的源流统绪

　　中国古代哲学，源流虽繁、派别虽多、历时虽久，要之，并非毫无脉络统绪。大约肇端于春秋末期老聃、孔丘等人的思想启蒙，而在轴心时代，迎来一种百家争鸣的繁荣景象，先秦诸家思想中的精华要素，嗣后稍稍汇流于儒、道二家。故儒、道构成本土思想传统的阳、阴之两面。随后又有佛教传入，成就三足鼎立之势。

　　关于自然界的本性、本质或根本规律的问题，儒、道、释三教各有其不同的致思路向。此由于其核心的哲学理论并其内在构思的动机而有异。在于儒家，天道观为其内核，此为一种道德的形上学，乃认为道德的内在心性基础实有一种天地的根源，天道、性、命与人的本心是一贯的、相通的；在于道家，认为纷纭扰攘的物象背后，有其返本归根乃可溯及的"道"，道虽恍惚虚无，但可经营生化，因气立质，所以在道本和物象之间，颇有关于宇宙生成的致思路向；在于佛教，则由于要超越"苦、空、无常"的烦恼和生死流转之动机，而形成关于人生和宇宙诸状况的缘起的思考，但凡具体之物，皆依缘而起，依缘而灭，乃至生灭、一异、断常、有无、时空诸相，从一种更广泛、更抽象的关于"缘起"的思考来看，亦为本质上不确定的，即空幻的。

一　先秦诸子源流与儒墨二家的互补性

　　首先谈谈古代哲学的流派问题。因为这涉及本书主要探讨对象的确定，以及这些对象是否具有代表性的问题。无疑，儒、道、释三教都有其形上学，而且这些构成了中国哲学的大宗。后世有特立独行、自出机杼而卓然成一家之言者，亦不过是这三支巨流的左道与歧出、折中与综合，若魏晋玄学然。是则特其可以考虑的学派纷立的时期当为先秦。当斯时也，佛家尚未传入，儒家亦只是一种在以相礼教学谋生的人中初步形成的学派。然而对这个百家争鸣、百花齐放，即古代思想史上星空璀璨的轴心时代，① 有一点是我们绝对不能忽略的，即诸子哲学的理论成果后来融入了古代哲学一般的思维方式当中，尤其是转化为儒、道二教的概念、命题和基本视阈。

诸子哲学或许本来就有其相近的源头，此为其后世遂得再行合流于儒、道二教之基础。诸子哲学的分脉流衍，《汉书·艺文志》凡提到十家，并本刘歆之说，而认为出自周之王官。儒家——司徒之官；道家——史官；阴阳家——羲和之官；法家——理官；名家——礼官；墨家——清庙之守；纵横家——行人之官；杂家——议官；农家——农稷之官；小说家——稗官；又有兵家，不知何所本。

　　儒家者流盖出于司徒之官，助人君顺阴阳明教化者也。游文于六经之中，留意于仁义之际，祖述尧舜，宪章文武，宗师仲尼，以重其言，于道最为高。孔子曰："如有所誉，其有所试。"唐虞之隆，殷周之盛，仲尼之业，已试之效者也。然惑者既失精微，而辟者又随时抑扬，违离道本，苟以哗众取宠。②

　　道家者流，盖出于史官，历记成败存亡祸福古今之道，然后知秉要执本，清虚以自守，卑弱以自持，此君人南面之术也。合于尧之克攘，易之嗛嗛，一谦而四益，此其所长也。及放者为之，则欲绝去礼学，兼弃仁义，曰独任清虚可以为治。③

---

　　① 在公元前8—前3世纪，在全世界范围内其精神生活达到其他民族难以企及高度之古希腊、古印度和古代中国这三大文明体系，莫不在这一段内大致同步地揭开了他们思想史上最为璀璨的一章。举凡奠基性的命题与范畴，都在这一时期被热烈地讨论，由此而奠定了三大文明体系此后的精神宏轨。此种同步性已为西方学者所注意及之，最著名的提法，即德国存在主义心理学家、哲学家雅斯贝尔斯（Karl Jaspers）：《历史的起源与目标》，华夏出版社1986年版等。

　　② 《汉书》卷30，中华书局校点本，第1728页。

　　③ 《汉书》卷30，第1732页；按，"嗛嗛"为易谦卦之卦辞，其象辞又曰："天道亏盈而益谦，地道变盈而流谦，鬼神害盈而好谦"。

阴阳家者流，盖出于羲和之官，敬顺昊天，历象日月星辰，敬授民时，此其所长也。及拘者为之，则牵于禁忌，泥于小数，舍人事而任鬼神。①

法家者流，盖出于理官，信赏必罚，以辅礼制。易曰："先王以明罚饬法"，此其所长也。及刻者为之，则无教化，去仁爱，专任刑法而欲以致治，至于浅害至亲，伤恩薄厚。②

墨家者流，盖出于清庙之守。茅屋采椽，是以贵俭；养三老五更，是以兼爱；选士大射，是以上贤；宗祀严父，是以右鬼；顺四时而行，是以非命；是以孝亲视天下，是以上同：此其所长也。及蔽者为之，见俭之利，因以非礼，推兼爱之意，而不知别亲疏。③

纵横家者流，盖出于行人之官。孔子曰："诵诗三百，使于四方，不能专对，虽多亦奚以为？"又曰："使乎，使乎！"言其当权事制宜，受命而不受辞，此其所长也。及邪者为之，则上诈谖而弃其信。④

杂家者流，盖出于议官。兼儒、墨，合名、法，知国体之有此，见王治之无不贯，此其所长也。及荡者为之，则漫羡而无所归心。⑤

农家者流，盖出于农稷之官。播百谷，劝耕桑，以足衣食，故八政一曰食，二曰货。孔子曰"所重民食"，此其所长也。及鄙者为之，以为无所事圣王，欲使君臣并耕，悖上下之序。⑥

小说家者流盖出于稗官。街谈巷语，道听途说者之所造也。孔子曰："虽小道，必有可观者焉。致远恐泥，是以君子弗为也。"然亦弗灭也。闾里小知者之所及，亦使缀而不忘。如或一言可采，此亦刍荛狂夫之议也。⑦

---

① 《汉书》卷30，第1734—1735页。
② 同上书，第1736页。
③ 同上书，第1738页。
④ 同上书，第1740页。
⑤ 同上书，第1742页。
⑥ 同上书，第1743页。
⑦ 同上书，第1745页。

《淮南子·要略》篇也曾述及诸子之学的代表人物与学术缘起。关于儒家：

> 孔子修成康之道，述周公之训，以教七十子，使服其衣冠，修其篇籍，故儒者之学生焉。①

关于法家，认为其盛于韩、秦二国，与彼山川形势、风俗民情不无关系：

> 申子者，韩昭厘之佐。韩，晋别国也，地墽民险，而介于大国之间，晋国之故礼未灭，韩国之新法重出，先君之令未收，后君之令又下，新故相反，前后相缪，百官背乱，不知所用，故刑名之书生焉。
>
> 秦国之俗，贪狼强力，寡义而趋利，可威以刑，而不可化以善，可劝以赏，而不可厉以名，被险而带河，四塞以为固，地利形便，畜积殷富，孝公欲以虎狼之势，而吞诸侯，故商鞅之法生焉。②

认为墨家源于对儒者繁文缛节、厚葬费财的反对：

> 墨子学儒者之业，受孔子之术。以为其礼烦扰而不说，厚葬靡财而贫民，服伤生而害事，故背周道而用夏政。③

盖夏政者，节财薄葬闲服生焉。

又认为纵横家源于外交形势的纵横捭阖：

> 晚世之时，六国诸侯，溪异谷别，水绝山隔，各自治其境内，守其分地，握其权柄，擅其政令，下无方伯，上无天子，力征争

---

① 刘安著、高诱注：《淮南子注》，《诸子集成》第7册，第375页。
② 同上书，第376页。
③ 同上。

权，胜者为右，恃连与国，约重致，剖信符，结远援，以守其国家，持其社稷，故纵横修短生焉。①

此未及王官，当属持平之论。王官之学散在民间，对于注重搢绅传统的邹鲁之学等会有深远影响，但不是诸子之学都与王官之学有着明确的师承授受的关系。盖《艺文志》所说，不应当泥文滞句来看，犹若吾人起数千年、数百年或数十年前之古人于地下而谓当世的"某某"为其衣钵传人云云，实即不必都有存亡继绝的联系，这是讲两者在学术特征或学术领域上的共性罢了。

终战国之世，墨家与儒家并称显学，两家在很多领域里都形成一种互补的配对，盖论域之相同，尤足以表明其学统之相关。但与其说学统之相关，又不如说此阶段的古代哲学虽然学派分立，却仍有基底层面上所用范畴的相关性、思维视阈的相近性，并结论的针对性或连带性。

对儒、墨二家互补的配对，可申论如次。譬若在鬼神观念上取存而不论态度的儒家，特别强调"莫之致而至"的天命，但墨者的态度则针锋相对，认为天下之暴乱皆以世人"疑惑鬼神之有与无之别，不明乎鬼神之能赏贤而罚暴也；今若使天下之人，偕若信鬼神之能赏贤而罚暴也，则夫天下岂乱哉？"② 同时却否认了命的观念，因为在他们看来，一旦人们委身于偶然的、由外部力量决定的命运时，就会失去向善的动力。故儒、墨之间，于鬼神问题上，其一阙而不论、敬而远之；③ 另一

---

① 刘安著、高诱注：《淮南子注》，第376页。

② 《墨子·明鬼上》，孙诒让：《墨子间诂》卷8，《诸子集成》第4册，第138—139页。

③ 众所周知，在鬼神观念上，孔子的态度是"务民之义，敬鬼神而远之，可谓知矣"（《论语·雍也》，朱熹：《四书章句集注》，第89页）。有一次孔子病了，子路就要求为他祷告，子曰："有诸？"子路对曰："有之。诔曰：'祷尔于上下神祇'。"子曰："丘之祷久矣"（《论语·述而》，《四书章句集注》，第101页）。此处"祷久矣"，显然不是指民众所奉行的那种有形的祷告，据刘宝楠《论语正义》的解释，孔子乃是"平时心存兢业，故恭于鬼神，自知可无大过，不待有疾然后祷也"。

但祭祀作为传统礼制的一部分，是不会被轻易否定的，孔子说"祭如在，祭神如神在"（《论语·八佾》，《四书章句集注》，第64页）。可见孔子对于人格化的鬼神本体之有无是取多闻阙疑、存而不论的态度，它们作为祭祀礼仪之观念内容的一部分而被严肃地保存下来，这样的态度很典型地属于"神道设教"的做法，这是其关于一般文化之理性态度的一部分。

则明立鬼神、以彰赏罚，但于神道而设教之态度，竟亦有默契相通处。但墨家非命论，却有肯定"天志"、"天意"的态度，适相配合。而天意说，恰和儒家的天命观，在深层的意涵上是一致的。[1]

墨者针对儒家对仪式的注重而提出节用、节葬和非乐的主张，一时之间颇引起注意。可是在基本的伦理观念方面，两者的着眼点竟也是一致的。所谓"兼相爱"，乃是以"视人之国，若视其国，视人之家，若视其家，视人之身，若视其身"的兼及己他的方式去实现宗法等级中的人伦理想。[2] 墨子云："故君子莫若审兼而务行之。为人君必惠，为人臣必忠，为人父必慈，为人子必孝，为人兄必友，为人弟必悌。"[3] 即其然也。因而天命、鬼神与仪式这三方面表面上针尖麦芒般的对立，是源于对实现这一伦理目标的方式和途径的构想之不同。

然则墨子想要以其赏贤而罚暴之功能令世人信从的究竟是哪些鬼神

---

[1]　早年，傅斯年先生曾在其力作《性命古训辨证》中，将命运观分为五类，此即命定论——以天命为固定，不可改易；命正论——天眷无常，依人事降祸福；命运论——自命定论出。所不同的是，"命定论"有"谆谆命之"的形色。命运论则以为命之转移在潜行默换中有其必然之公式；非命论——墨子所非者，为前定而不可变者；俟命论——上天之意在大体上福善祸恶，然亦有不齐者……（《傅斯年全集》第 2 册，台北联经出版社 1980 年版，第 305—307 页）

所云"非命论"者，为墨子在是非争竞中所取的一种反对的姿态，其正面所肯断的为坚信命运的主宰者能够赏善罚恶的"明鬼"论，乃可归入广义的命正论范畴。又其俟命论与"命正论"之间亦无明显的区别，凡此种种，皆表明傅氏的总体框架仍有可以商榷之处，理性的、依范畴脉络给出的严谨分类，或者当独辟蹊径。例如有自身运行法则的命运与无法则的随机的"遭命"，即是我们重新审定命运观时理应注意的一组基本的对立。此外，还有命运是否可以预测，命运是否可以更改，命运的主宰是否具有人格性的力量等的对立。

儒家的命论，则是兼有命定、命正之二义，然以前者取义为浅，后者取义为深。像孔、孟这样的醇儒，在"命"字的用法上，事实上是不能一概而论的。一方面，他们都强调了"莫之致而至者"的"命"，而指出了在人事的谋划上难以施加影响，结果上却是不可知不可改的命运，然而这太半是指人的穷通寿夭贫富等遭遇的方面，而在讲究道德义命的醇儒眼中，这是与他的道德境界的高低不必有相当之评价的，故而，虽有"终日之间不违仁"如颜回也者，亦不能免于盲目的命运而不幸早死，为我们的夫子留下了无尽的感喟，又伯牛有疾时孔子的焦虑也反映了同样的认识。子夏尝曰："商闻之矣，死生有命，富贵在天"（《论语·颜渊》，朱熹：《四书章句集注》，第 134 页），此应是闻诸"与命与仁"的夫子的。但由于儒教强烈的政治关怀，儒者又不惮其烦地讨论过群体或王朝层次上的道德定命问题，即"天听自我民听、天视自我民视"的周人的天命观。又在孟子、《中庸》及在宋明理学看来，更主要的仍是立足于个人道德实践的所谓"天命之性"，犹如四端云云。

[2]　此句中引语，出《墨子·兼爱中》，孙诒让：《墨子间诂》卷 4，《诸子集成》第 4 册，第 65 页。

[3]　《墨子·兼爱》，孙诒让：《墨子间诂》卷 4，《诸子集成》第 4 册，第 80 页。

呢？其实，他并没有以创造者或先知的身份而带来了一种新宗教的氛围，毋宁说他是一个本着神道设教观念的理性主义者，他的选择是基于宗法性社会秩序的考虑，甚至他的那种"天道福善祸淫"的观念，也是我们在传说是由西周初年的周公旦所发表的诰命中业已熟悉了的。墨子太快地从神的有无这个问题上跳过了，而喋喋不休地谈论信仰鬼神的功能，这让我们对他内心的信念的坚定性表示怀疑。虽然中国古代的传统宗法性宗教，或许并没有在大众的心灵中生根、发芽和茁壮成长，相反其神谱、仪式和观念及其诸要素间的关系的形态，都显得散漫、笼统和难以定型，但这并不妨碍我们认为子墨子所继承的正是这种传统。① 而这一传统恰好具有宗法性、现世性和实用理性等特征；并这些特征，人们在嗣后的本土哲学传统中都能一一发现。

另外，构成本土宗教之方法论基础的"阴阳五行"观念也为墨子所熟悉，如他提到一则关于天帝的神话云"帝以甲乙杀青龙于东方，以丙丁杀赤龙于南方，以庚辛杀白龙于西方，以壬癸杀黑龙于北方"。②

诸子学中，显学如墨家，虽为后世蔚为大宗的儒家所严斥，却竟和传统哲学的主流，并儒家思想本身，有若干深层的默契潜通之处。这类默契潜通，主要反映在范畴体系上。盖儒家讲"天命"，"命"字实指出某些不可改移的必然性，亦含有人力不可干预的无奈之意味；③ 墨家论"天意"，指其有赏善罚恶，遂使人状况改移的意志，但二家立论的共同基础却为"天"。且儒家也不能说没有神道设教、天命自民意改移的意思。天命、天

---

① 因其明鬼论立场，故墨子对传统宗教议论颇不少。但墨子心目中的宗教，亦无非是"刍豢其牛羊犬彘，絜为粢盛酒醴，以敬祭祀上帝山川鬼神"，其次重要的是宗庙和社神崇拜。《明鬼篇》云："故古圣王必以鬼神为赏贤而罚暴，是故赏必于祖，而僇必于社。"盖昔者天子亲征，必载迁庙之祖主，行有功则赏祖主前，又载社主，不从军而奔北者，则戮之于社主前。至于"社"的崇拜，更是提到各国声名远播的大社，如燕之祖泽，齐之社稷，宋之桑林，楚之云梦。至于原始的先贤和图腾崇拜，如传说中鸟身方面的句芒之属以及人死为鬼而肆行其怨亲赏罚之事，在《墨子》书中也时有提及。且在子墨子看来，民众祭祀的单位并非任何特殊的集体，而是"内者宗族，外者乡里"（《明鬼》），共同举行祭祀，祭完后跟族人或乡人献酬共饮等，实在有"合欢聚众"的功能。故而，墨子认为，鬼神之有，将不可不尊明也。

② 《墨子·贵义》，孙诒让：《墨子间诂》卷12，《诸子集成》第4册，第270—271页。

③ 如孟子曰："莫非命也，顺受其正"（朱熹：《四书章句集注》，第349页）。朱注："人物之生，吉凶祸福，皆天所命。然惟莫之致而至者，乃为正命，故君子修身以俟之"（同上书，第349—350页）。

意之"天",都指向了人所面对的宇宙并其内在规律这一层面。

至于儒道两教,其在赖以描述世界的范畴体系上呈现的同源性,更是有目共睹的。儒教的"道"与道教的"道",固然不能混而为一,但也不乏颇可比较的地方,那就是对生生不息的自然母体的影射。只不过一个是阳性的、刚健的和条理综贯的,另一个则是阴性的、柔晦的和混沌未判的。再者,更典型的相关性是阴阳五行的编码体系,汉代以后的儒生,虽然已经不再喋喋不休地谈论卦气运数,抑或河洛谶纬,但以阴阳五行为代表的对于东亚季风性气候条件下的自然生态的指涉,仍然是儒教天道观念的一个背景。而在道教来说,则是其庞杂的方术体系永无竭尽的灵感源泉。儒、道二教的这种共性事实上是人们对该地区的自然条件长期适应的结果。

儒学发展史上的内部差别,且不论,其道教发展史上衍生出来的内部差别,亦不论。因为我们分别归于儒、道二教的一般特征或典型特征,也基本上可在这些派别中发现。而如果其"哲学命题中的生态意蕴"或其"哲学思考的特点中那些可作生态解释的特点",[①] 确为一般或典型特征,自然可适用于绝大多数内部派别。有待扩展所及的是:儒道以外之先秦诸子、印度佛学或中国化的佛学,以及近现代日益东渐之西方哲学。而笔者确信,先秦诸子的不少言论和观念的精华,实已渗透于儒、道二家之中(尤其儒家)。[②] 是则这些精华,要么本身就具有生态意蕴,要么已经被儒、道二教哲思的生态意蕴所渗透和涵盖。西方哲学亦可不论,因为它既未充分中国化,且产生广泛、深刻影响,也只是在近现代而已。故真正有待分析的是:如果儒、道二家哲学有其生态意蕴等,那么自外输入的佛学在其中国化历程中是否也渗透此类生态意蕴等。

二　儒家的道德形上学

子贡曾经感叹,"夫子之言性与天道,不可得而闻也"。[③] 最初,儒

---

①　"生态意蕴"和"生态解释"这两个词,将在后文解释。

②　譬如墨家的"尚贤"、农家的农本观点,阴阳家的"阴阳"概念,在后世的儒家那里,何尝没有强烈的、深刻的回应。

③　《论语·公冶长》,朱熹:《四书章句集注》,第79页。

家确实在它的形上学的建构方面稍逊于道家，亦无法和后来传入的佛教之名目烦琐的思辨体系相提并论。

但是儒家为东亚地区的国家形态提供了也许是这一地区唯一成熟的政治伦理，这是它最大的历史贡献。其政治背景即所谓"家国同构"的宗法制的建构。而理论起点则是个人的修身。

> 物格而后知至，知至而后意诚，意诚而后心正，心正而后身修，身修而后家齐，家齐而后国治，国治而后天下平。
>
> 自天子以至于庶人，壹是皆以修身为本。①

政策的实施，被认为很大程度上是依赖着领导者的个人素质，如云"其身正，不令而行；其身不正，虽令不从"。② 这尚不是其政治伦理和政治建构真正成熟的一面。作为最有效的人际关系的调节原则，儒家对"礼"的强调到了无以复加的程度，孔子曾为之忧心忡忡的"礼崩乐坏"的时代，不过是一个阵痛期，是封建式国家向官僚大帝国过渡阶段礼制面临较大调整的时期。然而要求"礼"发挥作用的社会机制，从来没有被真正破坏过，调整期的工作，是为其找到道德理想主义的论证和确定其新的社会细胞。不难看到，修身和礼制这两条原则，又都可以在家庭伦理的范围内得以汇合，并使得家庭成为资源调配与人员合作的基本单位。在此，我们看到了儒家伦理学说的三条原则：仁、礼和孝。仁和孝的心理基础是一致的，但适用范围有宽狭之别，它们又都是儒教超越型的性命观念的基石。

在《易传》和《中庸》这些对早期儒家罕言性与天道的倾向有所裨补的经典中，我们能够观察到一套为整个农业文明的环境特征和认知倾向做出说明的形上学命题。譬如，季风性气候条件下的四季的更替，成为儒家循环论天道观的自然背景。例如孔子曾感叹"天何言哉？四时行焉，百物生焉，天何言哉？"③ 至如《易传》"日月运行"、"一寒一暑"

---

① 《大学》，朱熹：《四书章句集注》，第 4 页。
② 《论语·子路》，朱熹：《四书章句集注》，第 143 页。
③ 《论语·阳货》，朱熹：《四书章句集注》，第 180 页。

之类说辞，则比比而皆是也。其实，圣人设卦观象之有以比类设拟者，终究逃不出所谓"广大配天地，变通配四时，阴阳之义配日月，易简之善配至德"。[1] 天地云云，不过是浩瀚渺茫的太空内一大熔炉而已，而声光电热诸般现象则在其中毫无间隙地往来穿梭，又更是日地关系、月地关系及大气圈的复杂运动而有的寒暑晴雨和风云叱咤的变化。

倘若以我们切身感受所熔铸的词汇去描摹它的情状，则不妨称它是"阴阳"、"刚柔"、"翕辟"，等等。有人不禁会问，阴阳究竟有多少种含义及多少种可以匹配的特征呢？由于现象的开放性及这一差别所运用的零度特征，[2] 则可以说它有无限的含义和无限的非零度特征。可阴阳又是取象比类的易简之道的总的原则，所谓"一阴一阳之谓道，继之者善也，成之者性也"，[3] 其重要性，亦不言而喻也。

儒家的天道观，还试图为以家庭或家族为权力划分之基本单位的传统型社会内的伦理观念，提供一元的论证。在此，道德情感的起源问题是沟通农业生态背景的一条特别重要的纽带。从天到人，从人到天，《中庸》提到了这两条不同路向耦合后的"道枢"。如首章开宗明义的三句话"天命之谓性，率性之谓道，修道之谓教"，即明白告诉我们道德禀赋的天地之源，又云"致中和，天地位焉，万物育焉"及"唯天下至诚，为能经纶天下之大经，立天下之大本，知天地之化育。夫焉有所倚？"[4] 此即是用一种乐观主义的情绪谈到，道德操守和道德情感可以上下弥纶天地而参赞化育。[5]

儒家的——或者也包括道家的——诸种形上学之有以高明于术士的地方在于，其形上学体验与现象的纷纭扰攘及七情六欲的激荡无涉。而

---

①　《周易·系辞上》，《十三经注疏》上册，第 79 页。

②　零度者，所谓中、和、诚、一、虚、静、无蔽等；参见本书第六章。

③　《周易·系辞上》，《十三经注疏》上册，第 78 页。

④　《中庸》第三十二章，朱熹：《四书章句集注》，第 38 页。

⑤　"至诚化物"云云，与其说是仰观俯察所得之结果，不如说是一种宗教的祈愿、一种祭祀礼仪的精神诠释。所以我们特别不能忽视《礼记·中庸》里的这样一些段落，"郊社之礼，所以事上帝也，宗庙之礼，所以祀乎其先也。明乎郊社之礼、禘尝之义，治国其如示诸掌乎！"（第 19 章）以及"大哉圣人之道！洋洋乎发育万物，峻极于天，优优大哉，礼仪三百，威仪三千"（第 27 章）。凡此皆足以表明其形上学探讨的宗教制度的背景。可是，像鬼神这些幽微的精气之凝聚与彰显，都是至诚之情感应天地的结果，故而第 16 章内又云"诚之不可掩，如此夫！"

儒家更是强调了它的道德理想主义的先天根据。如果说源于分析性倾向的原子观念与中国哲学之宇宙情调始终有点不相契，那么个中的深层原因，并非另有一种犹如"华严十玄门"般可层层展现之静态图景，"十玄门"于重重无尽的相即相入中，仍有诸现象的纷繁多彩为不可退去的被给予的质料，这是想象力无限奔放的佛教传入后，中国形上学的一种歧出。然而，本土传统的气论与象论，首先注重的仍然是不可以名状的浑朴态，它是人在四季循环中带有差异而体贴到的一种和谐。而所以申斥于情欲的激荡，亦在力图避免破坏这种状态的平衡。《中庸》首章"喜怒哀乐之未发，谓之中，发而皆中节，谓之和"，[①]讲的就是这个道理。后儒中，周敦颐的主静说，程颐的居敬主一说，等等，皆其类也。更早的，可以追溯到孟子，如果说欣赏刚毅木讷的孔子，其心灵是浑朴而天然的"性之也"，是不假丝毫的造作，那么孟子则是退而求其次，是学而后能，其要点即养气说和求放心说。

我们知道，在思孟学派那里多有对"诚"的热情礼赞。

　　诚者，天之道也；思诚者，人之道也。至诚而不动者，未之有也；不诚，未有能动者也。[②]

　　尽其心者，知其性也。知其性，则知天矣。存其心，养其性，所以事天也。[③]

　　万物皆备于我矣，反身而诚，乐莫大焉。[④]

其人所事之天就是这个作为天道的"诚"。倘若将这三段相互渗透，连贯为一体来看，则即便在空疏隔膜的现代汉语那里，亦不能孤立出一个欲待去沟通天人的中介之"诚"。"诚"就是道德含义的天。可是如果撇开学派的壁垒，则亦可谓心性之学的哲思境域，乃是早早地与取象比类方法所固有的轴心休戚相关。倘若依哲学的心境去体贴和考论词的源始，则所谓"尽心知性知天"或"天理"的天，固然不是"苍苍之天"，

---

① 朱熹：《四书章句集注》，第 18 页。
② 《孟子·离娄上》，朱熹：《四书章句集注》，第 282 页。
③ 同上书，第 349 页。
④ 《孟子·尽心上》，朱熹：《四书章句集注》，第 350 页。

但也不能与它毫不相关。正如程颢说的"只此便天地之化"的意思，"诚者，天之道"的"诚"和"天"便是人在天地间所具现和感应的那种生态效应的和谐，以及因此和谐而产生的诸般效力。故而《中庸》引《诗经》"鸢飞戾天，鱼跃于渊"的句子作为其持论的背景。

对于孟子，我们要多注意他的本体论和工夫论是一致的，并且蕴涵着丰富的生态内涵。如他讲人旦昼之所为，有桎梏般的戾气时时放其良心，犹如濯濯童山为斧斤所加，又有牛羊从而牧之，是以若何其荒芜也，非其山之本性然。① 不难看到，孟子的观察完全是基于一种生态的比拟和对照。"日夜之所息"（息，生长也）即同等地作用于"牛山之木"和"人之良心"，平旦（清晨）之气亦犹山木之萌蘖也。故而湛寂清澈的夜气是良知之所以息，否则"夜气不足以存，则其违禽兽不远矣"。② 故而归结到，"苟得其养，无物不长，苟失其养，无物不消"。③ 尽心知性知天，即得其养之道也。固然，道德操守和道德情感的滋养生息，跟食物链上的能量通道并无直接的关系。但在中国农业文明的征候学体察的语境中，它有气息的含义。

孟子还时时提及精神性原则与生命气息的调谐，其主要的意思是说："夫志，气之帅也；气，体之充他；夫志至焉，气次焉"。④ 然其相互影响之之然，亦为不可诬也，"志壹则动气，气壹则动志也。今夫蹶者趋者，是气也，而反动其心"。⑤ 结合他处所提及之养气说等，则孟子穷其心源的知性说与知天说，也是有具体工夫论上的指认，而不纯粹是虚悬高蹈的理念，"养吾浩然之气"以至于"万物皆备于我"，以至于美、大、圣、神，则仍是基于"气，体之充也"的认知。而与其生态背景的协调，亦是其题中应有之意，如孟子云"夫君子所过者化，所存者神，上下与天地同流"，⑥ 自然很容易让人联想到《中庸》首章的命题：

---

① 参见《孟子·告子上》有关"存夜气"的一段，其中对天人相贯、身心一元的存养之道有特别亲切的认知。

② 《孟子·告子上》，朱熹：《四书章句集注》，第331页。

③ 同上。

④ 《孟子·公孙丑上》，朱熹：《四书章句集注》，第230页。

⑤ 同上书，第231页。

⑥ 《孟子·尽心上》，朱熹：《四书章句集注》，第352页。

"致中和，天地位焉，万物育焉"。

儒学内一直有一条线索，即由其心性之学而得以提挈、统贯天道人伦的路数。此即思孟学派肇其端，而陆王心学成其大的那一道脉。其间，汉代以今文经学为其学术根底之天人感应、阴阳灾异诸说，甚嚣尘上，至令儒家于斯时也，缺一股涵泳沉潜、不计结果与功利而义无反顾的道德理想主义的承当。自然亦不必有反观内省的自得之乐。魏晋南北朝是中国哲学史承启转掖的关节点，是佛教玄谈的鼎盛期，整个儒家的理论建树，皆乏善可陈。接下来，有唐一代气象恢弘，教宗纷立，人物辈出，儒学的重心，在接续其理想主义的道统和学统。但只是到宋明道学的阶段，方有心性之学的重兴。要之，我们就中国思想史的起落亦能观察到：事功与思想实为不可兼得的两项事业，正如希腊联盟的鼎盛时期，并不是稍后雅典诸贤继踵而起的时代；在中国，汉唐的盛世也不是跟儒家的形上学建构相同步的，舶来的哲学固然深刻而玄妙，究竟非吾国人玄思慧质的原创性之反映。然而，思想界的成熟仍然是较外在事功的开拓晚上一拍，此有其事理之必然者，因为可以且必须有机会对自身的历史经验加以消化和反思。

后世陆王者流，自然于思孟学派多所秉承与绍述。然于志、气二者之中似有偏颇于精神性原则（即"志"）的倾向，竟令人误以为不必有精神所居之生理基础与生态背景的调谐，而可以随意欲所行去，乃纯主观地做得了主宰。如陆九渊"吾心即是宇宙，宇宙即是吾心"，以及阳明"心外无物"、"心外无理"诸说，即此类意志主义观点的纲领性陈述。这是将先秦儒学内业已存在的有关精神性原则的解释领域内的倒果为因的嫌疑推向极致的做法，然而作为一种极端的境界论，其在陆氏之豪迈不羁及在阳明之条分缕析的倾向，颇不乏可观之处也。可是阳明先生所言之心，并非限于胸腔之内，并非私己小我的心，唯是一气流通，所以也是天，也是道，即天地万物与小我所本之一体也。①

南宋的朱熹，毫无疑问是孔孟以后最重要的儒家理论家之一。他也像一般的儒家知识分子那样重复着对于天道循环的讴歌。其核心范畴

---

① 譬如《传习录上》有云："心即道，道即天，知心则知道知天。"又如《传习录中·答聂文蔚书》："夫人者，天地之心，天地万物，本吾一体者也。"

"理"的主要内容为何？若就天理的表现形态而论，则"以天道言之，为'元亨利贞'；以四时言之，为春夏秋冬；以人道言之，为仁义礼智"。① 又太极含具万理，"理"是所以一阴一阳的道理，泛泛言之，不过一"仁"而已。然仁实贯乎四者（仁义礼智）之中。故诚如小程所言，"偏言则一事，专言则包四者"，朱熹对此深有体会：

> 仁者，仁之本体；礼者，仁之节文；义者，仁之断制；智者，仁之分别。犹春夏秋冬虽不同，而同出乎春：春则生意之生也，夏则生意之长也，秋则生意之成，冬则生意之藏也。②

以天地之生理为"仁"，则可以说是统之有宗，会之有元矣。③

　　拿宗法制伦理的形式架构的论证而言，则没有什么倾向能够比强调客观性原则的理学更适合担当此重任了。因为湛寂虚灵的精神性原则固然是可以稍稍用于测度阴阳之玄冥的零度，但却无法从它本身必然的浑朴态中流溢出伦理的节目来。因此，明清两代注重礼教和政治秩序的官僚大帝国皆奉理学为正统，看来是有根据的。另外像近人牟宗三那样认为朱子学是儒学正统的歧出，倒也是一种不无深刻性的评判。因为正如

---

① 黎靖德编：《朱子语类》卷68，中华书局1986年版，第1690页。
② 黎靖德编：《朱子语类》卷6，第109页。
③ 可是除了强调消息中的所以然暨应然的含义，而为其禁欲主义的伦理观提供了一种超验的论证之外，纯属理学的新的理论建树亦属寥寥。倒是在鬼神观方面，其天理思想的运用颇有可观之处。如朱子尝有片言只语论及儒教崇祀的至上神云："帝是理为主"（《朱子语类》卷1）。这是否在自然主义的理念上取消了人格神崇拜的心理基础——因为偶像化之溯及源头亦不过是人类的自我意识和自我形象的投射而已。一旦我们把对规律的沉思冥想中的对象化含义投射为"帝"，则偶像崇拜的特质便不复存在了。"偶像"成为一种"天理"的代表物，它渐次退化为仪式主义倾向中的传统的剩余物。故朱子云："但无如今世俗所谓鬼神，古来圣人所制祭祀，皆是他见得天地之理如此"（《朱子语类》卷4）。
北宋的张载曾经对古来所谓鬼神，发表过有名的见解，谓"鬼神者，二气之良能也"（《正蒙·太和》，《张载集》，中华书局1978年版，第9页）。又云"鬼神，往来、屈伸之义"（《正蒙·神化》，《张载集》，第16页），以及"物之初生，气日至而滋息。物生既盈，气日反而游散。至之谓神，以其伸也；反之谓鬼，以其归也。"（《正蒙·动物》，《张载集》，第19页）朱子则继承和绍述着张子的观点："鬼神不过阴阳消长而已，亭毒化育，风雨晦冥，皆是。在人则精是魄，魄者鬼之盛也；气是魂，魂者神之盛也。精气聚而为物，何物而无鬼神"（《朱子语类》卷3）。但这些何尝不是纯粹自然主义的解释，即一种富于生态意蕴的解释呢？

《中庸》"人与天地参"的命题，其实无论持志养气说，还是明本心说，抑或致良知说，强调的都是生态效应止乎其中的最高表现——精神性原则，在此，身心并不是隔绝的，而我们除了这个"易无思无为"的向度之外并没有第二个向度足资呈现阴阳的差别。然而，如果像朱熹那样以无动于衷的客观规律的意味来诠解"所以一阴一阳的太极"，那么除了因仍其先辈倒果为因的嫌疑之外，更使得阴阳之语义在形上学的建构中毫无着落了。拿仁和礼这两大儒家伦理的原则来说，约而言之，可谓心学侧重"仁"，而理学侧重"礼"。

其实，理学也罢，心学也罢，它们在东亚季风性气候条件下的天道循环观念，以及在对宗法制伦理的理想主义讴歌这两点上，秉承着儒家形上学的特质。并在以春意比附仁爱及将二者合而为一，这一儒学系统内蔚为大宗的传统做法上，朱陆之间毫无抵牾和龃龉之处。

三　道家的宇宙生成论

谈及道家，不能不讲到各类传世本中的"老子"的思想。盖其学以自隐无名为务，故其迹不彰，史称"老子者，楚苦县厉乡曲仁里人也，姓李氏，名耳，字聃，周守藏室之史也。"[1]《索隐》曰："苦县本属陈，春秋时楚灭陈，而苦又属楚。"[2] 太史公盖以苦县在汉时属楚故称，非即谓老子时全都属于楚国。其实《老子》之书所以能有那样的渊静深湛之思，也和它所反映楚国县民渴望自由的处境有关。县民亦即像陈地人那样故国沦并为楚县邑而成为楚人的那一部分。他们常怀黍离之悲，兴亡之叹，而渴望原有的小国寡民的社会秩序。有仕周的经历而视界开阔的老子，所撰文字或许是代表他们心声的绝唱。[3]

老子之书谈到治乱成败及为君主建言者，比比皆是也。然而无论驭

---

[1]　司马迁：《史记》，第 2139 页。

[2]　《史记索隐》，司马迁：《史记》，第 2139 页。

[3]　然而汉代司马迁在其《老子韩非子列传》里提到的，归于世俗所传"老子"名号下的历史原型，实有三个，还有"老莱子"、"太史儋"。后来长沙马王堆西汉帛书与湖北郭店楚简的出土，对我们了解《老子》一书的演变，着实提供很大帮助。传世本五千言，或曾经历太史儋等人手笔的加工。

民的统治术还是人生成败的经验都要以体道为尚。而"道"又非我们通常的认识渠道和碌碌驰求的心态所能了解的，唯有摒诸思虑杂念的返璞归真状态，才能庶几近矣。故而"反者道之动"为"老子"对道的动态过程的概括。他对于道和体道状态的描述，是我们耳熟能详的。

> 道可道，非常道。名可名，非常名。无名，天地之始。有名，万物之母。故常无欲，以观其妙；常有欲，以观其徼。此两者同出而异名，同谓之元，元之又元，众妙之门。①

对于这历来众说纷纭的《老子》首章，当然帛书本老子与传世本次序有异，为《德》篇在前，《道》篇在后。郭店楚简则无此章。事实上亦不妨认为"常无，欲以观其妙，常有，欲以观其徼"一句中，无、有为无名、有名的省称，则"有名，天地之母"正可以和"其名不去，以阅众甫"相互参看。王弼说，可道之道，可名之名，指事造形非其常也。那么常名又是什么呢？其实万物错杂相陈，而又纷然并作，何曾止息？既然万物的"有"不可以为常，则常的东西就是万物的非有。但非有也不是绝对的没有，而是"一于无有"。《庄子·庚桑楚》云：

> 有乎生，有乎死，有乎出，有乎入，入出而无见其形，是谓天门，天门者，无有也，万物出乎无有。有不能以有为有，必出乎无有，而无有一无有，圣人藏乎是。②

无有的措辞，即表示了作为"反者道之动"的枢机和万物所自生的"本根"的意思。"无"乃是块然自尔的一团浑朴，是由虚极静笃而体会到的万物在走向自我否定时的一贯性，而常名又无非是指这种原初的体验能力。

又《老子》二十一章有云：

---

① 《老子道德经》第一章，《诸子集成》第3册，第1页；此章内，于"无名天地之始有名万物之母。故常无欲以观其妙常有欲以观其徼"两句，于无、无名、有、有名、常无、常无欲、常有、常有欲等处，自可有不同的断句读法。

② 王先谦：《庄子集解》卷6，《诸子集成》第3册，第151页。

孔德之容，惟道是从；道之为物，惟恍惟惚。惚兮恍兮，其中有象；恍兮惚兮，其中有物。窈兮冥兮，其中有精；其精甚真，其中有信。自古及今，其名不去；以阅众甫。吾何以知众甫之状哉？以此。①

王弼认为至真之极不可得名，无名则是其名也，自古及今无不由此而成，故曰不去。然而老子此处所说的其名不去的"名"恐怕不是常人心目中的"名者，实之宾"的那个名，也不是作为附加的行动而去命名那唯恍唯惚的大象。如此还是名自为名，实自为实，这样的"实"不需要即名而就实。然而，有名无名更互相生，犹如难易相成，高下相倾。却并非有一个兀自在那里，等待我们去发现和追述的"道"。有物混成的"道"，由来尚矣。再者，恐怕不能认为老子的论说是那种以纯粹精灵的流动去润泽枯干的万物，予其生命，令其鲜活的主体性哲学，似乎一方是把持主动权的生命力，而另一方原本是卑微的、僵死的。

而老子和传说中的强迫老子著作五千言的关令尹喜，《庄子·天下》篇是这样评价其学术的：

以本为精，以物为粗，以有积为不足，澹然独与神明居，古之道术有在于是者，关尹、老聃闻其风而悦之，建之以常无有，主之以太一。②

这里的太一犹如《楚辞·九歌》中的"东皇太一"，是楚地所奉的最高神。

老子以下的道家，一为庄子的学派，一为稷下的学派。庄子，名周，曾经短暂地做过管漆园的小吏，关于他的学术，《天下》篇认为：

芴漠无形，变化无常，死与生与，天地并与，神明往与，芒乎

---

① 《老子道德经》第二十一章，《诸子集成》第 3 册，第 12 页。
② 王先谦：《庄子集解》卷 8，《诸子集成》第 3 册，第 221 页。

何之，忽乎何适，万物毕罗，莫足以归，古之道术有在于是者，庄周闻其风而悦之，以谬悠之说，荒唐之言，无端崖之辞，时恣纵而不傥，不以觭见之也。①

而稷下道家的本根论即《管子·心术下》所云"一气能变曰精"，② 一气就是精气，而《心术上》又认为"道在天地之间也，其大无外，其小无内"，又曰"天之道虚，地之道静。虚则不屈，静则不变"。③

汉初在经历了七八年大范围的战乱之后，真可谓是"天下既定，民亡盖藏，自天子不能具醇驷，而将相或乘牛车"。④ 最早的几位皇帝不得不采取轻徭薄役，与民休息的政策，与此同时，黄老道家盛行于汉之代、齐和淮南诸郡国，而文帝、窦太后等都热衷于道家清静无为之说。更有淮南王刘安纠合其门客并掺和阴阳家言，编撰了一部《淮南鸿烈》。所谓"黄老"，"黄"是为显其渊源尚古而托为道术中人的黄帝，"老"是老子。司马谈所评论的"道家"就是指黄老道家。

　　道家使人精神专一，动合无形，赡足万物。其为术也，因阴阳之大顺，采儒墨之善，撮名法之要，与时迁移，应物变化，立俗施事，无所不宜，指约而易操，事少而功多。⑤

这就表明当时的黄老道家已有明显的兼容并蓄特点，而其大谈以简驭繁的君人南面之术，则是为了适应当时的形势，即在特殊条件下放松国家对农民的控制，以达到恢复生产的目的，但它无法适应一个人口不断膨胀的大帝国维持运转及狙击边寇的需要，因此到汉武帝时，帝国政策的思想基础就不得不改弦更张了。然而黄老道家和老庄思想一道为后来道教的诞生做好了理论上的准备。

---

①　王先谦：《庄子集解》卷 8，《诸子集成》第 3 册，第 222 页。
②　黎翔凤：《管子校注》卷 13，中华书局 2004 年版，第 780 页。
③　黎翔凤：《管子校注》卷 13，第 767、770 页。
④　班超：《食货志》，《汉书》，第 1127 页。
⑤　司马谈：《论六家要旨》，载于司马迁：《史记》卷 130《太史公自序》，中华书局校点本，第 3289 页。

　　道教哲学体系的特色在于它的宇宙生成论。这和它的返还原始淳朴状态的自然主义倾向是一脉相承的。在古代岩居涧饮的隐士们的哲学代表老子和庄子的观念中，现实世界的贪婪纷争和虚伪是从那种乌托邦式的原始混沌之中不断下降和退步的结果。譬如庄子在谈到"古之人其知有所至矣"时讲：

　　　　有以为未始有物者，至矣尽矣，不可以加矣。其次以为有物矣，而未始有封也。其次有封焉，而未始有是非也，是非之彰也，道之所以亏也。道之所以亏，爱之所以成。①

　　从未始有物到未始有封，到未始有是非，再到是非之彰，正是这样一个道性不断下降的系列。进化就是不断地复杂化和愈益失去纯真。在现实中我们无法让时间逆转，只能无可奈何地发出浩叹。然而，在物质主义的激情和欲望背后仍然有某种原初的道性一直延续下来，内在于事物当中。因此道门热衷于宇宙生成论的探讨和对原初状态的构想，根本上并不是源于外向拓展而去征服自然的兴趣，相反寄托着一种追求精神自由的乌托邦，正是应该这样去理解老子的下面一段话：

　　　　视之不见名曰夷，听之不闻名曰希，搏之不得名曰微，此三者不可致诘，故混而为一。其上不曒，其下不昧，绳绳不可名，复归于无物，是谓无状之状，无物之象，是谓惚恍，迎之不见其首，随之不见其后，执古之道，以御今之有，能知古始，是谓道纪。②

所要执驭的古之道是混沌、是恍惚，亦是即物而非物的不可致诘的深渊。而且在这里，归根结底，一切精神与肉体，主观与客观，内在与超越，自然与社会的对立都是无谓的。总之，回溯自然状态正是返回人类自由和快乐的家园。因此，对个体心灵史中那个一半是难以逆转地逝去的现实、一半是被乌托邦式地塑造出来的史前福地的依稀的朦胧的和无

---

　　① 《庄子·齐物论》，王先谦：《庄子集解》卷1，《诸子集成》第3册，第11页。
　　② 《老子道德经》第十四章，《诸子集成》第3册，第7—8页。

意识的记忆，仍然能够完成它的深刻的心理治疗的、认识论的乃至于政治的功能，它提供和维护着一种宗教承诺的基本价值。[①]

　　作为道教形上学特色的宇宙生成论，《道德经》中已可见其雏形，譬若妇孺皆知的"道生一、一生二、二生三、三生万物，万物负阴而抱阳，冲气以为和"云云。《齐物论》有云："有始也者，有未始有始也者，有未始夫未始有始也者，有有也者，有无也者，有未始有无也者，有未始夫未始有无也者。"[②]《淮南子·俶真训》把上述近乎逻辑的探讨，贯彻为宇宙生成论的阶段性描述，其曰：

　　　　所谓有始者：繁愤未发，萌兆牙蘖，未有形埒垠㙹。无无蝡蝡，将欲生兴而未成物类；有未始有有始者：天气始下，地气始上，阴阳错合，相与优游竞畅于宇宙之间，被德含和，缤纷茏苁，欲与物接而未成兆朕。有未始有夫未始有有始者：天含和而未降，地怀气而未扬，虚无寂寞，萧条霄霓，无有仿佛气遂，而大通冥冥者也。

　　　　有有者：言万物掺落根茎枝叶，青葱苓茏，崔蕰炫煌，蠉飞蝡动，蚑行哙息，可切循把握而有数量。有无者：视之不见其形，听之不闻其声，扪之不可得也，望之不可极也，儲与扈冶，浩浩瀚瀚，不可隐仪揆度而通光耀者。有未始有有无者：包裹天地，陶冶万物，大通混冥，深宏广大，不可为外，析豪剖芒，不可为内，无环堵之宇，而生有无之根。有未始有夫未始有有无者，天地未剖，阴阳未判，四时未分，万物未生，汪然平静，寂然清澄，莫见其形。若光耀之间于无有，退而自失也。[③]

　　正式的道教经书中谈到宇宙未兆未形阶段的种种情状或谓之"混元"、"空洞"、"混沌"、"混洞"、"劫运"，等等。但这些概念所包含的想象的内容常常不能稳住，徒生猜测和知解的混沌而已。如《云笈七

　　①　在 20 世纪的新精神分析学中，不乏诉诸史前福地的时间结构的张力来诊治现代文明病的主张，如马尔库塞的《爱欲与文明》（上海译文出版社 1987 年版）等。

　　②　《庄子·齐物论》，王先谦：《庄子集解》卷 1，《诸子集成》第 3 册，第 12—13 页。

　　③　刘安著、高诱注：《淮南子注》，《诸子集成》第 7 册，第 19—20 页。

箓》卷二《混元混洞开辟劫运部》称"混元"乃是"混沌之前，元气之始"。又说混沌乃是二仪未判之洪源时期，其溟涬蒙鸿常如鸡子状。而空洞则似乎是眇莽幽冥内外具有创造潜力的原初的空间形式。但据该部的解释，实在难以整理出一个清晰而条贯的发展脉络，例如空洞"生乎太无，太无变而三气明焉。"又云：

> 三气混沌，生乎太虚而立洞，因洞而立无，因无而生有，因有而立空。空无之化，虚生自然。上气曰始，中气曰元，下气曰玄。玄气所生出乎空，元气所生出乎洞，始气所生出乎无，故一生二，二生三，三者化生，以至九玄，从九反一而入道，真气清成天，滓凝成地，中气为和以成于人。三气分判，万化禀生，日月列照，五宿焕明。上三天生于三气之清，处于无上之上，极乎无极也。①

既云三气，又何以混沌？至于混洞劫运阴阳勃蚀之说，则更不知所云了。

然则道教的宇宙生成论，最为集中而有条理者为《太上老君开天经》。其述宇宙辟兆之先的最早阶段，用了十数个排比句，谓无天无地，无阴无阳，无形无象，无量无边，等等。但接着说"唯吾老君，犹处空玄寂寥之外，玄虚之中。视之不见，听之不闻。若言有，不见其形；若言无，万物从之而生。"② 而后，"八表之外，渐渐始分。下成微妙以为世界，而有洪元"③。洪元是该经创世说的第一个重要阶段，其时犹未有天地，"虚空未分，清浊未判"④。"洪元"一治万劫；"混元"再治万劫；至于"百成"亦治八十一万年；接着是"太初"，这时才清浊剖判，置立形象方所，清升为天，浊降为地，其次才有日月，随后老君上下撷取天地精华，中间和合成为人类，太初一治至于万劫；再接着是"太

---

① 《云笈七签》卷2，书目文献出版社1992年版，第7页。

② 《太上老君开天经》，《道藏》第34册，文物出版社、上海书店出版社、天津古籍出版社1988年版（以下若非特别说明，皆据此版），第618页。

③ 《道藏》第34册，第618页。

④ 同上。

始"，其时"流转成练素象，于中而见气实，自变阴阳"，^①再接着是"太素"，"太素已来，天生甘露，地生醴泉，人民食之，乃得长生。死不知葬埋，弃尸于远野，名曰上古"。^②

再接着是"混沌"，其时始有山川和识名；再接着是"九宫"、"元皇"、"太上皇"、"地皇"、"人皇"、"尊卢"、"句娄"、"赫胥"、"太连"诸世纪，太连之时，"天生五炁，地生五味，人民食之，乃得延年"；^③混沌以来，太连以前，皆名中古，下古世纪，首有"伏羲"，其时人民有名无姓，亦无五谷耕稼之事，皆衣毛茹血，穴处巢居；次"女娲"世；次"神农"世，老君下凡教神农尝百草，得五谷，遂有播植事；次"燧人"世，老君教燧人钻木出火；次"祝融"、"高原"、"高阳"、"高辛"、"仓颉"、"轩辕"诸世纪，轩辕黄帝以来，始有君臣父子；再接着是"少昊"、"帝颛顼"、"帝喾"、"帝舜"、"夏禹"等。

在人生或世界的每一个阶段都能够把握到某种作为生命动力的本源性状态。因此完全不必借助于创世神话，我们也能够体现"道"。就其内在的本性而言，这样的道是原始的、自本自根的。大约从南北朝末期开始流传的《内观经》受到了佛教的观念和表述影响，而归趣于心性明净的体道状态，它说：

> 谛观此身，从虚无中来，因缘运会，积精聚气，乘业降神，和合受生，法天象地，含阴吐阳，分错五行，以应四时……从道受生谓之命，自一禀形谓之性，所以任物谓之心……所以通生谓之道。道者，有而无形，无而有情，变化不测，通神群生，在人之身，则为神明，所谓心也。所以教人修道则修心也，教人修心则修道也。^④

上述说法将人的身心性命的根源归结为阴阳大化亦即通生无匮的道体。

---

① 《道藏》第34册，第618页。
② 同上。
③ 同上书，第619页。
④ 《内观经》，收录于《云笈七签》卷17，书目文献出版社1992年版，第133—134页；另见上海涵芬楼影印《道藏》洞神部本文类，第342册。

因而按照起源即归宿的观点，修行的手段和目的就是要去体会何谓之"道"。按照《内观经》的理解，"道"体现在人身上就是主乎神明的心灵，追溯下去的话，结论就是"修心则修道也"。在此，道教的本体论和心性论重合了。唐代司马承祯对基于此的遣荡尘俗的修心方法，似乎更有体会，"原其心体，以道为本。但为心神被染，蒙蔽渐深，流浪日久，遂与道隔。若净除心垢，开识神本，名曰修道。无复流浪，与道冥合，安在道中，名曰归根。"①

唯心论的倾向并不是道教形上学的核心和关键，甚至也不是必要的。心灵无论自由与否，总是与认识的功能相联系。它已然在混沌之中开凿了一窍法眼，并用单纯的光线联结了眼睛与外物，亦在此过程中分化了两者。而注重"本根和元气的大化陶冶"，才是道教形上学的论述底蕴。在此，通常所说的本体论、宇宙论、心性论之类的区分全都是无谓的。在此，只有对道的浑朴状态的关注。《玄纲论·道德章第一》有云：

> 道者何也？虚无之系，造化之根，神明之本，天地之源。其大无外，其微无内，浩旷无端，杳冥无对。至幽靡察而大明垂光，至静无心而品物有方。混漠无形，寂寥无声，万象以之生，五音以之成，生者有极，成者必亏，生生成成，今古不移，此之谓道也。
>
> 然则通而生之之谓道，道固无名焉；畜而成之之谓德，德固无称焉。
>
> 生者不知其始，成者不见其终，探奥索隐，莫窥其宗，入有之末，出无之先，莫究其朕，谓之自然。自然者，道德之常，天地之纲也。②

心外无物之说，终究是隔了一层，颇有自大狂的嫌疑，不若直谓之"道外无物"更加恰当。因为道是"虚无之系，造化之根，神明之本，天地

---

①　司马承祯：《坐忘论·收心三》，《道藏》第 22 册，第 893 页；另见上海涵芬楼影印《道藏》太玄部，第 704 册。

②　吴筠：《宗玄先生玄纲论》，《道藏》第 23 册，第 674 页；另见上海涵芬楼影印《道藏》太玄部，第 727 册。

之源。"从另一角度，我们亦可以把道的浑朴状态"炁"布散以后的最初阶段称为"元气"。《玄纲论·元气章第二》有云：

> 太虚之先，寂寥何有？至精感激而真一生焉，真一运神而元气自化。元气者，无中之有，有中之无，旷不可量，微不可察，氤氲渐著，混茫无倪，万象之端，兆眹于此。于是清通澄朗之气浮而为天，浊滞烦昧之气积而为地，平和柔顺之气结而为人伦，错谬刚戾之气散而为杂类。自一气之所育，播万殊而种分。既涉化机，迁变罔穷。①

其中"真一"的说法，令人想起了老子的河上公注："道唯恍忽，其中有一，经营生化，因气立质。"② 而"真一之炁"或"真一之精"的说法，在后世的内丹学中亦屡屡可见。在胎息或守一等道术当中，也有这样的返还生命或大化原始状态的背景，因此可以说，强调其本源状态为混沌和悖反的宇宙生成论是整个道教理论的基石。

四　佛学的缘起论及其他

缘起论堪称佛教各派思想的核心与基础，"缘"指现象赖以生起的条件，"起"即现象的生起。

(一) 缘起的原始定义与十二缘起

传说释尊菩提树下静坐思维七七四十九天，即因观察觉了缘起法而开悟成佛的，此时此处的缘起法当然指的是围绕人生现象而展开的"十二缘起"或"十二因缘"。缘起的早期定义是非常出名的，"因此有彼，无此无彼；此生彼生，此灭彼灭"。③ 它普遍地肯定了一种相对性依存关系，但是带有决定论的意味，如果把前半部分与后半部分合勘的话，

---

① 吴筠：《宗玄先生玄纲论》，《道藏》第 23 册，第 674 页。
② 王卡点校：《老子道德经河上公章句》，中华书局 1993 年版，第 86 页。
③ 《中阿含经》卷 47《多界经》，《中华大藏经》第 31 册，第 853 页。

就会发现诸如"此有"与"彼有"或"此无"与"彼无"之间可以描写为逻辑上的充要蕴涵式。这就令人想到它或许无法概括那些更为有趣的、非决定论的现象。而这一点，我们在考察"六因"中的"能作因"或"四缘"中的"增上缘"时，就会发现一个理论上更强有力的替代。

谈谈十二缘起，此即"所谓缘无明行，缘行识，缘识名色，缘名色六入处，缘六入处触，缘触受，缘受爱，缘爱取，缘取有，缘有生，缘生老死。"[①] 这个表述的句法结构"缘甲乙"意即以"甲"法为缘而起"乙"法。

十二个缘起支的意义据《杂阿含经》卷十一所云，"无明"即恍若不知前际、后际、前后际、内、外、内外、业、报、业报、佛、法、僧、苦、集、灭、道、因、因所起法、善不善、有罪无罪、习不习，及"若劣若胜染污清净分别缘起皆悉不知，于六触入处不如实觉知，于彼彼不知不见，无无间等痴暗无明大冥，是名无明"。[②] 无知对象的涵概不可谓不广。不过有两点值得探讨，其一，苦集灭道四谛等法，便是对包含无明在内的"十二缘起"这一众生生死流转现象的另一种形式的概括，经典上常云"纯大苦聚"，便是这个意思。如此看来，无明总括的十二缘起之间，有一种自反的互为镜像的关系。其二，尽管原典中使用"不知"这样的表述，但恐怕很难把原始佛教所揭示的"苦"的根源全然归结为精神性的、理智认识的不足。我们更倾向于认为"无明"是恍惚幽微的意志力，一如紧随其后的"行"，同时它又是虚妄颠倒的"知觉"的原始潜伏状态，例如对"我"及"我所"即个体性自我及其认识对象的执著，正是各派佛教一贯批评的人生态度，显然它是总体上的无明的典型征兆。而按照本书的观点，佛学的这个主题实际上还是源自主位与客位之间的一种不确定性。

十二缘起的第二支是"行"，即世俗的意志活动，或谓"思"。佛教认为意志是业报关系的原始驱动力，是作茧自缚的始作俑者，业被认为"思及思所作"，即意志及意志所造作的。在所造作的意义上，也可以认

---

① 《杂阿含经》卷11，欧阳竟无编：《藏要》第2册，上海书店1991年影印本，第623页。

② 同上书，第628页。

为"行有三种，身行、口行、意行"。①

"云何为识？谓六识身，眼识身、耳识身、鼻识身、舌识身、身识身、意识身。"② 识身意即感知觉的生理基础。

名色即五阴（或谓五蕴）"云何名？谓四无色阴，受阴、想阴、行阴、识阴。云何色？谓四大、四大所造色是名为色"。③ 我们没有充分的理由说"名色"一项中所包含的受、行、识与位列十二缘起的其他同名项有什么本质上的区别，这种概念名数上的缠绕与混淆恰恰是佛教思维方式上的一个显著的弱点或者说特点。"想"是取像的意思，"色"即古印度人心目中的宇宙四大要素地水火风及这四要素所构造起来的纷繁多样的物质世界。

六入处或单作六入、六处。即"眼入处、耳入处、鼻入处、舌入处、身入处、意入处"。④ 入处即"色"乃至"法"之六境入来之处的意思。佛教常与五蕴相连称而有十二入（处）、十八界的法数。十八界即色、声、香、味、触、法、眼、耳、鼻、舌、身、意及眼识、耳识、鼻识、舌识、身识、意识，此即六种基本感知觉通道上的认识器官、认识对象与认识过程。用术语来说即根、尘、识，六处即六根，十二处即六根与六识，十八界则总括根、尘、识三项。

触，汉译《大缘方便经》指的是根、尘、识三和合的整体作用。《杂阿含经》卷十一则提到与六入相对应"六触身"，这都表明此处的"触"不同于"身触"这一狭隘的感觉通道。

受，在汉译的《注释经》、《大缘经》与《杂阿含》等都把"受"说明为苦、乐、不苦不乐三受。

"云何为爱？谓三爱，欲爱、色爱、无色爱"，⑤ 即由若乐之受牵引产生趋乐避苦的强烈欲求。

"云何为取？四取。欲取、见取、戒取、我取。"⑥ 欲取来自贪欲，

---

① 《杂阿含经》卷11，欧阳竟无编：《藏要》第2册，上海书店1991年影印本，第628页。
② 同上。
③ 同上。
④ 同上。
⑤ 同上。
⑥ 同上。

见取来自否定因果等邪见，戒禁取是迷信的行为，我取则缘于实有个体性自我的妄念。依通俗的解说，"取"是受着前面的爱憎之念，对于所爱的，追逐占有，对于所憎的，舍离远避。

"云何为有？三有，欲有、色有、无色有。"① "有"分为业有与报有，业有即身、语、意三业及业的残余势力，业有是裹挟着善、恶之心所法的意志力的造作，报有则是指由善、恶之业所导致的果报之存在。无论业或报皆可以分布在欲界、色界或无色界这三个不同的层面上。

生，"若彼彼众生彼彼身，种类生、超越和合、出、生、得阴、得界、得入处、得命根、是名为生"。②

老死，"云何为老？若发白露顶，皮缓，根熟、支弱背偻、垂头呻吟、短气、前输、任仗而行、身体黧黑，四体斑驳，暗钝垂熟，造行艰难，羸劣，是名为老。云何为死？彼彼众生彼彼种类没、迁移、身坏、寿尽火离、命灭舍阴、时到，是名为死"。③

《俱舍论》提到部派佛教解说十二缘起支的关系性模式总共有四种，"又诸缘起差别说四，一者刹那，二者连缚，三者分位，四者远续"。所谓刹那缘起指的是十二缘起支共时性的、全体顿起的关系，"谓刹那顷由贪行杀具十二支。"④ 因此，比如像第十一项"生"，并不是对应将来世的投胎转生的阶段，而只是表示包括前述十项在内的诸法的起现叫做"生"。对此更强的解释是强调了十二缘起支之间相互支持、依赖、陪衬、连缚的关系，此即"刹那连缚"或"连缚"，前两种关系模式都是共时性的分析，后两种则是历时性的，第三种分位缘起，就是我们所熟悉的三世两重因果。第四种远续缘起不具有独立的意义，因为它只是强调了三世轮转在时间地平线上无限延伸的可能性。

（二）六因四缘说

如果说十二缘起的界说仍然建基于人生现象的观察而并未给出其逻辑的类型，那么印度原始佛教之后的某些部派佛教如有部与正量部，其

---

① 《杂阿含经》卷 11，《藏要》第 2 册，上海书店影印本 1991 年版，第 629 页。

② 同上。

③ 同上。

④ 《俱舍论》卷 9，《藏要》第 8 册，第 203 页。

六因四缘说则肯定是一种抽象等级更高的界说，而且同样能体现印度佛教的心理主义特色。所谓六因即能作因、俱有因、同类因、相应因、遍行因、异熟因。所谓四缘即因缘、所缘缘、等无间缘（次第缘）、增上缘。其中能作因即增上缘，其余五则可归入因缘，四缘及更细致的因性分类常常并不是外延上相互排斥的，而部派佛教的缘起说注重彼彼结合后可以进入时空体系的心理共相及其外部投射的分析。一如心所法等心理共相，六因四缘乃是事物独特的"这个"或个体性的分析性侧度。此外还有五果即异熟、等流、士用、增上、离系果。这个因果体系内部的涵盖与对应可以表示如下：

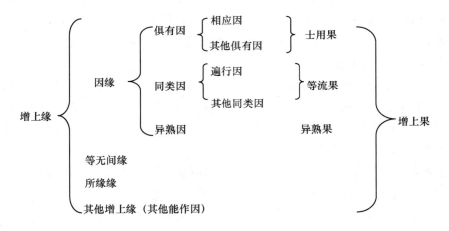

其中俱有因与士用果是同时性的关系，同类因则是历时性的，它们都体现相似性的法则，而异熟则表示连续性变化中的差异法则。从这个图例的涵盖性不难看出其中最重要的是能作因，在《俱舍论》中它的定义是"一切有为，唯除自体，以一切法为能作因，由彼生时无障住故。"[①] 有为法即有生、住、异、灭四相的法。一般的心理共相主要是由于它们能够彼彼结合后进入刹那连缚的坐标才有资格被视作有为法。这句话的意思是对于所考察的任一有为法之自体而言，其他一切法，包括无为法都是它的"能作因"。第一个"一切"表示逻辑上的全称判断，而后一个则代表集合概念。在理论构想上，完全可以这样来协调"其他

---

① 《俱舍论》卷6，欧阳竟无编：《藏要》第8册，第124页。

一切法体在那一被考察的法体起现时并未构成障碍"这一命题与常识的冲突：对于事实上的正在生起而言，一切其他构成障碍的法体并未在那个刹那生起恰好是其条件。再者从较长时段的持续来看，一切障碍法恰恰也是在促成其本质的宿命的意义上构成被考察之有为法的增上缘，而这样的宿命并不要求预先决定。从这个貌似空泛的定义我们能够做一些饶有趣味的引申，例如，这个定义丝毫没有阻止我们断言将来刹那的法体也是某一正在生起的法体的能作因，这就使得因果关系朝着非决定论的方向上大大迈进了一步。事实上，有谁能够预言将来的一切细节呢？因此，以除其自体以外的过去、现在、将来的法为其增上缘的那一法体，显然面临一个巨大的不确定性的黑洞。而且这个增上缘的界说在逻辑上也突破了包括蕴涵式在内的任何一种特殊的推理构成的情况。因此我们完全可以说，这个定义较诸缘起的原始定义提供了一个更加宽广的讨论基础，我们可以在它之上重构缘起的原始定义，反之则不行。

（三）法相与唯识

小乘说一切有部讨论的法数是五位七十五法，到了大乘的瑜伽唯识学则有包罗更广泛且七十五法几无遗漏的五位百法云云。兹列举其名目如下：

心法（八）——眼识、耳识、鼻识、舌识、身识、意识、末那识、阿赖耶识

心所法
- 遍行（五）—作意、触、受、想、思
- 别境（五）—欲、胜解、念、定、慧
- 善（十一）—信、精进、惭、愧、无贪、无瞋、无痴、轻安、不放逸、行舍、不害
- 烦恼（六）—贪、瞋、痴、慢、疑、恶见
- 随烦恼（二十）—忿、恨、恼、覆、诳、谄、憍、害、嫉、悭、无惭、无愧、不信、懈怠、放逸、昏沉、掉举、失念、散乱、不正知
- 不定（四）—睡眠、恶作、寻、伺

色法（十一）——眼、耳、鼻、舌、身、色、声、香、味、触、法

处所摄色

不相应行法（二十四）——得、命根、众同分、异生性、无想定、灭尽定、无想事、名身、文身、句身、生、住、老、无常、流转、定异、相应、势速、次第、方、时、数、和合、不和合

无为法（六）——虚空无为、择灭无为、非择灭无为、不动无为、想受灭无为、真如无为

除意根被取消，五位百法显然能够涵盖五蕴、十二入、十八界之法数，而十二因缘则可以纳入到五位法体系与六因四缘体系相互结合的观察角度中，保留其名目恐怕仅仅是为了尊重其传统的地位吧。看来正是考虑到因缘法则历时与共时方面的两重性，《俱舍论》又从烦恼（又名惑）、业、事三个角度对十二缘起支进行了区分。此即无明、爱、取以烦恼为性，行及有支以业为性，其余识等七支以事为性。如果我们再拿它来勘验一下五位百法表，则无明即痴，属于大烦恼，爱、取亦同贪、恶见等，与烦恼有关，行即思，"有"也跟"思及思所作"的业报有关，而剩下来的"七事"中，识、六入是心王法中前六法的异名或同名异出，名色即五蕴，同样可以分解为一部分心王法与心所法，再者触、受都是遍行心所，生、老、死则属于不相应行法，不难看到，十二缘起支全都可以在五位法体系中找到它们的对应位置，而业报法则实际上属于异熟因果的侧度，因此我们可以用五位七十五法或百法加上六因四缘来重构传统的十二缘起，反之则不然。

唯识学在学理上体现了一些综摄性的优点。五位百法的体系可以相应归结为识体的各种功能或功能所变现的，一般意义上，刹那连缚的意识流的活动与其辐射状带出的世界的区分是被广泛承认的，用以表示这对区分的术语通常称为见分与相分，另外一对涵摄更广的术语是识体与识体的所缘缘。在唯识体系中，传统的心王法由较为直观的六识扩展为八识，其中第八阿赖耶识是主导性的，是前七识的依持，是各种功能的汇聚及其连续性的保证。第七末那识是自我意识的渊薮，因而也是烦恼的渊薮。心所法是对认知、情感与意志的种种状态所作的一项细致的分类，前五识各自同等地以及后三识各自不等地具有若干的心所法，换言之当这些识体发挥功能时，相应配置的心所法中某些也在参与其实际的

活动。

　　唯识学是用与部派佛教名目上相同的因缘、所缘缘、等无间缘及增上缘来勾勒八识的缘起法则的。实际上，根据更加透彻的分析，我们可以把上述的四缘简并为所缘缘和增上缘。① 如果能够回想一下前面所论列的"增上缘"的那个普泛的不预设任何推理构成的定义，那么这个结论就不会令人感到突兀了。实际上唯识学的因缘表示的是"种子"与"现行"的关系，种子表示由以往八识活动的习气而熏染成的某种影幻般的潜能，它和坚固的山河大地一样是第八识的相分，即它的直接认识对象，所谓现行就是八种识体的实际激活状态。唯识学设想种子有两种基本的活动方式，一种是历时的，另一种则是共时的。一旦种子与现行成立因果关系，这样的因果必定属于后一种情况，两者之间有一种基本的回互关系，因为必定有某些现行具备熏成种子的资格，否则就只剩下无始以来一直就有的"本有"种子了。再者，熏成的种子必定在下一个时刻才有生起现行的可能。如果共时的因果关系体现了俱有因性，那么历时的方向上则体现了同类因性。一个多少显得笨拙的看法是：无论本有种子还是始有种子，一旦存在它就将挟带其全部影幻般的潜能及其类型所施予的一切特殊限制而一贯地持续下来，术语叫做"恒随转"。② 另外，现行与现行之间也可能存在某种历时的沟通，这就是仅仅适用于现行之间的"等无间缘"，不过，现行并不像种子那样横穿每一个刹那。

　　其体现业报法则之异熟因性，在唯识学那里是完全被当作一种特殊的增上缘的。至于所缘缘，它的重要性体现在，"唯识无境"的主张乃是依据所缘缘性证成的，亦即，世俗妄见所谓外境，无非是所缘即心理投射的对象上影幻般的虚拟，而非实有自体，真是外境。再，八识的关系之类基础性的问题也都可以转化为所缘缘性的探讨，例如，自我意识就是缘于第七识的见分以"恒转如暴流"的第八识体见分为所缘缘而现起我相的。

　　如果种子与现行或潜能与现实确实是唯识学讨论的重心，那么它所

────────────

① 这是本书笔者在他的博士论文《缘起论的基本问题》中发展起来的一个观点。

② "种子六义"即"刹那灭"、"恒随转"、"果俱有"、"性决定"、"待众缘"、"引自果"，参见玄奘所译《成唯识论》卷2。

试图解释的就应当是这样一种困惑，假如因果具有历时先后的分位，那么我们依据什么理由认为它们具有因果联系，用经验意义上的概率分布的关联性来说明因果性配对的理由，似乎不足以解答这样一种哲学性的困惑：因先果后者，因体刹那已逝而果法刹那方生，已灭之法如何为因？如其为因说明它必定以其他的、不同于现实性的方式继续在发挥作用。而唯识种子说的实质正在于设定潜能的持续。

（四）缘起性空

大乘佛教中观学派最重要的命题有三个："八不缘起"、"十八空论"、"二谛中道"。这些命题还能作进一步的融通，并能得到最具概括性的若干论断。

著名的"八不缘起"见于《中论·观因缘品》开头的一个归敬颂：

> 不生亦不灭，不常亦不断，不一亦不异，不来亦不去。
> 能说是因缘，善灭诸戏论。我稽首礼佛，诸说中第一。

再，"十八空"的名目是：内空、外空、内外空、空空、大空、第一义空、有为空、无为空、毕竟空、无始空、散空、性空、自相空、诸法空、不可得空、无法空、有法空、无法有法空。

就其与"缘起"义关联的层次而言，可以将它们分为三类：[①] 第一类指陈兼具缘起之因与缘生之果双重身份的刹那有为法的空性，这是最大的一类。第二类表示有为法生住异灭四相的先验形式条件之空性，这就是大空和无始空，在前述五位法的体系中，时空及一般意义上的数量关系，连同生灭相本身都属于不相应行法。不相应行法虽然也笼统地属于有为法，但它本身，至少拿常识来看，并不随缘生法而起灭，毋宁说是那有为法的缘起得以显现和分辨之共通的境域。最后一类涉及一组自反性命题，这就是空空、第一义空、无为空、毕竟空。像第一义和无为这样的概念在大乘般若学那里完全不是与有为法相隔绝的一类独立自住的法体。

---

① 　此种分类亦可见于［美］牟宗三：《佛性与般若》，台北学生书局 1982 年版。

中观学派的另一个看上去更为核心的概念是其二谛中道说,《中论》本颂是这样表述的:"诸佛依二谛,为众生说法,一以世俗谛,二第一义谛。若人不能知,分别于二谛,则于深佛法,不知真实义"。① 再,《百论·破空品》也提到"诸佛说法,常依俗谛、第一义谛,是二皆实,非妄语也"。② 很容易想到的一种解释认为,世俗谛表述虚妄法,而它对于世间是实在的,第一义谛或胜义谛阐明佛教的真理性空,但对于圣人是实在。如吉藏《二谛章》所云:"谛是实义,有于凡实,空于圣实,是二皆实"。③ 但这很难说不是在"分别于二谛",合理的解释须独辟蹊径。

显然不能认为"八不缘起"、"十八空""二谛中道"是在表述不同类型的真理,不如说它们是在表述真理的不同侧面。"八不"所涵的四组范畴都可以形构为"某某空",例如不一不异实际就是"一空"与"异空",亦即"非一非非一"和"非异非非异"。这同其名数原不必固定的十八空确实是相通的。熟悉了般若学系统化陈述的人很快就能适应用"游戏三昧"的态度来消解般若学探讨的全部严肃性,最后只剩下鹦鹉学舌式的有口无心,这种系统化的陈述方式本身固然无可厚非,它就是印度文献中常见的二歧式或四歧式,等等。拿有无为例,这就是"非有、非无,非亦有亦无,非非有非无",乃至理论上可以无限构造的否定性等级。并非在一切情况下这种违反排中律的表述都是无效的,我们只是反对对它的无条件信赖。实际上,以下两组命题有着根本性差别,第一个是"就我们所考察的对象的全局而言,任何一个既是确定又是不确定的",第二个是"就对象的全局而言,任何一个都可能是确定的,也可能是不确定的,而确定与不确定并不能在同样的境域下共存。"所谓的"确定"此处特指二元化的逻辑关系。看来,二歧式是据以表述宗教所洞察到的"空性"的强有力的工具。但违反排中律的情况同样需要得到合理的解释。

针对"空"的一个最普通的解释是认为现象上的生住异灭——其极

---

① 欧阳竟无编:《藏要》第 2 册,第 1029 页。
② 欧阳竟无编:《藏要》第 6 册,第 582 页。
③ 《大正藏》卷 45,第 78 页下。

致当然是"刹那"——都离不开关系和条件，佛教的术语叫"因缘"，因此貌似持续的现象背后并没有自主决定的"自性"，或曰"无自性故空"，例如等长的三根芦秆顶端相互撑拄，一旦拿掉一根，其他两根也会倒塌，因而三根互拄的状态似乎没有独立的"自性"，这整体状态依赖于其中任何一根的姿态，看上去可以用"以他者为其生住异灭的条件"来表达我们耳熟能详的"缘起性空"义。但至少有这样基本的理由可以提出来反对这种"依他缘起"的"性空"义。首先是一个认识论上的考虑，即任何一个被考察的对象都有其独特的面貌与性质，这使得它区别于其他对象，尽管它不会是持续的或不依赖于其他条件的，有什么理由阻止我们把这种独特性定义为自性呢？

再者，关于"条件系列"的确定，当我们确定作为某一对象之缘起条件的他者的缘起条件时，我们必须假定有一个他者之他者的无穷递推的系列，或者假定那个递推其条件的系列会在某一点上产生回互关系。换言之，直接或间接地"某某"与"某某"是互为缘起的，但在这两种境况下，条件系列最终都是无法确定的。在前者，是由于条件系列面临一个恶无限的缺口，而在后者，是基于在确定回互关系中的双方各自的独特性质时所产生的无限循环。例如"A 是 A"是一个殊无意味的同一性判断，而"A 是 B"则可以是包含经验内容的有效判断，如果 A 的确立以 B 为其条件之一，而 B 也同样回敬，那么 A 就是以"以 A 为条件的 B"为其条件的，这是第二层序上的映象，由此还会有第三层序、第四层序乃至无穷，由于在回互关系中 A 与 B 都不是逻辑上第一位的，因此就不存在任何孤立的确定。

确定"条件系列"方面所遇到的根本困难并不是对于"缘起性空"的反驳，而是对部派佛教特别是说一切有部的反驳。龙树的《十二门论》也恰当地反映了这种困难，例如其中讲到"果于众缘中，毕竟不可得，亦不余处来，云何而有果"，以及《中论》中著名的"诸法不自生，亦不从他生，不共不无因，是故知无生。"而使得认识论上一对象区别于另一对象的独特性质，之所以不能被视为论证"自性"的底线，则在于广义或狭义上的"认识"都是嵌入缘起网络的某种类型的事件，用佛教术语来说，就是"所缘缘性"，它同样会面临属于认识过程的条件系列的不确定性。例如共相与个性之间的不确定性，而《三论》文本所遭荡的，全都属于共相意义上的去来、生灭、断常、一异、自他、有无、因果，等等。

最后，我们可以把"空"描写为：嵌入缘起网络中的任何对象都具有本质上的，而非偶然的不确定性。这些对象也可以是共相层面上的，这时往往也表现为诸如"非有非无"这样的违反排中律的二歧式，等等。对象的确定性质属于佛教所讲的"俗谛"，它源于自我意识的作茧自缚——跳出纯粹佛教的视野，对它的评价可以持有限的保留态度——但就任何对象而言，确定性与不确定性并不能在同一境域下共存，与此相关，任何对象本质上的不确定性并不会无条件地同时呈现，显然这合乎"缘起"的精神。

五　基本范畴结构的一致性

中国古代哲学的底蕴为"学究天人"。此说法是极可靠的。儒、道二家学说虽林林总总，包赅广泛，究其实而不能外于"天人之学"。此诚如嵇文甫先生所言：

> "天人合一"是修养上的一种理想境地，儒道两家皆悬此鹄的。然而道家乃灭人以全天，是趋向消极方面；儒家乃尽人以合天，是趋向积极方面。前者清归自然，正是自然主义的本色；后者即人见天，也正是人文主义的本色。[①]

也就是说，儒家认为，"天者"，人之根源，亦即人之理想。故尽人事须顺乎天命，人道与天道不必相隔。而道家则倾向于认为，"天"、"人"有所分别，凡天然的都好，人为的都不好。但两家实质上都以天人的相即、合一为论学旨趣。

张岱年《中国哲学大纲》一书，从范畴体系上，对历来重要思想家的学说予以梳理，他认为古代哲学的宇宙本根论诸说，不外乎：道论、太极阴阳论、气论、理气论、唯心论、多元论等六类。

---

① 嵇文甫：《晚明思想史论·附录》，东方出版社 1996 年版，第 197 页。

先生所举道论之代表，有老子、韩非子、[①] 庄子及其后学、田骈、慎到、撰著《淮南子》一书的道家学者等。

笼统而言的太极阴阳论（含五行说）之代表，有春秋时期的伯阳父，有《易传》的作者、《尚书·洪范》的作者，有诸子学派中的阴阳学家、有汉代的董仲舒、扬雄，有北宋的周敦颐、邵雍。

气论之代表，举证有《管子·心术》、《内业》等篇，《庄子·知北游》、《至乐》等篇，《淮南子·天文训》等篇及《易纬·乾凿度》之作者，有后汉解经家之何休、郑玄，有三国刘劭，晋代裴颁，北宋张载、司马光、二程高弟杨时、明代朱子学派的罗钦顺，不属朱陆二派而独宗张载的王廷相，又认为王阳明、刘宗周虽主一切唯心，但于论理气之际，亦认得气为根本，以及明末清初的黄宗羲、王船山，清代的颜元、李塨、戴震等人，皆堪为气论派之典型人物。

关于理气论之代表，先生认为如《淮南子》一书者，亦出入于道论、气论之间，又有《潜夫论》作者即后汉王符，而更遑论理学的宗匠即程颢、程颐、朱熹，并其各位及门弟子、再传弟子和有以私淑者。

唯心论之代表，则举出著《观物外篇》时的邵雍、南宋陆九渊、明代中叶的王阳明，并陆、王的各色弟子等人。

所谓多元论者，系指对于事物之上有超乎其形的本根的基本假设深表质疑的哲学家，此论之代表，唯举证有注释《庄子》的向秀和郭象。[②]

然而本土哲学家的具有本土特色的思想体系，一般又何尝将"道"、"气"二说根本地予以割裂呢？道者，论其实，只是气化之道而已，即经营生化、因气立质的所以然和规律，太极即道，亦为理，理一而已。阴阳五行者，亦都是气，阴阳者，二气也，五行者，一气循环各得时宜也。故董子曰：

> 天地之气，合而为一，分为阴阳，判为四时，列为五行。[③]

---

①　如《韩非子·解老》有云："道者，万物之所然也，万理之所稽也。理者，成物之文也；道者，万物之所以成也。故曰'道，理之者也'"（陈奇猷：《韩非子集释》，上海人民出版社 1974 年版，第 365 页）。此亦韩非子有所见，并有所持论也，非仅祖述老聃而已。

②　参见张岱年：《中国哲学大纲》，中国社会科学出版社 1982 年版，第 17—88 页。

③　董仲舒：《春秋繁露·五行相生》，苏舆：《春秋繁露义证》，中华书局 1992 年版，第 362 页。

又程朱理学的理气二元论，即完全是从物象的实然与所以然的二分上立论，实即"道"、"气"说统合的结果，又是将"道"、"气"的内涵加以严格区分。如小程尝曰："'一阴一阳之谓道'，道非阴阳也，所以一阴一阳道也。""离了阴阳更无道，所以阴阳者是道也。阴阳，气也。气是形而下者，道是形而上者。"① 故道即理，理即道。此义，《韩非子·解老》实已能言之。

道者，只是气化之道。关于道、气关系，汉代科学家张衡的朋友王符已经看得很透彻。在《潜夫论·本训》里，他说："是故道德之用，莫大于气。道者，气之根也。气者，道之使也。必有其根，其气乃生；必有其使，变化乃成。"

在我国古代哲学，往往很多重要概念，但凡究其根源，必有相通相即之处，此义，张横渠、王阳明等，亦看得甚为明白。如横渠云：

太和所谓道，中涵浮沉、升降、动静、相感之性，是生絪缊、相荡、胜负、屈伸之始……不如野马、絪缊，不足谓之太和。语道者知此，谓之知道，学《易》者见此，谓之见《易》。②
气之聚散于太虚，犹冰凝释于水。知太虚即气，则无无。
由太虚，有天之名；由气化，有道之名；合虚与气，有性之名；合性与知觉，有心之名。③

论道之冲和、生机，谓之"太和"；论气之本体，湛寂无形，谓之"太虚"，其实一也。究其质性，气本而已；道者无他，气化之道也。

张岱年先生所谓多元论，且不谈。而实际上看起来，"道"、"气"两个概念，是贯穿多数派别和多数著作的。若太极为"理"之极，一理而已，则阴阳五行，自为气论无疑，理、气之间或分或合，各派立论自

① 《河南程氏遗书》卷3、卷15，程颢、程颐：《二程集》第1册，中华书局1981年版，第67、162页。

② 张载：《正蒙·太和》，《张载集》，第7页。"野马"一语，取自《庄子·逍遥游》："野马也，尘埃也，生物之以息相吹也"。司马云："野马，春日泽中游气也。"

③ 张载：《正蒙·太和》，《张载集》，第8、9页。

又不同，但理、气之分，实即道、气之分，此点，伊川、晦庵就已言之凿凿了。这样说起来，宇宙本根论上五派之别，大体不过是道论、气论，而只有唯心之论，要稍微特别一点。

易学，虽专主太极阴阳之说，偶尔也有讲"心"的。对于《复卦·象传》所谓"复，其见天地之心乎"一句，王辅嗣注曰：

> 复者，反本之谓也，天地以本为心者也。凡动息则静，静非对动者也；语息则默，默非对语者也。然则天地虽大，富有万物，雷动风行，运化万变，寂然至无是其本矣。故动息地中，乃天地之心见也。若其以有为心，则异类未获具存矣。①

辅嗣之说谓天地以本为心，"寂然至无"为本也。或曰"天地以生物为心"，即伊川、朱子之主张。如朱子解曰："积阴之下，一阳复生，天地生物之心，凡于灭息，而至此乃可见，在人则为静极而动，恶极而善，本心几息而复见之端也。"②

气化流行自有其内蕴的觉知灵明，充塞天地之间，只是这个灵明，若人只为形体间隔了，就不能见着这个自为天地鬼神主宰的灵明即心。但充塞其间的灵明得以感应贯通的媒介和基质，即是一气。

> 充天塞地中间，只是这个灵明，人只为形体自间隔了。我的灵明，便是天地鬼神主宰……天地鬼神万物，离却我的灵明，便没有天地鬼神万物了。我的灵明，离却天地鬼神万物，亦没有我的灵明。如此，便是一气流通的，如何与他间隔得？③

然则，"良知是造化的精灵"，"人的良知，就是草木瓦石的良知"，④ 天地万物与人之一体当中，发窍最精处，即是人的一点灵明，即是良知。

---

① 王弼：《周易注》卷3，《王弼集》第336—337页。

② 朱熹：《周易本义》卷1，天津古籍书店1986年版影印清代明善堂刻本，第142页。

③ 《传习录》卷下，上海古籍出版社1992年版影印明隆庆本，第110页。

④ 《传习录》卷下，影印明隆庆本，第92、95页；吴光等编校：《王阳明全集》，上海古籍出版社1992年版，第104、107页。

阳明先生是唯心论的宗匠，如果他这样讲，可代表心学的讲法是可以跟道、气二观念相融洽的。先生且多处谈到，"天"、"道"、"性"、"命"、"心"等，究其实为一。譬如说道：

> 性，一而已。自其形体也，谓之天；主宰也，谓之帝；流行也，谓之命；赋于人也，谓之性；主于身也，谓之心。①

而"率性之谓道"的说法，当然是不可能不知道的，所以要罗列下去，也不能少了"道"。阳明还曾径直提道："良知即是道。"② 而先生又讲："夫良知一也……以其流行而言谓之气。"③ 所以王门后学中颇不乏盛言"气"的，④ 但于理气关系，多主张某种形式的理气合一。

故而中国哲学的天人之学，在本根论的看法上，以"道"、"气"为宗。若再有第三个基本概念，便是"心"（主张觉知灵明，于汉地佛学恐为核心概念）。但是根本上，统论天、地、人三才，"道"、"气"足矣；心者，只是气化之道中内蕴的觉知灵明而已。其他诸说，皆为衍生、分派或更细致的梳理。

中国古代哲学史，在经历先秦诸子的纷争以后，在本根论的探讨上逐渐地汇流于对"道"、"气"的申论上。在这部哲学史上，佛学原本是一种新生事物，其所给予的新鲜思想和见谛，一在缘起性空，一在心性觉悟。此二义本儒、道二家，以及上溯至先秦诸子，皆所不知也。从佛教思想的一般的社会影响而论，对于知识阶层和高明人士，影响主要是在心性觉悟之说，而对于普通百姓，主要是被生死果报之说吸引。

> 佛老之学，后世为盛，在今世为尤盛……老氏以无为主，佛氏以空为主，无与空亦一般。老氏说无，要从无而生有，他只是清静为方外之物，以独善其身……老氏之说犹未甚惑人。佛氏之说，虽

---

① 《传习录》卷上，影印明隆庆本，第15页。
② 《传习录》卷中，影印明隆庆本，第62页。
③ 同上书，第56页。
④ 例如王学右派中的王时槐（1522—1605），其《与贺汝定》有云："盈宇宙间，一气也。即使天地混沌，人物消尽，只一空虚，亦属气耳。"参见嵇文甫：《晚明思想史论》，第49页等。

深山穷谷中，妇人女子皆为之惑，有沦肌浃髓牢不可解者。原其为
害有两般：一般是说死生罪福，以欺罔愚民；一般是高谈性命道
德，以眩惑士类。死生罪福之说，只是化得世上一种不读书、不明
理、无见识等人。性命罪福之说又较玄妙，虽高明之士皆为所误。①

死生罪福，即佛家所讲生死烦恼和六道轮回，以及在精致的缘起论那里所
说的主要作为异熟因果起作用的业报问题。而真正有影响的当然不是这类
精致的理论，而是将这类理论的基本意思加以通俗化和简单化宣传的效果。

"缘起"与"性空"二义本不能分，由于对"缘起"理解方面的细微或
重大的差异，而产生对"空"的含义也有不同的见解，这差不多是了解各
派佛教思想的一把钥匙。但是否根本地接受"空"的思想，则是一条泾渭
分明的界线，把佛教和佛教以外的哲学学派区分开来。而一些有关缘起的
理论，却在将其与"性空"的方面割裂以后，被佛教以外的哲学思想体系
所接受，我特别指的是华严宗"十玄门"之类思想，所谓一即一切，一切
即一，一入一切，一切入一，一摄一切，一切摄一的全息思想。很多学者
已恰当指出，这一思想是理学家盛言"理一分殊"的理论基础。

而心性论是佛教对宋明理学的影响的另一个重要方面，甚至可能是更
重要的方面。佛教《金刚经》讲"应无所住而生其心"，其实本来是最不愿
意讲心性的，但因为要了脱生死，要觉悟，要行菩萨道，发菩提心，这一
切都离不开对心性的洞察，所以汉地佛教也就对此给予了极大关注，给出
了众多讲法。但是儒家在受其影响，即转而关注心性问题之后，则仍然是
把有关讲法置于其传统天道观之下。例如王阳明就讲："心即道，道即天，
知心则知道知天。"这跟孟子的讲法是何其相似啊！而王门后学唐顺之也提
道："所谓天机者，即心体之流行不息者是也。"②

如果古代哲学的其他论域里的概念、范畴或命题，是要以本根论为
核心的（即此论是提纲挈领的关键所在），而本根论又主要是归结于
"道论"和"气论"上面，那就可以说，古代哲学传统在基本范畴体系
上具有高度一致性。当然，这主要是由于"道"、"气"两范畴的贯穿始

---

①　陈淳：《北溪字义》卷下，中华书局 1983 年版，第 4 页。

②　黄宗羲：《明儒学案》卷 26，中华书局 1985 年版，第 599 页。

终、影响广泛，以及在不同哲学家那里的各种具体内涵之间的大致兼容性。心性论固然不能完全归结到道论和气论，但在古代哲学中，它和此二论的联系也是有目共睹的。而道论和气论具有明显的生态内涵，这将是笔者在后一章当中要重点论述的。

儒、道、释三教之中，佛学理论的内核比较特别，即使表层的理论或观点大多已经中国化，这一部分仍然很难跟道论和气论汇流。所以纯粹的佛学要当做完全的另一派来看，其生态意蕴或许不及本土哲学深厚，至少其展现的是另一种形态和另一种意蕴，却不像儒、道两家的"天人之学"，只是互为镜像般的内部差别而已。

汉代并汉代以降的哲学史上，又不乏一些很难归入儒、道、释主流三系的歧出，或者虽能归于三系却为其中一派或两派的异端的学说。但他们大致上仍然不能跳出三教（特别儒、道二教）便已陷入的论域和思维方式上的窠臼。① 这是因为他们所受到的语言和话语的束缚未获真正释放，更是因为他们所处的农业文明的社会经济史和总体环境的背景并未根本改变。这种束缚的崩解及新思路的突破，是要靠崭新时代里面这

① 例如在汉代，极有影响的思想家里面就有王充，其学难论也。但在天道观上，他也讲"自然无为，天之道也"，也讲"天地合气，万物自生"，等等（参见徐复观：《两汉思想史》第2卷，上海人民出版社2001年版，第375、377页）。

魏晋之际，有所谓混合儒道的"玄学"。其探究"名理"及贵无、崇有，为儒学所稍逊的本体论探讨注入了活力。其代表人物有何晏、王弼（226—249）。弼，字辅嗣，魏山阳人。其说谓"名教出于自然"。其注易虽本费直，但尽扫其谶纬和象数学的烦琐，而注重从"得意忘象"、"得象忘言"的思辨高度上来把握，开一代风气之先。为不可多得的天才式人物，惜乎天妒其贤，英年而早夭。名教与自然之关系为当时学界关注的中心议题。放逸不羁如竹林七贤之阮籍、嵇康辈，多为淹贯博通，富于艺术灵性而又介乎儒道之间的人物，且多主张"越名教而任自然"，其风格清峻，颇可观也。但于儒、道二家经典所倡导之道、气二概念，亦不必表示严重反对而另有突破性之创见。正如王弼之说，恰其《老子注》当中得以彰显和流露也。

在明代儒学中，以王学异端身份出现而别开生面的，当属泰州学派，创始人王艮（1483—1541，泰州安丰场人），原来是一个盐丁，并没有多少传统学术的根底。后因不满于师说，遂自己另立山头，门徒中有樵夫、陶匠、农夫等。其说以"百姓日用即道"为特色，将理学家通常视为"人欲"的许多内容纳入进来。——不过仍然是用了大家最熟悉不过的"道"的概念。泰州的传人中，最具叛逆精神的当推李贽（1527—1602，号卓吾、宏甫、百泉，别号温陵居士）。他从心学的一些基本原则出发，竭力反对空洞的道德说教和泛滥的神秘主义。认为"穿衣吃饭，即是人伦物理"，还倡导"童心说"，即要回复"绝假纯真，最初一念之本心"，否则《六经》、《语》、《孟》也无非是伪道学的口实而已，虽然其大胆言论对晚明思想启蒙起到了积极推动作用，但他的思维又在多大程度上突破传统哲学范畴的窠臼，对我来说，仍是一个很大的疑惑。

些原本根深蒂固的背景的改变和人们思维方式的共同演进。

一位哲学家的完整思考，或者一种哲学传统的视阈，大体上都不能略过"人与自然"、"人与人"、"人与自我"这三重关系中的任何一个方面。中国古代哲学也概莫能外。

论及人与自我的关系，就是儒家孟子所讲的"尽心知性知天"，《中庸》所讲的慎独、诚明；就是大乘佛教所讲的"烦恼即菩提"、"生死即涅槃"的不二法门，就是禅宗讲的"明心见性"、"顿悟成佛"，就是《楞严经》接近开头部分，佛陀诘问阿难的所谓"七处征心、八还辨见"；就是道家所言涤除玄览、含醇守朴，等等。

论及人与人的关系，就是儒家所谓仁、义、礼、智、信，就是所谓"夫子之道一以贯之"的"忠恕"，就是"己所不欲、勿施于人"，就是"亲亲"、"尊尊"的等级秩序；也是佛家所讲的戒绝杀、盗、淫、妄、酒的五戒；就是道家一度追求的安土重迁、小国寡民之类理想，也是所谓"绝仁弃义，民复孝慈"，以及"不争而善胜"、"柔弱胜刚强"云云。

可是也少不了要论及人与自然的关系，就是儒家的天道观和道家的宇宙生成论，甚至也是佛教的缘起论，因为任何涉及宇宙本质和本根的理论，其实内在地都是在"人与自然"关系笼罩下的一种思考。还有就是儒道共通的阴阳五行模式或者取象比类方法；就是佛教的三界六道的宇宙图式，就是中国佛教的"无情有性"话头；就是道家所讲"天地不仁"、"自然无为"，也是张载所倡导的"民胞物与"，以及程颢所讲"仁者浑然与物同体"。也就是儒家月令模式中的生态规划、《周礼》职官体系中的若干生态保护职责，等等。

而且，说到中国古代哲学的生态意蕴，问题远不是那么简单和直接的。虽然论及人与自我的关系，主要是心性论，论及人与人的关系，主要是伦理学和政治哲学，但是古代的哲学体系，并没有这种现代意义上的学科分类及相应的画地为牢的做法，对于很多中国古代哲人——尤其对儒家——而言，心性论、伦理学和政治哲学，都是某种天道观在相应实践领域中的运用而已，所以生态意蕴是渗透于其他多个论域的。

第 三 章

天人之学的生态模式和图式

在传统农业社会中，人与自然和谐相处的理念深入人心，这种和谐相处的学问就是"天人之学"。而这种天人之学的具体成果就是"道论"和"气论"。道论除了论述"道"的内涵外，最基本的展现形式就是"阴阳"、"五行"，而阴阳五行的模式，就是气的生化经营的模式。这类模式在儒教的祭祀、礼俗，民众的日常生活，以及古代方术和道教的体系中，均有着极为丰富的运用，堪称其指导性原则。道论的核心以及它的派生形式，其实都有着极深厚的生态意识的底蕴。① 跟发源于本土的哲学流派相比，佛教的宇宙结构观是相当特殊的，因为它是以报应为基础的，且强调精神因素的影响；三千大千世界中，每一个别世界都依六道众生的业报等，居所不同，凡有欲界、色界、无色界者三，天的层次分别极细，遍于三界，但欲界中还有人、修罗、饿鬼、地狱、畜生诸道众生之依报，即所处环境。

一 "天人合一"的生态哲学意蕴

在传统的道论中，"道"无疑是最核心的范畴，此外还有很多与之并列或者略次一级的范畴，例如气、元气、理、太极、阴阳、五行等等。由这一系列范畴所构成的完整的体系，为人们展现了一幅生生不息、周流感通、和谐发展的宇宙图景，而这类图景大率渗透着"天人合

---

① 本土天道观的很多重要特征可从传统农业的生态背景上得到一定程度的解释。但这将是本书第六章的任务。

一"的生态意蕴。

　　作为中国本土哲学的两股主要思潮，儒、道二教在其经典中比较集中地探讨了人与自然关系的范畴就是"天人"，太史公司马迁所谓"究天人之际、通古今之变"，也可以说是在一定意义上道出了古代思想所关注的焦点。被后世道教奉为"南华真经"的《庄子》曾说：

　　　　天地有大美而不言，四时有明法而不议，万物有成理而不说。圣人者，原天地之美，而达万物之理。是故至人无为，大圣不作，观于天地之谓也。今彼神明至精，与彼百化。物已死生方圆，莫知其根也。扁然而万物，自古以固存。六合为巨，未离其内；秋豪为小，待之成体；天下莫不沈浮，终身不故；阴阳四时，运行各得其序；惛然若亡而存；油然不形而神；万物畜而不知：此之谓本根，可以观于天矣！①

　　生态环境与人类活动，并非相互隔绝或关联极少而是相互依存的两个领域。自然界中蕴藏着富有与美好的源泉，② 自然界也展现了沉默的、然而人类却必须正视的和谐的法则与规律。天人关系的内在性，直接体现于"道"或者"本根"之类的"存在"中。透过"本根"可知，所谓"六合为内，未离其内；秋豪为小，待之成体"，亦即一切事物，无论其内外、始终、大小、精粗，都通过"本根"而融为一体。

　　天人之际的哲理思辨，或许会引申出其他的意蕴，如"天"可能是指"道德定命"、"理性"等，但它首先是立足于"苍苍之天"，进而常常引申为自然界的总体或整体，而且它包含着"阴阳四时运行"的节律，因此"天人之际"的论域，很大程度上就是关于环境与生存的关系之类的生态主题。此外，某些并未直接带有"天"或"天人"形式的范畴，也可能具有生态思想的意蕴；正如在某些情况下"天"的含义也可能是侧重伦理——政治方面。

　　──────────

　　① 《庄子·知北游》，王先谦：《庄子集解》卷 6，《诸子集成》第 3 册，中华书局 1954 年版，第 138 页。

　　② 汉字的"美"，本来就有丰富的意蕴，亦正孟子"充实之谓美"。见《孟子·尽心下》，朱熹：《四书章句集注》，中华书局 1983 年版，第 370 页。

在生态式的关注亦即天人之学的背后，有一个更为根本的范畴即"道"，它是一切事物化生、演变的根源，如《道德经》中说：

> 有物混成，先天地生。寂兮寥兮，独立不改，周行而不殆，可以为天下母。吾不知其名，字之曰道，强为之名曰大。
>
> 大道泛兮，其可左右。万物恃之而生而不辞，功成不名有。衣养万物而不为主。常无欲，可名于小；万物归焉而不为主，可名为大。以其终不自为大，故能成其大。①

道论具有鲜明的哲学内涵，而且正如其历史所表明的，它起先并未被纳入某种宗教体系。刘歆的《七略》抑或《汉书·艺文志》只是指出了最先对道论加以系统阐发的道家，可能与周官特别史官的文化，有着深刻的渊源，但并未承认其为宗教的神学，这一点是很明显的。但同样明显的是，《老子》、《庄子》是后世道教所宗奉的经典，构成其宗教思想的基本前提，所以讨论这一门宗教思想的方方面面时便不可能回避他们的思想。

此外还有一个重要理由是，作为一种蕴涵着生命体验的理论，道论所带有的某种东方神秘主义的情愫，使它本身也有一定理由被视为具有相当的宗教特征。

道是古代"本根论"的最核心概念。所谓本根论，正如张岱年先生所说，不少于三种意思，此即始义、究竟所待义、统摄义。② 即宇宙的起源或万物的起源；万物的全体所对待和依止的根据；包赅会通的统一体。大体满足此三条件的，始可称为道或本根。

围绕"道"这个概念，还有各种异名，如曰天道、本根、太极：

> 天之道，不争而善胜，不言而善应，不召而自来，繟然而善谋。③

---

① 《老子道德经》第二十五、三十四章，王弼注本，《诸子集成》第3册，中华书局1954年版，第14、20页。以下凡属《道德经》引文均用王弼注本，不再说明。

② 张岱年：《中国哲学大纲》，中国社会科学出版社1982年版，第8、9页。

③ 《道德经》第七十三章，《诸子集成》第3册，第43—44页。

> 天之道，损有余而补不足。人之道，则不然，损不足以奉有
> 馀。孰能有余以奉天下，唯有道者。①
>
> 夫道，有情有信，无为无形，可传而不可受，可得而不可见；
> 自本自根，未有天地，自古以固存。②
>
> 易有太极，是生两仪、两仪生四象，四象生八卦。③

先秦人言天道，常常已经涵有："道"虽为根本，而人间私心刻意
的规则（或贬称人道），却违反了大道本性的意思，所以把体现"道"
的本来面目的领域称为"天道"，"天"是取其自然之义，实则并非道可
以分裂之谓。"本根"一语，已见于前引《庄子·知北游》，其实为
"道"之异名。至于太极，《文选注》引汉代郑玄注云，"极中之道，淳
和未分之气"，若联系到《周易·系辞上》所云"一阴一阳之谓道"，则
其指代"道"，亦极为明显。

另一些范畴也与道论有着千丝万缕、剪不断理还乱的联系，如天
命、性、理、元气、阴阳等。此如：

> 天命之谓性，率性之谓道，修道之谓教。道也者，不可须臾离
> 也；可离，非道也……喜、怒、哀、乐之未发，谓之中；发而皆中
> 节，谓之和。中也者，天下之大本也。和也者，天下之达道也。致
> 中和，天地位焉，万物育焉。
>
> 唯天下至诚，为能尽其性；能尽其性，则能尽人之性；能尽人
> 之性，则能尽物之性；能尽物之性，则可以赞天地之化育；可以赞
> 天地之化育，则可以与天地参矣。④

《中庸》以及先秦两汉时期的儒家著作中所热衷探讨的"性"、

---

① 《道德经》第七十七章，《诸子集成》第 3 册，第 45 页。
② 《庄子·大宗师》，王先谦：《庄子集解》卷 2，《诸子集成》第 3 册，第 40 页。
③ 《周易·系辞上》，《十三经注疏》上册，中华书局 1980 年影印阮刻本，第 82 页。
④ 《中庸》第 1、22 章，朱熹：《四书章句集注》，第 17、32—33 页。

"命"、"道"、"气"弥补了早期儒家罕言天道性命之说的不足。① 其中也含有人与自然界受同样的必然性支配的意思，而这种必然性既是自然界生长的力量，亦可说是保证道德必然性的力量，两者是直接合一的。所以自然界的和谐与道德人文的挺立，是交感的、同时促进的，故曰至诚则可以赞天地之化育。这就是它的生态意蕴。

无论采取何种范畴，在古代关于宇宙本根论的探讨背后，都蕴藏着对于自然与人的关系的一些特殊的思考，这些思考所包含的倾向，并不总是显而易见的。② 如果说天人范畴是从现象层面概括和提出了自然与人的对立、统一问题，那么道论则是从天、人二者共同从属的更深层面上提出了有关的问题。在一定意义上，乃是道论的特征定位了传统生态学思考的基本倾向。"天人合一"的主题构成了中国古代宗教思想的主流，通常也是道论所涵摄的一个主题，并且具有很明显的生态意蕴。

万物的同源、全息与感通，实为"天人合一"思想的重要理论基础。道既是化生万物的本根，也是万物同源的基础。《道德经》"道生一，一生二，二生三，三生万物，万物负阴而抱阳，冲气以为和"之说，脍炙人口，其意旨如何，颇不乏异说。③ 但是大致仍可由此得出结论，万物皆源自道，万物恃之以生，道衣养万物而无遗，无出其外者，万物又都禀赋一阴一阳的本性。严君平《道德真经指归》称："天地人物，皆同元始，共一宗祖。六合之内，宇宙之表，连属一体。"④ 此共同之宗祖即"道"。虽然万物的形态与性质差异，由未始有封的混融状态的破坏而来，但是万物既经成形以后，仍然禀有道性。此在道门中亦可称共识，如《道教义枢》云："一切含识乃至畜生果木石者，皆有道性也。"⑤ 此即为一证。

---

① 《中庸》属于儒家思孟学派的作品。另外在郭店楚简，也有几篇，可能与中庸学派有关，如《性自命出》。

② 关于中国古代哲学最核心的论题，即相当于西方存在论（ontology，一译作本体论）的部分，具有怎样的特性，以及它与存在论的差异的探讨，也许可以引申出一个长长的文献目录；"本根"这个名词是中国固有的，例如在《庄子》的一些段落中。然而将"本根论"视为基本范畴的做法，可以参见张岱年：《中国哲学大纲》。

③ 或谓一指太一，二指阴阳，三指阴阳与中和气。

④ 《道藏》第 12 册，文物出版社等 1988 年版，第 355 页。

⑤ 《道藏》第 24 册，第 832 页。

　　万物同源而通融一体的根据，也可以由"气"的范畴予以统摄。此如《庄子·知北游》著名的"通天下一气耳"的命题。"元气"之说，起初多被称为"道"的次级衍生物，乃进一步分化为万物的一个过渡阶段，而后则可视为与"道"具有平等地位的范畴。[1]然而道、气二说之间，大多仍是同体而异名，并未根本上演变成道、气二元论。此在儒、道皆然。实则"气"范畴是就通同一体的能量基础立论，又与形质间的关系和变化的思考紧密相连。[2]在中国古代思想史上能对诸范畴进行整理，而卓有成效的大家之中，不能忽视张载的说法，所谓"由气化，有道之名"。[3]此可说是梳理"道"、"气"关系的定论。大体可以适用儒、道诸家之言论。如程朱理学以为核心范畴的"理"，不过是就气化的条理、秩序，特别是所以然的根据而抽象得到的，实未根本上超出这一论断的视阈。

　　道、气是本土宗教的核心范畴，也是万物同源思想的立论根据。但道或元气是混沌同一、恍惚幽微的总体，而万物的分化既有形质上的区别，也体现在阴阳、五行的特征上，然而透过阴阳、五行的周流不息，却可以把握到万物的全息性。换言之，对于古代的具有明显有机论、整体论特色的宇宙生态论而言，万物的全息不是从形质的静态、机械特征，而是从气化的动态、有机特征上立论。此种意义上的，即透过阴阳五行的特征而把握到的万物的全息性，在中国本土宗教中是深入人心的。譬如道教的方术，举凡堪舆、导引、服食、炼气、内丹等，似乎都离不开对阴阳五行特征以及万物全息性的把握。

　　《易》之为道，可展现于天、地、人三才。而宇宙生态意义上的万物全息，最重要的视角也是围绕此三才展开的。三才的含义如《易传》所云：

　　　《易》之为书也，广大悉备，有天道焉，有人道焉，有地道焉。兼三才而两之，故六。六者非它也，三材之道也。道有变动，故曰

---

　　① 气论在道家、道教中的发展轨迹，可从《庄子》、《淮南子》、《太平经》、《云笈七签》等书中略窥一斑。

　　② 如何恰当地解释"气"，是现代哲学的一个难题。

　　③ 张载：《正蒙·太和》，《张载集》，中华书局1978年版，第9页。

爻；爻有等，故曰物；物相杂，故曰文；文不当，故吉凶生焉。①

　　昔者圣人之作《易》也，将以顺性命之理，是以立天之道曰阴与阳，立地之道曰柔与刚，立人之道曰仁与义。兼三才而两之，故《易》六画而成卦。分阴分阳，迭用柔刚，故《易》六位而成章。②

　　这两段都是结合卦象、卦位的体系来说明三才之道。《太平经》云："天有五行，亦自有阴阳；地有五行，亦自有阴阳；人有五行，亦自有阴阳……万物悉象天地人也。"③ 因此便不难找到天、地、人三才之全息。

　　天、地是古代世界观立足于现象的表述，二者的含义都极为丰富，参照今天的科学世界观，前者可指银河系、太阳系、大气圈、气候规律等，而后者可指地球、地表、地形地貌、土壤、森林、河海、地表生物资源等。这些都堪称人类生存所依赖的母体环境。而人则是其中的灵明，中国宗教通常将此三者的地位都看得很高，如云："天地无人则不立，人无天地则不生。天地无人譬如人腹中无神，形则不立。有神无形，神则无主……故天、地、人三才成德为万物之宗。"④

　　无论天、地、人三才的全息态，还是其他事物、其他层面或侧度的全息态，都蕴藏着感通之"几"，从而推动事物的发展、变化。对此比较有力的论证，可推汉代董仲舒的《春秋繁露》。此书堪为汉儒扛鼎之作，⑤ 而于谈同类感通，尤为精粹。如云：

　　　　今平地注水，去燥就湿，均薪施火，去湿就燥。百物其去所与异，而从其所与同，故气同则会，声比则应，其验皦然也。试调琴瑟而错之，鼓其宫则他宫应之，鼓其商则他商应之。五音比而自鸣，非其神，其数然也。美事召美类；恶事召恶类，类之相应而起

①　《周易·系辞下》，《十三经注疏》上册，第90页。
②　《周易·说卦》，《十三经注疏》上册，第93—94页。
③　王明：《太平经合校》，中华书局1997年版，第336页。
④　《三天内解经》，《道藏》第28册，第413页。
⑤　其中有《阳尊阴卑》、《阴阳位》、《阴阳终始》、《阴阳义》、《阴阳出入》、《五行对》、《五行之义》、《治乱五行》、《五行变救》、《五行五事》诸篇，可见其盛言阴阳、五行。

也……阴阳之气，因可以类相益损也。天有阴阳，人亦有阴阳。天地之阴气起，而人之阴气应之而起，人之阴气起，而天地之阴气亦互应之而起，其道一也。①

总结起来就是"物故以类相召也"，或曰"此物之以类而动者也"②。但这种思想绝对不能认为是董仲舒个人的发明，应该说这是阴阳、五行模式本身固有的一种思维倾向，而道教宇宙生态论同样不乏这方面的表现。

但从今天的合理性眼光来看，基于同类相感的思维模式中，亦有需要甄辨之处，如像董氏那样认为"人副天数"，不无道理，但如果认为人之阴阳五行之气大致也都可以感通进而左右天地的相应运行，便无法令人完全信服。虽然感通论处处具有上古巫术思维痕迹，但其中也蕴藏着丰富的有机整体论的理论成就，对于古代宗教调节人与自然的关系来说，产生了很多积极而有益的推动。

很显然，感通论倾向于认为：基于事物在阴阳五行等方面的全息态特征，自然诸物之间存在着普遍的相互影响的倾向，即由同类的事物诱致同类的事物；或者同类的特征唤起同类的特征。虽然"同类相感"的作用方式，不能解释歧异性的产生，也因"同"、"异"之分际不明，而存在将"感通"绝对化之嫌疑，但其认为万物的存立、演化实依赖于全部系统的整体性的观点，有助于提醒人们审慎地、高度负责地对待自己的行为——恰因他的行为有可能产生异常严重的自然界的反应。

宇宙万物在本根上的同源，是全息的基础，全息可以是在天、地、人三层面之间体现，三才无疑为最重要的全息层面，但全息也可以展现于无穷无尽的层次或侧度上，此正由于万物是同源的。而万物的同源、全息则又是其彼此感通的基础，即"同气相感，同类相求"。所以万物的同源、全息与感通，是紧密联系在一起的三个论题，构成中国土生土长的宗教思想中的宇宙生态论的核心特征。

---

① 董仲舒：《春秋繁露·同类相动》，苏舆：《春秋繁露义证》，中华书局1992年版，第358—360页。
② 同上书，第360页。

二　阴阳：取象比类的对偶概念

从阴阳概念产生的背景和后来所起的作用来看，它们是奠立中国古代宇宙生态观的重要基石。阴、阳是相当古老的概念。从这两个词在《诗经》中的用例来看，其本义似与受阳光照射的有无、向背有关，阴是天阴、覆盖的意思，阳则温暖、明亮等。[①] 按照《诗经》中的用法，山之南，河之北皆称阳，如曰"殷其靁，在南山之阳"[②]，"我送舅氏，曰至渭阳"[③]。或曰天气，如"春日载阳"[④]

《易经》其实并没有"阴阳"两字连用的例子，因此可以认为，西周初年，阴阳概念还不具有后世那样的典范价值。西周末季，则出现了伯阳父用"阳伏而不能出，阴迫而不能烝"来解释地震的事例。[⑤] 而在更早的宣王即位（前827年）的时候，就有人提出"阳瘅愤盈，土气震发"。及谓古太史尝告稷曰："阳气俱烝，土膏其动。弗震弗渝，脉其满眚，谷乃不殖"。又云："阴阳分布，震雷出滞。"[⑥]

《老子》五千言当中，已经包含着大量辩证对立的概念，诸如有无、动静、刚柔、生死、雌雄、牝牡、虚实、损益、祸福、难易、善恶、高下、大小，等等。事实上，对整个思想史材料的审慎的检查，难以帮助我们断言"阴阳"在那时已经具有广泛的概括力，尽管它的重要性不能否认。

阴阳学说在诸子时代的进一步发展，来自另一部融合了当时流行的天道观念的、真正的儒教经典——《易传》。《庄子·天下》非常恰当地称它是"邹鲁之士，搢绅先生"多能明悉的那一类经典，《易传》的体系在当时想必已经成形，而与"经"一道被视为与所以道"志"、"事"、

---

① ［日］今井宇三郎：《易传中的阴阳和刚柔》，载于［日］小野泽精一等编：《气的思想》，上海人民出版社1990年版，第96页。

② 《诗·召南·殷其靁》，《十三经注疏》上册，第289页。

③ 《诗·秦风·渭阳》，《十三经注疏》上册，第374页。

④ 《诗·豳风·七月》，《十三经注疏》上册，第389页。

⑤ 参见《国语·周语上》，徐元诰：《国语集解》，中华书局1992年版，第26—27页。

⑥ 《国语·周语上》，徐元诰：《国语集解》，第16、17、20页。

"行"、"和"、"名分"的《诗》、《书》、《礼》、《乐》、《春秋》不同的另一部专门道阴阳的著作，由于传文的经典解释，爻的两种基本构型被赋予了丰厚的思想史的意蕴。

由于阴阳本身的笼统和无所不包的涵盖力，事实上要想认为早期的爻的构型不具有任何与阴阳概念相近的萌芽状态，便是相当困难的事情，除非是做出一个更困难的假定：爻的构型仅仅是表示差别的构造，而无取象比类的任何含义或原则可言。作为巫术观念中的同类比附原则的抽象概括，爻的构型具有解释上的最大的数学可能性。把所有两个、两个的性状特征组按照概率分布的状况进行有序配对，难道不是一件充满魅力的事情吗？困难只在于能否一以贯之，以及对更复杂的卦的构型的合理解释。关于爻的起源，曾有郭沫若氏驰骋其无拘无束的想象力，说这是代表两性生殖器云云，然这必定与传文"作易者其有忧患乎"的判断是不相吻合的，因为忧患意识会令一个群体在面对挑战的情境时奋发图强，小心翼翼而不复有原始生命那种浑朴而乐天的心灵。另外，爻也可能起源于结绳记事等，然其原始含义今已不可详考，自然也不必穿凿附会去徒逞臆说。稍稍可以确定的事实是，爻的基本构型被解释为阴阳，遂为其运用提供了广阔的前景。

缪勒（Max Müller）曾经认为各种宗教都起源于太阳神崇拜，[①] 其合理性姑且不论，但我们都知道地球生命的诞生、延续和发展毫无例外地都依赖于各种形式的太阳能的转化过程，而阴阳较原始的辞义恰都是跟阳光照射的状态有关，因此不妨把构成本土哲学和思想之基本编码方式的"阴阳"范畴视为根植于个体性效应的一种自然生态的隐喻。这里所谓的个体性并没有原子形态的含义，它表示生态效应的体验必然会凸显的另一个侧面，亦即"冷暖自知"、"得意忘言"的侧面。说它们围绕着或根结于个体性效应，事实上也就是说阴阳根结于气的倾向越来越明显。

如同阴阳，人们也无法说清楚"气"这个辞到底包含着多少种含义。按照现代的错误解释，人们总是倾向于认为"气"是一种可以客观

---

①　参见［英］麦克斯·缪勒（Max Müller）：《宗教的起源与发展》，金泽译，上海人民出版社 1989 年版。

地进行研究的自然现象的代号。但事实上，客观性并不来自如何脱离与哲学上的唯心论的干系，而是来自它所诉诸的性状描写的方法论体系的特征。

总的来看，有两种最基本的描写体系，一种是在同质的谱系内具有相当连续的取值范围的那种描写方法，我们称它为空间性的，在数学上相当于几何；另一种是与否定的功能有关的不具有连续的取值范围的描写方法，我们称之为对偶的，在数学上相当于代数。可以认为，阴阳正好统领着传统思维方式所举证的诸多对偶范畴，并且其最核心的生态隐喻的含义恰正影射着地球自转、公转体系中日照强度等因素的季节性波动和昼夜性波动，等等。事实上，对偶化的描写方法只不过充斥于科学研究较为初步的搜集材料的阶段，并且它所诉诸的来自感官渠道的材料的质性恰恰具有连续的特征，而正是各种不同层次和角度中的连续性的谱系才构成了客观性研究的基础。只有逻辑或代数这样高度概括性的对偶化的描写方式，才作为描写体系的一部分渗透于连续性的叙事当中。我们知道，恰好是种属分类构成了亚里士多德主义以及近代早期的博物学的基础。可是更进一步来说，恰恰是具有连续性谱系的色觉与几何形状，等等，构成了其甄别类型时的客观前提，显然，任何连续性的谱系都可以部分地转化为对偶化的描写，但反之则不行，更何况那些在约定俗成的词库中并没有其特定的表述形式的对偶化概念。它们涉及一系列感觉的更加微妙的联结。

事实上，我们如何把"刚柔"、"健顺"、"尊卑"、"盈虚"、"屈信"、"阖辟"、"往来"、"终始"这些《易传》中经常出现的语汇转化为连续性的谱系呢？难道我们每一次所说的刚柔的含义都是一样的吗？更何况我们将如何去把握诸如"春脉如弦"、"夏脉如钩"、"秋脉如浮"、"冬脉如营"这样一些语汇的确切所指呢？在传统的形上学体系中，像"动静"这样的范畴常常不可能用速率变化的谱系来表示，例如当内丹家谈到把握活子时的火候时，"一阳才动作丹时，铅鼎温温照幌帏，受气之初容易得，抽添远用却防危。"[1] 或者当朱子论学时云："夫人心活物，当动而动，当静而静，不失其时，则其道光明。是乃本心全体大用；如

何须要栖之澹泊，然后为得？"① 那么其他概念的处境也就可以想见了。

断言根结于气的阴阳五行概念构成了本土宗教最基本的方法论，是一点也不过分的。拿儒教来说，姑且不论其阴阳谶纬诸说甚嚣尘上的汉代的情况，即便在理学当中这也是相当根本的一个概念。例如我们都熟悉张载的观点"太虚即气"。更可以将理学中的气论理解为由道学开山周敦颐奠定的基本视阈，以及理解为农业征候学方法的基本"算子"。"二气交感，化生万物"云云，或有宋明儒不甚热衷于谈论的，此固不是有所搁弃，实乃是彻骨彻髓地渗透到体验的方式当中，为人所共知的ABC，触处皆是而不需要提及的。理学在此注入了一些新的成分，如与"天理"相当的一个概念"性"，程明道先生曾明确讲过，"性即气，气即性，生之谓也"。② 虽然伊川和朱子的观点，倾向于认为在流动的、回旋的、无定形的物质性材料——气的基底上，仍需有所以然的原理来驾驭它和塑造它，例如朱子把"理"和"气"两者的关系生动地比喻为驭者与马的关系，但是毫无疑问，驭者是因了马才成为驭者的。如果说理学是突出了气论中的"架构"与"原理"的因素，那么心学便是从心灵活动的静定和循理与否的方面来判分理气的，如云"无善无恶者，理之静；有善有恶者，气之动。不动于气，即无善无恶，是为至善"。③此不动气说接近于孟子的志气论。

道教的典籍中亦触处可见元气论的表述，如《抱朴子》云：

> 浑茫剖判，清浊以陈，或升而动，或降而静，彼天地犹不知所以然也。万物感气，并亦自然，与彼天地，各为一物，但成有先后，体有巨细耳。④

又有突出其为炼养之本的另一种"炁"的写法，如《真诰·甄命授第一》云"道者混然，是生元炁，元炁成然后有太极，太极则天地之父母，道之奥也。"道教因为始终把混沌的原始状态视为修炼的归宿，所

---

① 《朱子文集·答许顺之书》。

② 《河南程氏遗书》卷1，程颢、程颐：《二程集》，第10页。

③ 《传习录》卷上，上海古籍出版社1992年影印明隆庆本，第22页。

④ 《抱朴子·塞难》，《诸子集成》第8册，第29页。

以没有像儒教那样强调作为礼义之本的架构的原理。①

《周易·系辞上》说："广大配天地，变通配四时，阴阳之义配日月，易简之善配至德"。即是把阴阳的含义联系到天文和气候的要素。"道生一"乃至"三生万物"的宇宙生成论，据《道德经》本文，颇难索解。然而郭店楚简的《太一生水》篇，所展示的古代"三一说"，或当有助于揣摩其大致，其曰："大一生水，水反辅大一，是以成天。天反辅大一，是以成地，天地〔复相辅〕也，是以成神明，神明复相辅也，是以成阴阳。"②

到地的生成为止，每一阶段均是通过反辅太一而生成后一阶段，天地以下是上一对"复相辅"而生成下一对。其中的"神明"当指日月。③ 换言之，阴阳在其基本含义方面指涉着像天文、气候这些构成生态环境重要特征的基本参数。这一生成的序列仍可延伸下去：四时—寒热—湿燥，直到"成岁而止"，这里所举的物质与气象的要素均与农业息息相关：如农作物的萌芽、生长离不开水的滋养。

在《左传》中已经相当明确地把它们理解为对立的气态，如云：

> 天有六气，降生五味，发为五色，征为五声，淫生六疾。六气曰：阴、阳、风、雨、晦、明也。分为四时，序为五节，过则为菑。阴淫寒疾，阳淫热疾，风淫末疾，雨淫腹疾，晦淫惑疾，明淫心疾。④

故而阴、阳亦可称阴、阳二气，在此的说法，似乎尚未像后世一样将阴阳当作可以统摄一切的范畴。

《道德经》包含着大量辩证对立的概念，例如有无、动静、刚柔、生死、雌雄、牝牡、虚实、损益、祸福、难易、善恶、高下、大小，等

---

① 而在仪式、禁忌及宗教制度层面上，阴阳五行这种编码体系的影响力和渗透力也未见丝毫的减弱。

② 李零：《郭店楚简校读记》，北京大学出版社 2002 年版，第 32 页。

③ 参见王博：《美国达慕思大学郭店〈老子〉国际学术讨论会纪要》，载于陈鼓应主编：《道家文化研究》第 17 辑（"郭店楚简"专号），生活·读书·新知三联书店 1999 年版。

④ 《左传·昭公元年》，《十三经注疏》下册，第 2025 页。

等，但同样还没有用"阴阳"来统摄这些对偶的范畴。但是，"阴阳"逐渐变成了其他对偶范畴的算子，即它们可以指代任何其他对偶范畴。这些范畴所对应的事物的性质，通常不能由某一可延展的谱系予以精确标示，也不是指向相应的谱系。这和亚里士多德（Aristotle）在《范畴篇》中所论述的恰成鲜明对照。①

在所有运用"阴阳"的古代论述中，恐怕没有哪家具有《周易》这样完整的体系，以及由此而产生的深远影响。《周易》的体系是以"八卦"或"六十四卦"的组合来代表无穷无尽的事物及其变化。按照通常的理解，《周易》是以"－－"和"—"这两个符号来分别代表阴阳的观念。八卦或六十四卦，即阴阳的叠套至于三位或六位的某种结果。各类征候或各类事物依其所呈现的征候的性质，而归属于八卦或六十四卦的体系中的某一位置。

换句话说，属于某一卦的事物，彼此之间有很多的相似之处，而且配属的方式并不是机械的和孤立的。依《说卦传》所述，即天、君、父、良马、木果等属乾；地、母、有孕之牛、大车等属坤；雷、龙、长子、大路、青竹等属震；风、木、长女为巽；水、月、车轮、沟渠等为坎；火、日、电、中女等为离；山、小石、狗、瓜果等为艮；泽、少女、羊等为兑。②

《周易》卦象之确定的基本方法，一言以蔽之，即所谓"取象比类"。"象"的含义，《系辞传》称"圣人有以见天下之赜，而拟诸其形容，象其物宜，是故谓之'象'"，意即圣人看到天下万物的繁杂，便模拟它们的形态，用来象征事物适宜的状态，这种象征的形式就叫"象"。象不仅具有认识论的意义，亦即它不仅仅是认识的渠道或者认识成果所凝聚的形式，它的根源还在于宇宙大洪炉中的自然过程，"象"是这些过程中所蕴藏的特征的相似性和差异性的反映。如《系辞上》云：

> 天尊地卑，乾坤定矣。卑高以陈，贵贱位矣。动静有常，刚柔断矣。方以类聚，物以群分，吉凶生矣。在天成象，在地成形，变

---

① 参见［古希腊］亚里士多德：《范畴篇、解释篇》，商务印书馆 1959 年版。
② 《周易·说卦》，《十三经注疏》上册，第 94—95 页。

化见矣。是故刚柔相摩，八卦相荡。鼓之以雷霆，润之以风雨。日月运行，一寒一暑。乾道成男，坤道成女。①

从天尊地卑中可以透射出乾坤的影子，或者更确切地说是从天地间的态势与特征中概括、提炼出"乾"、"坤"两卦，此为纯阳、纯阴之卦，故亦可谓阳、阴的意义。总是有一些基本的自然物或人事上为人所熟知的事物，成为人们探求阴阳或者作为其进一步组合的卦的含义，可以不断回溯意义的源泉，作为类推的根据。

《周易·系辞上》称"一阴一阳之谓道"。其实，《周易》是介乎抽象与具象之间的一种极为灵活的体系。从卦的构成和解释的方法来看，某卦即是一阴一阳的某一组合形式，而六十四卦或八卦实即依照六爻位或三爻位的组合空间而得到的全部组合的牌，在这一点上它是抽象的、纯形式的。但在另一方面，具体得到的某一组合形式代表什么，则是必须通过具象思维的方式，结合生活的经验，甚至部分地依赖于灵感而加以确定。

通过占卜方式而确定的卦或之卦，至少从数学概率的眼光来看是完全随机的。但实际上易道的运用极为广泛，如《周易·系辞上》称：

> 《易》有圣人之道四焉：以言者尚其辞，以动者尚其变，以制器者尚其象，以卜筮者尚其占。是以君子将有为也，将有行也，问焉而以言，其受命也如响，无有远近幽深，遂知来物。非天下之至精，其孰能与于此？②

这是关于易道之用途的最经典的表述。因此卦象的确定、围绕卦象而产生的灵感，也就不会囿于占卜这种随机的方式，而可以从事物本身的特征上着手，予以归类、比附，以确定其在一系列"时"或"位"上的一阴一阳的情况，从而得到所需的结果，即具体的卦象及其运用。

解卦的方式和通过取象比类以确定新的卦的方式（假设不通过占

---

① 《周易·系辞上》，《十三经注疏》上册，第75—76页。
② 同上书，第81页。

卜），根本上是一致的。当然取象比类可以是对已有的各类特征的归纳，但也可能成为人们做出新的判断的根据（不仅仅指对吉凶福祸的预测），甚至可能成为发明创造的思维源泉。

> 古者包羲氏之王天下也，仰则观象于天，俯则观法于地，观鸟兽之文，与地之宜，近取诸身，远取诸物，于是始作八卦，以通神明之德，以类万物之情。
>
> 作结绳而为网罟，以佃以渔，盖取诸离。
>
> 包羲氏没，神农氏作，斲木为耜，揉木为耒，耒耨之利，以教天下，盖取诸益。
>
> 日中为市，致天下之货，交易而退，各得其所，盖取诸噬嗑。
>
> 神农氏没，黄帝、尧、舜氏作，通其变，使民不倦，神而化之，使民宜之。易穷则变，变则通，通则久，是以"自天佑之，吉无不利"。黄帝、尧、舜垂衣裳而天下治，盖取诸乾坤。
>
> 刳木为舟，剡木为楫，舟楫之利，以济不通，致远以利天下，盖取诸涣。
>
> 服牛乘马，引重致远，以利天下，盖取诸随。
>
> 重门击柝，以待暴客，盖取诸豫。
>
> 断木为杵，掘地为臼，臼杵之利，万民以济，盖取诸小过。
>
> 弦木为弧，剡木为矢，弧矢之利，以威天下，盖取诸睽。
>
> 上古穴居而野处，后世圣人易之以宫室，上栋下宇，以待风雨，盖取诸大壮。
>
> 古之葬者厚衣之以薪，葬之中野，不封不树，丧期无数，后世圣人易之以棺椁，盖取诸大过。
>
> 上古结绳而治，后世圣人易之以书契，百官以治，万民以察，盖取诸夬。[①]

此段所说的就是"以卦象为据，以制器为用"的情况。从网罟直到书契的发明，堪称是对早期的文明如何一步步诞生和发展的生动描绘。

---

① 《周易·系辞下》，《十三经注疏》上册，第86—87页。

在此，先对上引诸段的具体含义，结合"象数易"的方法略作训释，期待此举有助于了解《易》的思维的特色（因为这种特色毕竟在象数易中表现更典型、更具体）。而透过《系辞传》作者的这种叙述，看看《易》的思维是如何将改变人类历史的各项发明、创造激发出来的。毫无疑问，这些发明在改变人自身命运的同时，也在改变人所处的环境的命运。

首先，传说中的伏羲时代，渔猎是人民生活中的重要内容。而网罟的发明和使用，离不开离卦的启发。离卦之名，帛书作"罗"，[①]《尔雅·释器》云"鸟罟谓之罗"，[②] 也就是人们铺张的用来捕鸟的网。此较诸以"离者，丽也"等来解释，当更贴近此处取象的本义。作为网来说，中间是空的，所以卦命名为罗，非常形象。"佃"，亦作田，《释文》引马融注曰："取兽为佃。"[③] 这里的网早就不止于捕鸟的工具，而是渔猎生活不可缺少的辅助设备。

其次谈到了耒、耜等农业工具的发明，将此事定位于神农氏的时代，而卦象上是受到了"益"卦的启发。其卦上巽下震。《象》曰："益，损上益下"。《集解》引蜀才说，称"此本否卦"，[④] 亦即否卦乾四阳爻与坤初阴爻换位，即损上阳以益下。在从"否"向"益"变化的过程中，土地产生了震动，一如其卦象所显示的，非常生动。所以，对整个卦来说，初九是关键，爻辞曰："利用为大作，元吉无咎。"这里，"大作"的意思或谓耕播，虞翻指出："震，二月卦，'日中星鸟'，'敬授民时'，故以耕播也。"[⑤] 亦即处在这样的星象下，当颁行历法，敦促农事，这恰好是最佳时节。

---

① 参见邓球柏：《帛书周易校释》，湖南人民出版社2002年版，第358页。

② 《尔雅》卷5，《十三经注疏》下册，第2599页。

③ 陆德明：《经典释文·周易音义》，中华书局1983年版，第32页。

④ 李鼎祚：《周易集解》卷8，《文渊阁四库全书》第7册，台湾商务印书馆1986年影印本，第740页。

⑤ 参见李鼎祚《周易集解》引虞翻说，载于李道平《周易集解纂疏》卷9，中华书局1994年版，第384页。按此条《四库全书》本《集解》卷8引虞翻说作"震，三月卦"（《文渊阁四库全书》第7册，第741页）。然虞氏所引，皆《尚书·尧典》之文，彼曰："历象日月星辰，敬授人时"；又曰："日中星鸟，以殷仲春"（《十三经注疏》上册，第119页）。故当以二月为是。

噬嗑之象，上离下震。王弼曰："噬，啮也。嗑，合也。凡物之不亲，由有间也。物之不齐，由有过也。有间与过，啮而合之，所以通也。刑克以通，狱之利也。"① 卦象上可有咀嚼、进食，以及刑狱等多种解释。套上刑具的囚徒，犹如颐中之食物，身不由己，会被摧残或消灭。至于日中的交易，虞翻称："否五之初也。离象正上，故称'日中'也。艮为径路，震为足，又为大途，否乾为天，坤为民，故致天下之民象也。"② 此用变卦说，意即噬嗑可视作由否卦九五与初六易位而来，离象为日，正处其上，故曰日中。按《系辞下》韩康伯注云："噬嗑，合也，市人之所聚，异方之所合，设法以合物，噬嗑之义也。"③ 其说亦可从。

而自黄帝、尧、舜以降，天下的治理趋于完备，发明创造，层出不穷。这是政治文化突进的关键时期，阶级分化，国家机器诞生，君臣之义遂判。结合卦象及《彖》、《文言》等所述，乾坤天地，天地定位，尊卑即显，④ 乾健坤顺，⑤ 乾知其始，坤作成物，正合君臣之义。

"通其变，使其不倦，神而化之，使民宜之"。李鼎祚《周易集解》引虞翻说，"变而通之以尽利"，⑥ 指后文所述各种发明、制作。《说卦》曰："神也者，妙万物而为言者也。"亦即洞察事物中的神妙之处，化而裁之，使民得利。乾、坤为纯阳、纯阴之卦，故须配合用事。阴穷则变为阳，阳穷则变为阴，"剥"极必"复"，"复"极必"剥"，则天道自然之运。故曰"易穷则变，变则通，通则久"。韩注曰"通变则无穷，故可久也"。⑦ 乾坤诸爻，相摩相荡，蕴藏着形成一切其他卦象的可能，故而也是变化和可持续发展的源头。至于"垂衣裳而天下治"，《集解》引《九家易》："黄帝以上，羽衣革木，以御寒暑。至乎黄帝，始制衣

---

① 参见《周易·噬嗑·彖传》，《十三经注疏》上册，第 37 页。
② 李鼎祚：《周易集解》卷 15，《文渊阁四库全书》第 7 册，第 842 页。
③ 《周易·系辞下》注，《十三经注疏》上册，第 86 页。
④ 此正如前引《系辞上》开篇所云，"天尊地卑，乾坤定矣。卑高以陈，贵贱位矣。"
⑤ 如《系辞下》云："夫乾，天下之至健也，德行恒易以知险。夫坤，天下之至顺也，德行恒简以知阻"见《十三经注疏》上册，第 90—91 页。
⑥ 李鼎祚：《周易集解》卷 8，《文渊阁四库全书》第 7 册，第 842 页。
⑦ 《周易·系辞下》注，《十三经注疏》上册，第 86 页。

裳，垂示天下。"①

涣之象，上巽下坎，正所谓"木在水上，流行若风，舟楫之象也"。②巽为风，为木，坎象为水，皆详《说卦》。故曰舟楫之利，征诸"涣"卦。

随之象，上兑下震。虞翻曰"否上之初也，否乾为马、为远，坤为牛、为重"。③意即随卦由否卦上九与初六易位而来。乾马坤牛之说，又见于《说卦》，即乾"为良马，为老马，为瘠马，为驳马"，坤"为子母牛"。《周易集解纂疏》云："制御之法，不过拘之、系之、维之而已。拘系者，控之于前，维者，周之于后"，④初六与上九易位，正符其象。

豫之象，上震下坤。韩注于《系辞下》该条称："取其备豫"。《九家易》曰："下有艮象，从外示之，震复为艮。两艮对合，重门之象也。柝者，两木相击以行夜也。艮为手、为小木，为上持。震为足，又为木、为行。坤为夜。即手持柝木夜行击门之象也。坎为盗，暴水暴长无常，故'以待暴客'。"⑤此为易象数家之解释，取互体卦象。其中互体艮，谓二、三、四爻。又外体卦为震，震反为艮，此与互体艮合于九四爻，像两门合，又像击柝巡夜。

小过之象，上震下艮。二阳持中，四阴居外。虞翻曰："晋上之三也。艮为小木，上来之三断艮，故'断木为杵'，坤为地。艮手持木，以掘坤三，故'掘地为臼'，艮止于下，臼之象也。震动而上，杵之象也。"⑥即本卦由晋卦（上离下坤）卦变而来。上九与六三易位后，内体卦艮，可为小木，五、四、三爻，呈互体卦"兑"象，以金断艮，犹断木为杵，又"晋"内卦坤本为地，卦变为小过之艮，像持木掘坤土，故曰"掘地为臼"。

睽之象，上离下兑。火势炎上，泽水润下。故《序卦》曰："睽者，乖也。"虞翻曰："无妄五之二也。巽为绳、为木，坎为弧，离为

①　李鼎祚：《周易集解》卷15，《文渊阁四库全书》第7册，第842页。
②　李鼎祚：《周易集解》卷15引《九家易》，《文渊阁四库全书》第7册，第843页。
③　李鼎祚：《周易集解》卷15，《文渊阁四库全书》第7册，第843页。
④　李道平：《周易集解纂疏》卷9，中华书局1994年版，第628页。
⑤　李鼎祚：《周易集解》卷15，《文渊阁四库全书》第7册，第843页。
⑥　同上。

矢，故'弦木为弧'，（乾为金，）艮为小木。五之二，以金剡艮，故'剡木为矢'"。① 意即考察本卦的利用之宜，可视为由"无妄"（上乾下震）九五与六二易位。就无妄而言，三至五互体为巽，像绳、像木，五之二，则三五互体为坎，像弧，外卦离像矢，故称"弦木为弧"，无妄外卦为乾，二至四互体为艮，五之二，以乾金剡削艮木，故称"剡木为矢"。

大壮之象，上震下乾。虞翻曰："'无妄'两象易也……艮为穴居，乾为野，巽为处，无妄乾人在路，故'穴居野处'……变成大壮，乾人入宫，故'易以宫室'。艮为待，巽为风，兑为雨。乾为高，巽为长木，反在上为栋。震阳动起为'上栋'，谓屋边也。兑泽动下为'下宇'。无妄之大壮，巽风不见，兑雨隔震，与乾绝体，故'上栋下宇，以待风雨，盖取诸大壮。'"② 其解稍繁。大意为本卦由"无妄"之乾震上下易位而得。无妄震阳在下，动起居上，成大壮，故为"上栋"，大壮三五互体为兑，兑泽动而下，故为"下宇"。在此过程中，显示无妄二四互体艮，为止待之象，而三五互体巽（风）不见，大壮三五互体兑（雨），则为震所隔云云。

大过之象，上兑下巽，四阳持中，二阴居外。何以成为棺椁制度的灵感之源呢？韩康伯注云"取其过厚"。③ 其意隐晦难明。按大过卦辞曰："栋桡，利有攸往，亨"。桡，曲折之谓。《彖》传曰："大过，大者过也，栋桡，本末弱也。刚过而中，巽而说行。有攸往，乃亨"。即以"过分"、"过度"释"过"。朱熹解释说："大，阳也。四阳居中过盛，故为大过。上下二阴，不胜其重，故有'栋桡'之象。又以四阳虽过，而二五得中，内巽外说，有可行之道，故利有所往而得亨也。"④ 结合《彖》与朱子之解说，则依自身固有态势而言，初为本，而上为末，皆

① 李鼎祚：《周易集解》卷15，《文渊阁四库全书》第7册，第843页；而"乾为金"一句，据李道平《周易集解纂疏》卷九补。

② 李道平：《周易集解纂疏》卷9，第630—631页；另见李鼎祚：《周易集解》卷15，《文渊阁四库全书》第7册，第844页。

③ 《周易·系辞下》注，《十三经注疏》上册，第87页。

④ 朱熹：《周易本义》，天津古籍书店1986年影印本，第155页。

阴柔而弱。① 巽顺兑悦，② 宜于通过，利于有所往。上引《系辞下》中所言丧葬制度的变革，可由"中孚"变卦之"大过"予以解释。或谓由前者巽兑卦上下易位。前者四阳分居于外，如暴之于野，后者四阳为二阴所包，如封土下葬。③ 其人之灵魂则"大过"而逝。

关于"书契"发明一条，《帛易》作"取诸大有"，与通行本取诸"夬"卦说迥异。④ 按夬之象，上兑下乾。《九家易》曰："古者无文字，其有约誓之事，事大大其绳，事小小其绳。结之多少，随物众寡，各执以相考，亦足以相治也……夬者，决也，取百官以书治职，万民以契明其事。契，刻也。大壮进而成夬，金决竹木为书契象，故法夬而作书契矣。"⑤ 本卦五阳决一阴，亦刚决柔之象。按大壮上震下乾，震为苍筤竹，为萑苇等，乾为君，为金（详《说卦》），而本卦由大壮阳进而来，故有决竹木为书契象。又与"剥"旁通，剥内体坤，为文，为众（同上），故"夬"有以书契治百官、察万民之象。

从网罟到书契，所有这些发明，与其说是对自然界的模仿的结果，不如说出自对卦象的模仿。在《系辞传》的上述说法中，对技术的本质进行了思考。表面上，技术的成果、新的工具和手段的开发，是一种从无到有的发明，但实际上这是一个发现自然力的一些特征并将其移植到更可操控的某个渠道中来的过程。而能够进行这种移植的基础是：所有各类貌似特殊、难以比较的特征，均可被纳入某个统一的认知平台上加以分类和比较、联想和引申。这个认知平台就是——阴阳。通常，由三爻位的八卦作为取象的基准，因包含更多信息和差异性的刻画而作为实际应用的主流的六十四卦体系，具有将阴阳组合的态势作为任一事物或者事态的基准特征来看待的倾向。显然这种基准特征无法确定某个事物的特征的细节，亦即无法从认知上对事物予以精确描述。但是从阴阳的组合态势这样统一的基准上来理解和把握，对于比较事物间的相关特

---

　　① 可参王弼之说，参见《周易·大过》注，《十三经注疏》上册，第41页；此亦堪称注家之共识。

　　② 此详《周易·说卦》，《十三经注疏》上册，第95页。

　　③ 李鼎祚《周易集解》引虞翻之说，谓"中孚上下易象也"。

　　④ 参见邓球柏：《帛书周易校释》，第528页。

　　⑤ 李鼎祚：《周易集解》卷15，《文渊阁四库全书》第7册，第844页。

征，以及观察它们可能在此基础上存在的相互关系，或者对于观察某一事物的发展态势来说，无疑是提供了更加富有整体性、前瞻性和灵活性的角度。

卦与卦之间，亦即阴阳组合体系的要素之间，是彼此融贯的、相互映现的。这在解卦比较常见的如"互体"、"卦变"和"旁通"等象数方法中得到了充分的体现。互体卦取象，主要是考虑二至四或者三至五间爻位所取八卦之象，以此嵌套在内、外卦间的卦象来丰富六十四卦之阴阳态势的内涵。如"益"卦常被认为本于否卦，[①]亦即否卦上乾四阳爻与下坤初阴爻换位而来，因否卦天地不能交通，故有"穷则变"之象，遂演为益卦，亦属事物发展的大势所趋。宋明之儒常常也并不否定卦变说，可见这种思想虽然被象数派发展到极端，而有烦琐之弊，但其中蕴藏的宇宙间诸事态具有全息性关联的思考方法，仍然得到了普遍的认同。旁通则印证了"相反相成"的原理，如乾与坤、夬与剥、小过与中孚、大过与颐等，皆同一爻位上阴阳相反。

易学乃是由《易经》、《易传》以及针对它们的漫长的解释史而组成。其中本身即蕴涵并逐渐演化出各种相互关联性的思想。应该说，这种思想是相当内敛的，没有夸夸其谈的思辨的主张，而是浸透在阴阳模式的刻画与解释，甚至在"取象"环节等具象化的运用当中。以阴阳为基准要素的"易"的体系，无疑有一套成熟的宇宙论，宇宙被认为充满全息的特征，也在阴阳两种要素所构建的微妙而复杂的动态关系中，不断地演化，亦即不断地打破平衡，又不断地趋于平衡与重建和谐。也许《易传》没有专门提到多少生态保护的措施，但在"三才之道"等说法中，已蕴涵着将人与自然的和谐视为一切计划的前提的思想，即是说，良好的生态状况是创造"富有大业"、"日新盛德"的基础。

三　五行：结构感通论的体系

五行在古代宗教与巫术中，具有和阴阳范畴几乎不相上下的重要地位。通常的看法，传世文献中最早提到五行的当属《尚书·洪范》，

---

① 参见前述对"取诸益"的解释。

其曰：

> 惟十有三祀，王访于箕子。王乃言曰："呜呼！箕子。惟天阴
> 骘下民，相协厥居，我不知其彝伦攸叙。"箕子乃言曰："我闻在
> 昔，鲧陻洪水，汩陈其五行。帝乃震怒，不畀'洪范'九畴，彝伦
> 攸斁。鲧则殛死，禹乃嗣兴，天乃锡禹'洪范'九畴，彝伦攸叙。
> 初一曰五行，次二曰敬用五事，次三曰农用八政，次四曰协用五
> 纪，次五曰建用皇极，次六曰乂用三德，次七曰明用稽疑，次八曰
> 念用庶征，次九曰向用五福，威用六极。"①

在儒教的《书经》中，《洪范》此篇虽然编次于《周书》，② 但"五行"学说，恐怕并非始于周代。按《史记·周本纪》所述，武王即位十一年十一月，悉师渡盟津，作《太誓》，伐商纣。翌年二月即爆发了决定性的牧野之战。《史记》称："武王已克殷，后二年，问箕子殷所以亡。箕子不忍言殷恶，以存亡国宜告，武王亦丑，故问以天道。"《正义》曰："箕子殷人，不忍言殷恶，以周国之所宜言告武王，为洪范九类，武王以类问天道。"③ 则武王之"丑"，犹取象比类之谓。武王克殷既在十二年初，所谓"后二年"，若首尾通计，当在十三、十四年间。即开篇所称"惟十有三祀，王访于箕子"。照本篇的说法，是在商周交替之际，由德性、学问俱佳的殷人箕子传授于周武王。而五行说的真正产生，恐怕可能还在商代更早的时期，因为一种重要的思想观念，毕竟不是一蹴而就，通常是须经历漫长的酝酿期。

其《洪范》篇论五行之具体含义曰：

> 五行：一曰水，二曰火，三曰木，四曰金，五曰土。水曰润
> 下，火曰炎上，木曰曲直，金曰从革，土爱稼穑。润下作咸，炎上

---

① 《尚书·洪范》，《十三经注疏》上册，第187—188页。

② "洪范"二字在今文中作"鸿范"，参见皮锡瑞：《今文尚书考证》，中华书局1998年版，第242页。清儒阎若璩以后，人们一度对古文《尚书》抱有极大的怀疑，现仍从俗作"洪范"。

③ 司马迁：《史记·周本纪》第1册，中华书局1959年版，第131页。

作苦，曲直作酸，从革作辛，稼穑作甘。①

　　九畴的其他部分，其二"五事"：貌、言、视、听、思，后人多将其比类于五行。其三曰"八政"：食、货、祀、司空、司徒、司寇、宾、师。前三为经济与宗教事项，后五为职官名。其四曰"五纪"：岁、月、日、星辰、历数，即五种祭祀的对象，显然是一系列与农业生态关系紧密的自然崇拜。其五曰"皇极"，即建立大中至极、无偏无党的王道政治。其六曰"三德"，即正直、刚克、柔克三种德性。其七曰"稽疑"，即选择卜筮的负责人和建立卜筮体系的方法。其八曰"庶征"：雨、旸、燠、寒、风。即观察五种气象对人事等所预示的征兆情况。其九曰"五福六极"：五福即寿、富、康宁、攸好德、考终命；六极即凶短折、疾、忧、贫、恶、弱。② 此分别为好的结果与坏的结果的极端。

　　五行思想的直系渊源，或许可以追溯到卜辞中的"五方"观念。如殷墟卜辞中即出现：东方曰"析"、西方曰"彝"、北方曰"伏"、南方曰"因"的说法。③ 按"析"即《尚书·尧典》"厥民析"之析，④ 指春事既起，丁壮分头析处，各就其功。"彝"，在甲骨文中起先是像两手持鸡以祭，鸡在六畜中是最先为人所熟识之物，故通于诸祭器的"彝"字之意为鸡所专用。"伏"即万物伏藏之意，导源于殷人的北方和冬季的观念。"因"的意思或曰凤，或曰鹏，甲骨文当假鹏凤，借抟扶摇直上的大鹏，表无形之气流。又殷人以其王都所处，号曰"中商"；而在占卜五方受年的卜辞中，又以"商土"与东西南北四土并列，此证明其有明确的五方概念。

　　《洪范》中箕子的提法是认为，大禹治水之际，"天"赐其洪范九畴，使秩序得恢复。这大概是假托古事来映衬以五行为基础的九畴的权威性吧。春秋时期晋大夫却缺在与大夫赵宣子的对话中提到所谓九功："六府、三事谓之九功。水、火、金、木、土、谷，谓之六府。正德、

---

　　① 《尚书·洪范》，《十三经注疏》上册，第 188 页。

　　② 参见《十三经注疏》上册，第 188—192 页。

　　③ 参见中国社会科学院历史研究所：《甲骨文合集》261 版，中华书局 1982 年版，第 64 页。

　　④ 《尚书》卷 1，《十三经注疏》上册，第 119 页。

利用、厚生，谓之三事。义而行之，谓之德、礼。"① 郭店楚简中亦有据信是属于思孟学派的《五行篇》问世，是拿仁、义、礼、智、圣为德行之五。② 而至《吕氏春秋·十二纪》，五行学说方始构成一个庞大的体系。诚如庞朴所云，"整个先秦时期，几乎很少有哪个思想家不谈五行；所差别的，只是分量的多寡和方面的不同而已。"③

　　五行体系的运用原则，概括起来亦不外乎取象比类和相生相克两大类。早在撰著《洪范》的时代，就已经有了润下、炎上、曲直、从革、稼穑之类性质的比附，可以说"取象比类，以拟诸其形容"，是五行体系的思维方法的基础，也是它的生命力的源泉。战国时代稷下学派的著作《管子·幼官图》，已经有了更详尽的统一归类。至《吕氏春秋》和《礼记·月令》则粲然备焉。现在根据《洪范》等篇章中后世较为普遍认可的观念，列表显示其取象比类之大略：

类别	木	火	土	金	水	典据
禀性	曲直	炎上	稼穑	从革	润下	《尚书·洪范》
五事	视	言	思	听	貌	同上
德性	明	从	睿	聪	恭	同上
德性	哲	乂	圣	谋	肃	同上
天干	甲乙	丙丁	戊己	庚辛	壬癸	《礼记·月令》
季节	春	夏	长夏	秋	冬	《管子》、《月令》《吕氏春秋》
五帝	太皞	炎帝	黄帝	少皞	颛顼	《月令》、《吕氏春秋》
五神	句芒	祝融	后土	蓐收	玄冥	同上
五虫	鳞	羽	倮	毛	介	同上
五音	角	徵	宫	商	羽	同上
术数	八	七	五	九	六	同上

---

　　① 《左传·文公九年》，《十三经注疏》下册，第1846页。
　　② 参见李零：《郭店楚简校读记》，第78—84页。按马王堆帛书中亦有此篇，参见庞朴：《马王堆帛书解开了思孟五行说之谜》，《文物》1977年第10期。
　　③ 庞朴：《沉思集》，上海人民出版社1982年版，第219页。

续表

五味	酸	苦	甘	辛	咸	《管子》、《月令》、《吕氏春秋》
五臭	膻	焦	香	腥	朽	《月令》、《吕氏春秋》
五祀	户	灶	中霤	门	行	同上
祭先	脾	肺	心	肝	肾	同上
气象	风	热	湿	燥	寒	同上
方位	东	南	中央	西	北	《管子》、《月令》、《吕氏春秋》
体质	筋	血	肉	皮毛	骨	《月令》、《吕氏春秋》
孔窍	目	舌	口	鼻	耳	同上
五脏	肝	心	脾	肺	肾	同上
颜色	青	赤	黄	白	黑	《管子·幼官》、《月令》、《吕氏春秋》
情态	怒	喜	思	忧	恐	《月令》、《吕氏春秋》
五声	呼	笑	歌	哭	恐	同上
动作	握	忧	哕	咳	栗	同上
五常	仁	礼	信	义	智	同上
气机	柔	息	充	成	坚	《素问·五运行大论》
政	发散	明曜	安静	劲	流演	《素问·五常政大论》
谷	麻	麦	稷	稻	豆	同上
果	李	杏	枣	桃	栗	同上
实	核	络	肉	壳	濡	同上
畜	犬	马	牛	鸡	彘	同上
职官	司农	司马	司营	司徒	司寇	《春秋繁露》

按照取象比类的方法，可以搜罗进而编配于五行的特征系列是无穷

无尽的。其实，不同时代，不同作品中，其特征的配制，亦偶有出入。例如"气象"方面，《管子·幼官》即顺位排以"燥、阳、和、湿、阴"五者，[①] 但它们显然不如表列的要素对于实际情况的概括更为妥帖些。

兹就上表中的难解和重要之点稍作解释。尽管最早明确涉及五行的《洪范》之中，并没有提到四时与五方，但是考虑到卜辞里已经有五方和季风的记录，及战国秦汉以降围绕五行的运用当中，此二者的普遍性和典范性。因此，有理由认为，它们涉及提出五行思想之原始动机。此即对传统农业所依赖的生态环境中极为基本的条件——季风气候的刻画，前举卜辞例亦有相应风名，可资佐证。

战国以降，在系统编撰的各种典籍中，常以五帝五神配属于五行，以至出现了《礼记·月令》图式中的五帝、五神或者汉代纬书中的太微五帝等。凡此，推究其观念的原型或许也是渊源于前引卜辞中四方"帝"之观念。今人亦不难注意到，五方神的历史原型虽然早已真伪难辨，但是跟四时五方的物候及农耕的意象息息相关。"句芒"犹勾萌，指春季草木勾芽萌生，如《月令》讲到季春时有云"是月也，生气方盛，勾者毕出，萌者尽达，不可以内"，正用此义。"祝融"即朱明，指夏季淳耀敦大的光明。"蓐收"亦即秋季的收获，"玄冥"是说冬季的晦昧寥冥。而中央"后土"，即大社神也。其他诸多领域内与五行相配属的物候特征，亦各自是与春夏秋冬四季相伴而生的，唯"土"的名目下所系之物候或当长夏或旺于四季。

五虫之属，郑康成曰："虫鳞，谓象物孚甲将解；虫羽，谓象物从风鼓翼；虫倮，谓象物露见不隐；虫毛，谓象物应凉气而备寒；虫介，谓象物闭藏地中。"[②] 五音之属，郑氏曰："属木者，以其清浊中，民象也，春气和，则角声调"；[③] "属火者，以其微清，事之象也。夏气和，则征声调"；[④] "属土者，以其最浊，君之象也。季夏之气和，则宫声

①　戴望：《管子校正》卷 3，《诸子集成》第 5 册，第 38—39 页；又见于黎翔凤：《管子校注》卷 3，中华书局 2004 年版，第 150—157 页。

②　孙希旦：《礼记集解》上册，中华书局 1989 年版，第 405 页。

③　同上。

④　同上书，第 440 页。

调";① "属金者，以其浊次宫，臣之象也，秋气和则商声调";② "属水者，以其最清，物之象也，冬气和，则羽声调"。③

《月令》图式所说的"祭先"亦即俎豆的陈盛以为先用的祭品。五祀的时令安排及其祭先之属，《白虎通义》云：

> 故春即祭户，户者，人所出入，亦春万物始触户而出也。夏祭灶，灶者火之主，人所以自养也，夏亦火王，长养万物，秋祭门，门以闭藏自固也，秋亦万物成熟，内备自守也。冬祭井，井者，水之生藏在地中，冬亦水王，万物伏藏。六月祭中霤，中霤者象土在中央也，六月亦王也。④

又云：

> "春祀户，祭所以特先脾者何？脾者，土也。春木王煞土，故以所胜祭也。"⑤ 夏秋之祀，皆如其例。又"冬肾六月心，非所胜也，以祭何？以为土位在中央，至尊，故祭以心，心者，藏之尊者，水最卑，不得食其所胜。"⑥

关于五味，《白虎通》云："所以北方咸者，万物咸与，所以坚之也，犹五味得咸乃坚也……东方云物之生也，酸者以达生也，犹五味得酸乃达也……南方主长养，苦者，所以长养也，犹五味须苦可以养也……西方煞伤成物，辛所以煞伤之也，犹五味得辛乃委煞也……中央者，中和也，故甘，五味以甘为主也。"⑦

关于五臭，《白虎通》云："北方其臭朽者，北方水，万物所幽藏

---

① 孙希旦：《礼记集解》上册，第462页。
② 孙希旦：《礼记集解》中册，第466页。
③ 同上书，第485页。
④ 陈立撰、吴则虞点校：《白虎通疏证》卷2，中华书局1994年版，第79—80页。
⑤ 同上书，第80页。
⑥ 同上。
⑦ 同上书，第170—171页。

也，又水者受垢浊，故臭腐朽也；东方木也，万物新出地上，故其臭膻，南方者火也，盛阳承动，故其臭焦，西方者金也，万物成熟始复诺，故其臭腥，中央者土也，土养，故其臭香也。"① 膻，木香臭也。

至于《洪范》中所提到的"五事"，董仲舒则把它们视为王者执事以临天下的气象，其人君奉天承运的功能似乎是特别的突出了。人事的安排须合乎时令的要求，不与之乖忤悖逆，为农业文明所奉行的基本观念。参照或依据五行的思想而对人事的安排产生影响的方面，几乎涵盖了所有重要的领域，包括农事、生产禁忌、政令、祭祀、礼乐、生理的调节，等等。

秦汉大帝国诞生前夕所编修的《吕氏春秋》，以及后来收录在《礼记》中的月令模式，虽然是以十二月为编排的单位，但它的思想基础毫无疑问是五行。对时令特点的观察，可以循着不同的时间尺度和物候的模式，但从运用的灵活性和适用于编码的领域的广泛性而言，则莫过于五行。从实际的内容和思维的特征来看，十二纪仍是五行模式的附属和衍生形式。当然，月令图式带有明显的理想化痕迹，在实际中很难百分之百地被执行。但是作为儒教经典《礼记》的一部分，也确实为后世的制度建设提供了参照的范本。

五行学说另一个为后世所熟悉的推演法则亦即"相生"与"相克"。其实，由四时更替的背景，相生义实乃不言而自明。但明确说出"木生火，火生土"之类的话，一直要待到《淮南子》、《春秋繁露》等。至于五行的相胜，《墨辩》就提到"五行毋常胜，说在宜"，② 亦即五行的相

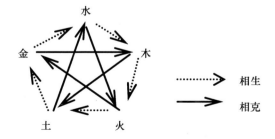

---

①　陈立撰、吴则虞点校：《白虎通疏证》卷 2，第 172—173 页。

②　《墨子·经下》，孙诒让：《墨子间诂》卷 10，《诸子集成》第 4 册，第 195 页。

胜是有条件的。五行生克的法则可以这样表示：《白虎通义》卷 4 中曾经提到一种在不同的时令和运转状态下五行之间相当严整的连属关系，亦为后世卜算术数家所本，其曰：

木王	火相	土死	金囚	水休
火王	土相	金死	水囚	木休
土王	金相	水死	木囚	火休
金王	水相	木死	火囚	土休
水王	木相	火死	土囚	金休

可以将它视为五行生克关系的一种更为详尽的总结。

五行生克井然有序、相互协调的状态，是即"五行之常"。如《黄帝内经·素问》所说的"平气"，"木曰敷和，火曰升明，土曰备化，金曰审平，水曰静顺"。其不及，则"木曰委和，火曰伏明，土曰卑监，金曰从革，水曰涸流"；其太过，则"木曰发生，火曰赫曦，土曰敦阜，金曰坚成，水曰流衍"。[①] 故而五运之政，"犹权衡也，高者抑之，下者举之，化者应之，变者复之，此生长化成收藏之理，气之常也，失常，则天地四塞矣"。[②]

《汉书》以下撰修的正史大都有《五行志》，[③] 乃是缕述前代的灾祸瑞异，即是本于五行失常的观念来将自然界的灾害等加以分类叙述。而东汉时将"白虎通"会议的决议给以定稿的班固，[④] 在考虑如何解释自然界灾异的现象时或许会想到董仲舒的见解：

火干木，蛰虫蚤出，蚑雷蚤行。土干木，胎夭卵殰，鸟虫多伤。金干木，有兵。水干木，春下霜。土干火，则多雷。金干火，草木夷。水干火，夏雹。木干火，则地动。金干土，则五谷

---

① 《黄帝内经素问·五常政大论》，尚志钧等整理：《中医八大经典全注》，华夏出版社 1994 年版，第 55 页。

② 《黄帝内经素问·气交变大论》，尚志钧等整理：《中医八大经典全注》，第 54 页。

③ 参见班固《汉书》卷 27，第 5 册，中华书局 1962 年版，第 1441—1522 页。

④ 在经学流派上，《白虎通论》属于汉代颇喜以阴阳五行附会人事和经义的今文经派。

伤，有殃。水干土，夏寒雨霜。木干土，倮虫不动。火干土，则大旱。水干金，则鱼不为。木干金，则草木再生。火干金，则草木秋荣。土干金，五谷不成。木干水，蛰虫不藏。土干水，则蛰虫冬出。火干水，则星坠。金干水，则冬大寒。①

与荀子"天行有常"的观念不同，汉代一般是认为人事的好坏可以影响自然界的运行，更有介乎意志与命运之间的"天"会通过灾异现象向人君发出谴告，使其正心修德以免遭受更严重的后果。而从积极的建设性方面来看，圣人制礼作乐也是要"道五常之行"，即：

> 是故先王本之情性，稽之度数，制之礼义，合生气之和，道五常之行，使之阳而不散，阴而不密，刚气不怒，柔气不慑，四畅交于中而发作于外，皆安其位而不相夺也。②

五行的编排中应该说是涵盖了天、地、人三才的各个领域，而与季节的匹配虽然只是其中的一个方面，但却是具有核心地位而不可取代的方面。五行之中渗透着一种清晰的宇宙论思想，所谓"发而皆中节"是也。此"中节"最重要即是对气候循环规律的掌握和运用。

五行说堪称是中国古代朴素的系统思维。它对所涉事物或事态的总体的划分，是结合历时与共时两个维度进行的，两者并行不悖，相互呼应。按历时维度即划分为与四季循环相应的五个阶段或者阶段性特征，按共时即在每个层次上划分五个状态的要素，它们与其他层面的相应划分要素是同态的。共时层面上的特征可能在相应的历时阶段上得到最淋漓尽致的发挥，甚至可能因过度旺盛而带来一些负面作用。五行说的纽带作用在于，指涉天文带和大气圈、地表生态圈以及人事系统这三大系统（三才）之间的同态与感通。

---

①　董仲舒：《春秋繁露·治乱五行》，苏舆：《春秋繁露义证》，第383—384页。

②　《礼记·乐记》，孙希旦：《礼记集解》下册，第1000页。

四 三界六道：佛教宇宙论的图式

相比于中国古代本土仅仅满足于星象、气象观察这样有限范围的天学而言，佛教的宇宙图式可以说充斥着富有诗意的想象、极端夸张的数字和规整有序的结构。然而其壮观的景象，仍是以业报的主体与附属环境之间的连带关系为核心的力量而展现的。轮回报应之说是这幅宇宙图景的基础，因而这种想象的体系与其说是真实观察的记录，不如视为劝世警诫的产物。

佛教的宇宙图式在三界、六道、诸天这三组概念的基础上组织起来。这三组互有交叉，既指报应的主体，也指报应的环境，而直接的含义或指前者，如"六道"中的人、阿修罗、饿鬼、畜生，或指后者，如诸天的名义、地狱等。从投胎转世那一刻来看，报应一定是在美恶不同的宇宙环境的某个层次中兑现的。三界众生即欲界、色界、无色界，后二界惟属诸天，欲界则通于天、人以至地狱众生。世界就总体而言是层层叠套的所谓"三千大千世界"，每一个别世界的中心是须弥山，四际有四大洲，而人类主要居住在南阎浮洲。此即佛教宇宙图式的大概。

在由印度传译过来的，如《长阿含经》、《起世经》、《楼炭经》、《婆沙论》、《俱舍论》、《显扬圣教论》、《大智度论》等经论中，对于包括三界诸天在内的"三千大千世界"，已经有了相当丰富的说明。这些经籍所述宇宙的总体结构大体相似，但在细节上颇有出入。中国佛教的一些综述性著作，如梁宝唱《经律异相》、唐道世《法苑珠林》、宋志磐《佛祖统纪》、明仁潮《法界安立图》等，对各种材料中的说法予以综合。现主要依据这些中国佛教的著述，对此予以说明和探讨。不过对于其中歧异的量化概念不必深究，因为这些原本就只是带有寓言的性质。

佛教宇宙论中所运用的数量概念是极为夸张的。在印度古代，有一种表示距离或长度的较大单位，叫做"由旬"，约相当于40里。由于佛经中所呈现的宇宙结构体量极大，故多以"由旬"表示，且动则万、千之数。而天神的身量也非常惊人，如四天王身长半由旬，[①] 也就是说，

---

① 详见宝唱等：《经律异相》卷1，《大正藏》第53卷，第1页。

约相当于一千个两米长巨人的身量。但和身长一由旬的帝释，乃至身长十六由旬的自在天相比，又只能是小巫见大巫了。

> 夫三界定位，六道区分，粗妙异容，苦乐殊迹。观其源始，不离色心；检其会归，莫非生灭。生灭轮回，是曰无常；色心影幻，斯谓苦本。故涅槃喻之于大河；法华方之于火宅。圣人启悟，息驾反源，超出三有，渐逾十地也。寻世界立体，四大所成，业和缘合，与时而作，数盈灾起，复归于灭。所谓短寿者，谓其长寿，长者见其短矣。夫虚空不有，故厥量无边；世界无穷，故其状不一。于是大千为法王所统，小千为梵王所领，须弥为帝释所居，铁围为蕃墙之城，大海为八维之浸，日月为四方之烛，总总群生，于兹是宅。①

佛教观念所理解的"宇宙"，就整体而言，具有一种无限扩张的特征，并且基础的结构是彼此相似的，这就是所谓的"三千大千世界"。此如隋天竺三藏阇那崛多所译《起世经》卷1云：

> 佛言：比丘，如一日月所行之处，照四天下。如是等类，四天世界，有千日月所照之处，此则名为一千世界。诸比丘，千世界中，千月、千日、千须弥山王：四千小洲、四千大洲；四千小海、四千大海；四千龙种姓、四千大龙种姓；四千金翅鸟种姓、四千大金翅鸟种姓；四千恶道处种姓、四千大恶道处种姓；四千小王、四千大王；七千种种大树、八千种种大山；十千种种大泥犁；千阎摩王；千阎浮洲、千瞿陀尼、千弗婆提、千郁单越；千四天王天、千三十三天、千夜摩天、千兜率陀天、千化乐天、千他化自在天、千摩罗天、千梵世天。
>
> 诸比丘，于梵世中，有一梵王，威力最强，无能降伏，统摄千梵自在王领，云我能作能化能幻，云我如父，于诸事中，自作如是

_____

① 道世：《法苑珠林》卷2，《大正新修大藏经》（以下简称《大正藏》）第53卷，台北财团法人佛陀教育基金会出版部1990年影印版，第227页。

憍大语已，即生我慢。如来不尔，所以者何？一切世间，各随业力，现起成立。

　　诸比丘，此千世界犹如周罗（周罗者，隋言髻），名小千世界。诸比丘，尔所周罗一千世界，是名第二中千世界。诸比丘，如此第二中千世界，以为一数，复满千界，是名三千大千世界。诸比丘，此三千大千世界，同时成立。同时成已而复散坏；同时坏已而复还立；同时立已而得安住。如是世界，周遍烧已，名为散坏；周遍起已，名为成立；周遍住已，名为安住。是为无畏一佛刹土、众生所居。①

　　按上引文来看，作为基础结构的每个个别的世界，为一组日月所照临，它还包括四大洲（此文译名阎浮、瞿陀尼、弗婆提、郁单越四洲）、四小洲、四小海、四大海等，以及欲界、色界诸天（即文中四天王天至他化自在天属欲界，摩罗天界乎欲、色间，梵世天属色界）等，但是没有特别提到无色界天。

　　但是这样的世界呈现叠套式扩张的特征。一千个个别的世界并存，如同一个个发髻，构成一小千世界，而一千个这样的小千世界，又聚集起来构成一个中千世界，而一千个这样的中千世界，又构成"三千大千世界"，真是"天外有天"啊！并且，宇宙是随着业力而生起的。即便每一小千世界中统摄一千梵世的梵王，也不能出于自身的意志来主宰它们。

　　每一个别的世界的中心是须弥山，据明释仁潮折中诸经，给出的描述是：须弥山之外有七重香水海，此一海中各有一重金山，合为七重金山，它们次第围绕着须弥山这个核心。其外则是咸水海，有四大洲、八中洲及数万小洲，遍布安住咸水海中，其外更有小轮围山周匝围绕。②仁潮所说与《起世经》稍有不同，实则须注意的只是其中模式的一致性，而非具体的细节和诸经论间细节的差异。哪怕同一部书的很多细节，如果深究下去，也常会漏洞百出，其实这就是神话世界观的特点。

---

　　①　阇那崛多：《起世经》卷1，《大正藏》第1卷，第310页中—下。
　　②　参看《法界安立图》卷2，《续藏经》一辑二编乙第23套第4册，第452页等。

四大洲为四块独立的大陆，分处须弥山外咸水海中的四个方位，即东胜神洲、南瞻部洲（一译阎浮）、西牛货洲、北俱卢洲等。而我们所居住的现实世界就在瞻部洲。或谓"三千大千世界以无量因缘乃成。且如大地依水轮，水轮依风轮，风轮依空轮，空轮无所依。然众生业感，世界安住。"①此说出自《华严经》，然为《法苑珠林》与《佛祖统纪》等所引用和肯定。似谓虚空之上，次第为风轮、水轮、地轮，逐层支撑，成为大地的依托。

根据前引《起世经》的说法，三千大千世界，乃同时"成"、"住"、"坏"。故而一世界众生的业感缘起之情形，可同样适用于其他一切的世界，或许它们是彼此感应，通同共生的。由诸道众生的业力所导致的依报，还包括藏匿于阎浮洲大地深处的地狱，如最深的无间地狱在地下四万由旬处，或在一世界外围，日月所不及照临的八寒地狱等。大地稍浅、距地表五百由旬处，又有阎罗王城，为饿鬼之常规居处。而在地表诸处，随其业力，散居阿修罗、部分饿鬼、部分畜生等。

大地、海水之上是诸天。"天"或指某一善趣众生，或指其相应依报的层次。当然，诸天中尚有作为其眷属之若干畜生，但畜生居止最为不定，遍布于其余诸趣的依报中。诸天的划分，一般依照欲界、色界、无色界三种。其后二界唯诸天始有，欲界则不仅有天界，而是通于六趣众生。

按有情众生的居所，凡有三界，即欲界、色界、无色界。《法苑珠林》卷2云：

> 初欲界者，欲有四种：一是情欲、二是色欲、三是食欲、四是淫欲；二色界有二：一是情欲、二是色欲；无色界有一；情欲。初具四，欲强色微，故云欲界。第二色界，色强欲微，故号色界。第三无色界，色绝欲劣，故名无色界。②

此乃就众生广义之"欲"，论其相应的界别。若就生存环境而言，

---

① 道世：《法苑珠林》卷2，《大正藏》第53卷，第278页上。
② 同上。

则欲界即指含有食欲与淫欲之有情众生之居所，上自六欲天，中及四大洲，下至无间地狱等。

三界诸天之名数，《经律异相》和《法苑珠林》所述颇有异说，今谨列表如次：

欲界诸天		色界诸天		无色界
《经律》	《法苑》	《经律》	《法苑》	《经律》（《法苑》）
四天王天	乾手天	梵身天	梵众天	空处天
忉利天（三十三天）	持华鬘天	梵辅天	梵辅天	识处天
炎摩天	常放逸天	梵众天	大梵天（以上初禅）	无所有处天
兜率天	日月星宿天	大梵	少光天	非想非非想处天
化乐天	四天王天	光天	无量光天	（略同）
他化天	三十三天	少光天	光音天（以上二禅）	
又有魔天	（忉利天）	无量光天	少净天	
（界乎欲、	炎摩天	光音天	无量净天	
色界之间）	兜率陀天	净天	遍净天（以上三禅）	
以上凡六天	化乐天	少净天	福生天	
	他化自在天	无量净天	福爱天	
	凡十天	遍净天	广果天	
		严饰天	无想天	
		少严饰天	无烦天	
		无量严饰天	无热天	
		严饰果实天	善现天	
		无想天	善见天	
		不烦天	色究竟天	
		无热天	（阿迦腻吒天；	
		善见天	以上四禅）	
		大善见天	凡十八天	
		色究竟天		
		摩酰首罗天		
		凡二十三天		

诸书中关于欲界诸天，一般都包括自四天王天以至自在天的内容。

其中四天王天，居须弥山四埵，皆高四万二千由旬。四天王即东方持国天王，名提头赖咤；南方增长天王，名毗娄勒；西方广目天王，名毗娄博叉；北方多闻天王，名毗沙门。四天王是佛教的护法神，今日寺院天王殿两侧所供奉，就是这四位。

忉利天居须弥山顶，有三十三天宫。其首脑名叫释提桓因，即帝释天。四方各有八天，由三十二大臣分领，合即三十三天。①

炎摩天，炎摩意译作"时"，王名善时。兜率天，意译"知足"，王名善喜。化乐天，王名善化，能自化五尘，以自娱乐。他化自在天，王名自在，能转集他者所化，以自娱乐。炎摩以上四欲界天，皆由风轮所托，亦即"风大"是它们的物质基础。其上又有魔天，在欲、色二界中间。"魔者譬如石磨。磨坏功德也"。②

以须弥山为中心，包括四周的四大洲，其上的诸天，其下的地底层的整体空间中，居住着命运不同的众生。它们因为承受过去的业力而降生到现在的境遇，由于今生的所为又将重新有所投胎。而六道众生各自居住的环境，以及它们因何得到这样的果报，在佛经中也有很多的说法。

修罗众生所居，据《法苑》所引《正法念经》，谓有五等。一在地上众相山中，其力最劣，二在须弥山北，入海二万一千由旬，或再过二万一千由旬，或复过二万一千由旬，或复过二万一千由旬，皆有修罗王领其众住。又《起世经》云："须弥山王东面去山过千由旬，大海之下有鞞摩质多罗阿修罗王国土住处。纵广八万由旬。七重栏楯，普遍庄严，乃至七重金银铃网"等，③极其庄严华丽。

关于饿鬼众生，《法苑》引《婆沙论》说，住处有二类：或正或边。其正住者，如《善生优婆塞经》等阎浮洲五百由旬之下有阎罗鬼王城，王领鬼众住于其中。其边住者，如《婆沙论》说，也有两种情况，有威德的，住在山谷、空中或海边，皆有宫殿；无威德的，或依不净粪秽，或依草木冢墓，或依屏厕故区而居止。

---

① 《经律异相》卷1《天地部》，《大正藏》第53卷，第1—2页。
② 同上书，第2页下。
③ 《起世经》卷5《阿修罗品第六之一》，《大正藏》第1卷，第336页上。按，此条亦为《法苑珠林》所引。

　　畜生住处，亦有二类。第一正住，或说在铁围两界之间、冥暗之中，或在大海之内，或在洲渚之上。第二边住，谓散住在地狱、饿鬼、修罗、天等诸趣之中。

　　地狱众生由极恶造业而受生，受无尽残酷之苦，其所居环境最属恶劣。关于地狱的类别、名称与形态，根据不同的经典，有不同的称述。明释仁潮《法界安立图》，据诸佛典，以为南瞻部洲下有大地狱，洲上又有边地狱及独地狱，或在谷中、山上，或在旷野、空中。自余三洲唯有边、独地狱，无大地狱，有说北俱卢洲无地狱。大地狱即八热地狱、八寒地狱。① 但最著名的地狱就是瞻部洲下的八大地狱（或曰八地狱），即等活地狱、黑绳地狱、众合地狱、叫唤地狱、大叫唤地狱、烧炙地狱、大烧炙地狱、无间（阿鼻）地狱。据新《婆沙论》称其各有十六小地狱围绕。

　　依《业报差别经》，具说十业得阿修罗报：一身行微恶、二口行微恶、三意行微恶、四起于憍慢、五起于我慢、六起于增上慢、七起于大慢、八起于邪慢、九起于慢慢、十回诸善根向阿修罗趣。或曰此道众生，多由瞋慢及疑三种因业得受生。

　　堕入饿鬼道的业因，据《法苑》引《正法念经》，谓"若起贪嫉邪佞谄曲欺诳于他，或复悭贪积财不施，皆生鬼道。"② 亦即多由贪业而受生。

　　佛经中或曰，众生具修十善得欲界天报，修有漏十善与定相应得色界天报，复有修四空定得无色界天报，由此有诸善业所得天报之三界差别。③

　　佛教宇宙论还有三大劫之说，似可看作对人类破坏环境所带来的灾难性后果的警示性预言。④ 人类的业报须依自作自受的法则，也就是自

---

　　① 按大、边、独之地狱三分法之说，又见于东晋庐山释慧远共僧伽提婆所译《三法度论》卷下（《大正藏》第 25 卷），《法苑珠林》亦尝引其说，唯《法苑》所引诸说颇多，彼此未见得协调一致。

　　② 道世：《法苑珠林》卷 6，《大正藏》）第 53 卷，第 313 页。

　　③ 此据《佛祖统纪》卷 31，《大正藏》第 49 卷，第 303—311 页。

　　④ 参见《经律异相》卷 1，《大正藏》第 53 卷，第 1—10 页；《法苑珠林》卷 1《劫量篇》，《大正藏》第 53 卷，第 269—277 页等。

己的所作所为，概由自己负责。但人类也有自他共同作用的所谓共业，环境的破坏应该说就是人类的共业所致，而不是一个人的能量所能够左右。从今天的立场来看，环境的问题仍在相当程度上与人的心灵有关。而明显地注重这一点，再结合共业说，可以为人们寻求治理环境问题的方略提供有益的启示。

第四章

生态伦理与生态实践观

生态伦理就是关于人对环境或生态系统应该做什么和不应该做什么的伦理观点。儒、释、道三教的生态伦理，可谓各有千秋、各有侧重。儒家有一种同情式的爱物的态度，虽然一些热情洋溢的讴歌，也把自然界称为朋友，但总体上它是取一种务实的态度，"爱物"要置于不妨碍人类本身所具有的生物价值的前提下。而在佛教看来，总在六道中轮回的有情众生为正报，山河大地草木瓦砾等无情物则是依报，"不杀生"之戒须推广至六道众生；"无情有佛性"则是后来中国佛教里面的一个脍炙人口的话题，背后透露出这样的想法：成佛的修证也跟善待环境有关。道家和道教的哲学，虽然也不时透露出爱物的情绪，但更指出了"天地不仁"即自然界貌似残酷无情的一面，对于自然之道，人类应该采取尊重和不干预的基本态度。

中国古代的生态实践，在很多方面都和儒、道、释三教的生态观相联系。对于中国这样一个农业国度来说，天道循环的规律，光照、气温、湿度等生态圈的气候要素，以及在季节循环的尺度上，包括农事的安排在内的人类活动如何与之协调等，本来就是非常敏感的方面，也是实践中关注的焦点。当然，具有生态意义和后果的行为，并不仅限于农耕文化的范围，而是包括一切人类适应自然、改变自然的方式。在漫长的历史中，中国古代哲学的生态观念在实际上具有怎样的影响，是一个极其微妙的问题，远比在思想命题的正面陈述中反映出来的要复杂得多，因为这些陈述所展现的，通常只是理念、规划或者道义上的应然，而没有或者很少能够全面地考虑到相关的实施条件、环节，所受到的体制上的限制，等等。然而无论如何，生态实践的方式，在最直接的意上肯定是由相应的"生态实践观"所驱动的。这样的实践观在整体上应包括三个环节：（1）如何做；（2）为何做；（3）如何做得更好。最后一个环节，在反思第二个环节的基础上展开。本章后面三节就是要讨论生态实践观中的这三个环节。

一　惟人为万物之灵

人在宇宙和万物中的地位如何，乃是哲学中的生态伦理所无法回避的问题。虽然这方面的立场未必能够直接决定对于生态问题所采取的态度，但至少也有某种模糊定位的效果。"惟人为万物之灵"的想法，为儒、道、释三教或多或少都有的想法，但其哲学基础和细致引申的附论却各有特点。在探讨人与万物的关系时，其实无法绕过"人类中心主义"话题。古希腊智者学派的代表人物普罗泰戈拉（Protagoras）所说的"人是万物的尺度"即为这方面的典型。[①] 但这个论题并非希腊哲学或者西方的特产，它以略有不同的形式存在于许多不同的文明当中，这当然也包括中国古代的哲学传统。

首先，在生态哲学的领域里，假如"人类中心主义"是指任何一种涉及生态的学说都是通过人类的思考而得到的，带有人类文明的主体性印记，那么这样的人类中心主义总有它一定的道理。哪怕东方神秘主义式的"物我一如"的学说，本身即是人类思考或体验的结晶。

再者，人作为生物种群之一，跟其他任何生物种群一样，都具有个体的自我保护，而特别是倾向于种群延续、繁衍的本能。因此，在生物学意义上，各生物种群普遍的是以自身为中心的。由此而形成生物圈中的食物链或者竞争、敌对关系等，这些关系对于某些生物的个体和种群来说，是不乏残酷的一面，但对于整个生态圈，或者某个生物群落层次上的动态平衡、稳定与和谐来说，又经常是有益的。这种意义上的人类中心主义是普通生物本能的某一特定形态而已。但是当人类通过发展高

----

① 按，Protagoras 原著无存，此一观点，见亚里士多德著作的征引，即亚氏著作标准版之 1053a35，参见［古希腊］亚里士多德（Aristotle）：《形而上学》，苗力田主编：《亚里士多德全集》第 7 卷，中国人民大学出版社 1993 年版，第 223 页。

度的文明而使得满足这种本能的能力变得愈发强大时，人类的过分繁衍反而可能会提升环境恶化的危险程度。对于处在食物链顶端的人类来说，其行为方式对整个生态圈的影响，在很多方面要远远超过其他任何生物种群。

如果说上述第一种亦即认识论意义上的人类中心主义是无法根除的，就像同语反复地说：人的认识是属人的，而它在伦理上却是中立的。那么第二种亦即生物学意义上的人类中心主义，从生物进化和社会发展角度综合来观察，同样是根深蒂固的，但在伦理上则是具有两面性的、需要警惕的。①

然而还有第三种——也许是第二种的变体或升华的——价值论意义上的人类中心主义，此种视角或可表述为：

> 人的利益是道德原则的惟一相关因素，道德原则的设计和选择与否要看它能否使人的需要和利益得到满足和实现；其次认为人是惟一有资格获得道德关怀的生物；最后，它认为除人外的其它生物只有工具价值，没有内在价值；大自然的价值只是人的情感投射的产物。②

姑且不管是否还有其他表述，或者这些表述彼此是否可以区别对待。但是我们想指出的极为重要的一点是：这种意义的人类中心主义与反人类中心主义，甚至比前述两种意义更具明显的属人特征。简单地说，就是超越本能层面的伦理或价值的关怀，是特殊的，具有只属于人类的精神世界的特征。

人类为环境承担起责任，是基于两种相互交织在一起的考虑：即一

---

① 在今天来说更多的是要以恰当的方式抑制其某些自发的倾向，特别是避免由于奢侈性消费而给环境带来过大的压力和造成不可弥补的损害。奢侈性消费从简单的生物学角度来看，并不是必需的；但对于言行高度社会化的人类来说何为必需的问题，是否可以依照某种标准一锤定音地敲定呢？朱熹等人的"天理人欲"之辨，就试图将天理中涉及生活方式的方面定位于基本欲求，是否有完全的说服力，另当别论。

② 何怀宏：《生态伦理学：精神资源与哲学基础》，河北大学出版社 2002 年版，第360 页。

方面意识到环境问题危害了人的生存和可持续发展，为了保证有一个美好的未来，或者仅仅为了明天可以继续下去，而不得不对自身一些不恰当的行为方式予以调整，也就是从种群生存的技术角度去考虑；另一方面则是情感上把动物、植物等视为人类的伙伴，或者理性地认为它们也是有资格获得道德关怀的生物，即出于伦理或价值论上的考虑。这分别响应着人类中心主义的两个层次。

儒教的思想所认可的"人在宇宙中的图景"，一般都强调"惟人为万物之灵"，强调人是阴阳之精华、五行之秀气，是宇宙中值得骄傲的种群。如云：

> 故人者，其天地之德，阴阳之交，鬼神之会，五行之秀气也。故天秉阳，垂日星；地秉阴，窍于山川。播五行于四时，和而后月生也。是以三五而盈，三五而阙。五行之动，迭相竭也。五行、四时、十二月，还相为本也。五声、六律、十二管，还相为宫也。五味、六和、十二食，还相为质也。五色、六章、十二衣，还相为质也。故人者，天地之心也，五行之端也，食味、别声、被色而生者也。①

辨析人与宇宙万物的差异，从这些差异中进而断言人之优越于万物。这是很多儒家学派的共同倾向。荀子就说："水火有气而无生，草木有生而无知，禽兽有知而无义，人有气有生有知，亦且有义，故最为天下贵也。"② 又如孟子关于人之异于禽兽几希，恰正在仁义即性善等方面，③ 此在价值论上确保了人的卓越性。

道教思想在人类中心主义的话题上，则别有意趣，一方面有些与儒教的论调相同，如认为"道生天生地，生人生物，而人为最灵，成仙入

---

① 《礼记·礼运》，孙希旦：《礼记集解》中册，第612页。

② 荀况：《荀子·王制》，王先谦：《荀子集解》卷5，《诸子集成》第2册，第104页。

③ 参见《孟子·离娄下》第19章，朱熹：《四书章句集注》，第293—294页；焦循：《孟子正义》，《诸子集成》第1册，第334页。

圣，惟人是赖，参天赞地，惟人是为"。① 这部分很可能是受到儒教影响的产物；然而，另一方面其中亦颇不乏认为在生命素质和表现形式上，人与宇宙万物相较并无明显区别的论调。此在道教经典中也不少见，如《无能子》说，"夫人与鸟兽昆虫，共浮游于天地中，一焉而已"。② 所以，如果以同情和类推的方式去看待，又何尝能否认其他生灵其实也是有自己独特的语言和智虑，以服务于其趋利避害的本能，跟人类又有什么差别呢？③ 野兽昆虫等也有一些群聚性的本能，似乎在表现形式上与人类的德性并无二致，所谓：

> 禽兽之于人也，何异？有巢穴之居，有夫妇之配，有父子之性，有死生之情。乌反哺，仁也；隼悯胎，义也；蜂有君，礼也；羊跪乳，智也；雉不再接，信也。孰究其道？万物之中，五常五行，无所不有也。④

此段对生物的观察不可谓不仔细，所掌握的生物学知识亦不可谓不丰富，但结论下得有些仓促。既然人和万物没有区别，则他也就没有足可沾沾自喜的地方了。

照道家的看法，礼乐文明戕害人性乃至物性。如果摒弃骄傲自大的文明，就可以还返到人与自然界和谐相处的所谓"至德之世"：

> 吾意善治天下者不然。彼民有常性，织而衣，耕而食，是谓同德。一而不党，命曰天放。故至德之世，其行填填，其视颠颠。当是时也，山无蹊隧，泽无舟梁；万物群生，连属其乡；禽兽成群，草木遂长。是故禽兽可系羁而游，鸟鹊之巢可攀援而窥。夫至德之世，同与禽兽居，族与万物并。恶乎知君子小人哉！同乎无知，其

---

　　① 《唱道真言》卷5，丁福保编：《道藏精华录》（下），浙江古籍出版社1989年影印本，第32页。

　　② 王明：《无能子校释》，中华书局1981年版，第253页。

　　③ 此见《无能子》卷上之"圣过第一"。

　　④ 谭峭：《化书》卷4，《道藏》第23册，第598页。

德不离；同乎无欲，是谓素朴。素朴而民性得矣。①

淳朴的世界不仅是摒弃了礼教束缚的社会，也是一个生态上和谐的社会。对人类中心主义的反省（如果不能完全抛开的话），与对文明的批判在形态上常常是共生的。

但是，对于道教的思想传统来说，却面临着若干亟待解决的问题：（1）如何看待本身内部所存在的这些分歧的倾向；（2）将人类情感和伦理的特征投射到其他生命上，是否足以为其他物类生命赢得真正的尊重，这是否仍然陷入了人类中心主义的思维陷阱中？或许还有其他的不必刻意规避人类中心主义的论题——假如无法绕过的话——而找到论证动物权利的方式呢？不管怎样，道教学说和其信仰一道，提供给人们关于此类话题的另一种语境。

如何理解中国佛教在此论题上所采取的立场呢？这就必须联系到其苦与脱苦的宗旨、三界六道的宇宙模型以及"无情有佛性"的观点综合地加以考虑。按照佛教的看法，在众生没有解脱之前，就视其自身前世所种业因，而在六道中轮回不已。所以就蕴涵着这样的观点：人与动物等属于自然界的连续的统一体，往往通过因果报应的链条相互转化，就连佛陀在觉悟前也经历了不断的转世，而曾经化身为各种各样的动物。所以动物并不能被轻视，甚至想象中的那些处在地狱、饿鬼道中的生灵也需要超度，或者将功德回向给他们。也许他们就像某些生活在大气圈中的动物一样，在前世就是我们的兄弟姐妹、父母亲戚等。所以慈悲、同情心、奉献和法的布施也要尽量给予他们，就如同给予人类同胞一样。

在天、人、修罗、畜生、饿鬼、地狱六道中，人的位置不算最好，但也绝对不算差。最重要的是，对于成佛觉悟即脱离生死苦海的宗教目标来说，比起其他五道，只有人道处在最佳的境域。天道福报甚佳，身处豫悦之中，便少了解脱苦海的痛切愿望。由于缺少智能等，其他诸道处境也不佳。而无论在动机还是解脱条件方面，人道均最合适。佛法的世界中如果有什么中心的视角，那么在价值述说的层面，不是什么人类

---

① 《庄子·马蹄》，王先谦：《庄子集解》卷3，《诸子集成》第3册，第57页。

中心主义，而毋宁说是动物中心主义。在有情世间与器世间，或正报与依报相待相辅的视界中，主体是能够体会苦乐的有情——其中最基本的部分相当于今日所说的动物。而在"无尽缘起"的世界中，一切生命，以及它们的环境，构成自然界的连续体，对于大乘佛教来说，成佛是整个世界的成就。

二　无情有性、民胞物与及天地不仁

儒、道二教大体都有爱物的思想，在于儒家，张载曰"民胞物与"，程颢谓"仁者浑然与物同体"，象山称"宇宙即是吾心"，便都可以引申出爱物的思想。但道家和道教的哲学，在整体倾向上，又反对对自然过程的干预。而"无情有佛性"则是中国佛教里的一个比较独特的话题，实际上是其物我一如观的延伸，指环境也有佛性，即是成佛的根据的一部分。

（一）中国佛教的"无情有性"的话头

大道蕴涵于一切之中，这本是道论固有的内涵。但把这一点的本然意义和极端的一面展现给大家的则是《庄子》中的"道在屎溺"之说：

> 东郭子问于庄子曰："所谓道，恶乎在？"庄子曰："无所不在。"东郭子曰："期而后可。"庄子曰："在蝼蚁。"曰："何其下邪？"曰："在稊稗。"曰："何其愈下邪？"曰："在瓦甓。"曰："何其愈甚邪？"曰："在屎溺。"①

在佛教中与此相似的论题就是"无情有性"。《大乘玄论·佛性义》云："若欲明佛性者，不但众生有佛性，草木亦有佛性"，又云："若一切诸法无非是菩提，何容不得无非是佛性？"②须知佛教的世界观是围绕着有情众生的生命轮转而展开的，而此处则明确肯定了草木等无情物

---

① 《庄子·知北游》，王先谦：《庄子集解》卷6，《诸子集成》第3册，第141页。
② 《大正藏》卷45，第40页。

也有佛性。

牛头宗法融的《绝观论》，甚至从"道无所不遍"的立场，肯定了草木也能成佛。《南阳和尚问答杂征义》记载牛头山袁禅师，曾问慧能嫡系弟子神会"佛性遍一切处否"，后者答："佛性遍一切有情，不遍一切无情"。这位可能属于牛头宗的禅师接下来便质疑道："先辈大德皆言道，'青青翠竹尽是法身；郁郁黄花无非般若'。"所谓先辈说法很可能是牛头宗内部传承的观点。但神会认为这是外道的说法，并强调《涅槃经》中明确讲过，无佛性者，所谓无情物是也。①

无情有无佛性的争论，在禅宗内部各派之间，看来分歧较为严重。按照流行的看法认定由禅宗四祖道信旁出的牛头一系，对此问题显然持肯定的态度。慧能南宗门下南阳慧忠禅师与石头系似予以支持，而荷泽、马祖两系则一般持否定的态度。

马祖道一门下的大珠慧海，据说曾和一位讲《华严》的座主探讨过"黄花般若、翠竹法身"的话题，立场和神会基本一致。《景德传灯录》卷 28 诸方广语慧海和尚语载：

> 华严志座主问："禅师何故不许'青青翠竹尽是法身；郁郁黄华无非般若'？"师曰："法身无象，应翠竹以成形；般若无知对黄华而显相。非彼黄华翠竹，而有般若法身。故经云：'佛真法身，犹若虚空；应物现形，如水中月。'黄华若是般若，般若即同无情；翠竹若是法身，翠竹还能应用？座主会么？"曰："不了此意。"师曰："若见性人，道是亦得，道不是亦得；随用而说，不滞是非。若不见性人，说翠竹着翠竹，说黄华着黄华，说法身滞法身，说般若不识般若，所以皆成争论。"志礼谢而去。②

唐代的越州即汉代的会稽郡，此地是当时佛教活跃的区域之一，聚集了很多义学沙门。也可能受到主要在江浙一带传播的牛头宗的影响。慧海的观点是认为般若指觉悟的智慧，法身有应化的运用，如两者同于

---

① 杨曾文编校：《神会和尚禅话录》，中华书局 1996 年版，第 87 页。
② 《大正藏》卷 51，第 441 页；另见《祖堂集》卷 14。

无情木石，则觉悟、运用便无从谈起。但是对于真正见性的人而言，又可随用而说，不滞是非。因而立场更为圆融。

同属马祖门下的百丈怀海禅师，对此曾有评论，表面看似肯定"无情有佛性"，实则不然：

> 问："如何是有情无佛性，无情有佛性？"
>
> 师云："从人至佛，是圣情执；从人至地狱，是凡情执。只如今但于凡圣二境有染爱心，是名有情无佛性；只如今但于凡圣二境，及一切有无诸法，都无取舍心，亦无无取舍知解，是名无情有佛性。只是无其情系，故名无情。不同木石太虚、黄华翠竹之无情将为有佛性。若言有者，何故经中不见受记而得成佛者？只如今鉴觉，但不被有情改变，喻如翠竹；无不应机，无不知时，喻如黄华。"又云："若踏佛阶梯，无情有佛性；若未踏佛阶梯，有情无佛性。"①

意即若于凡圣二境有执著、染爱，是即有情无佛性；若于凡圣二境及诸法，都无取舍、知解，是即无情有佛性。但并非指木石之类的无情物质，本身具有成佛的可能性。所以也要从应机随缘的角度，来理解翠竹黄华的诗偈。

中唐时期与洪州宗并峙的湖南石头系的立场如何呢？石头希迁曾和弟子有这样一段问答，"问：'如何是禅？'师曰：'碌砖。'又问：'如何是道？'师曰：'木头。'"②此段对接表面具有禅门答非所问的风格，抑或是对上述无情有性话头的另一种形式的肯定。

上述怀海对"无情有佛性"的理解，似乎是受到了慧忠国师"无情说法"话头的启示。此话头在宗门内，堪称脍炙人口。《景德传灯录》卷5载：

---

① 赜藏主：《古尊宿语录》卷1，上海古籍出版社1991年影印明万历四十五年《径山藏》本。

② 道原：《景德传灯录》卷14，《大正藏》第51卷，第309页。

南阳张濆行者问："伏承和尚说'无情说法'。某甲未体其事，乞和尚垂示。"师曰："汝若问'无情说法'。解他无情，方得闻我说法。汝但闻取无情说法去。"濆曰："只约如今有情方便之中，如何是无情因缘？"师曰："如今一切动用之中，但凡圣两流都无少分起灭，便是出识，不属有无，炽然见觉，只闻无其情识系执。所以六祖云：'六根对境，分别非识。'"①

无情说法有些不可思议。慧忠似以"无起灭"，"无其情识系执"来解释"无情"的含义，特别是落实在根、境、识三和合上而为言。但慧忠的话头，究竟如何看待，仍然颇费踌躇。如是否暗示了"境"的重要性，以及对过分强调觉悟（犹属生灭）的微词呢？未可遽断。

石头下三传而至良价（后住高安洞山）禅师，就曾对此话头数度参详。

次参沩山，问曰："顷闻忠国师有'无情说法'，良价未究其微。"沩山曰："我这里亦有，只是难得其人。"曰："便请师道。"沩山曰："父母所生口，终不敢道。"曰："还有与师同时慕道者否？"沩山曰："此去石室相连，有云岩道人。若能拨草瞻风，必为子之所重。"既到云岩，问："无情说法，什么人得闻？"云岩曰："无情说法，无情得闻。"师曰："和尚闻否？"云岩曰："我若闻，汝即不得闻吾说法也。"曰："若恁么，即良价不闻和尚说法也。"云岩曰："我说法汝尚不闻，何况无情说法也。"师乃述偈呈云岩曰："也大奇！也大奇！无情解说不思议。若将耳听声不现，眼处闻声方可知。"②

这是洞山参学经历中的重要一段。沩山是怀海的弟子，马祖的再传，他对"无情说法"未置可否。无情的说法，只有去其情识系执，才

---

①　又见静、筠二禅师编撰的《祖堂集》卷3，岳麓书社1996年版，第73页。《祖堂集》所记提问者为"南阳张谧"，余略同，但文意较晦昧，或所记有讹误。

②　道原：《景德传灯录》卷15，《大正藏》卷51，第321页。

可听闻，亦即契应。看来强调了与木石无情的真如之境的契应。可以说是洞山"睹影得悟"的前奏。

至于上述分歧的佛性论基础，则诚如有学者所指出的，"木石无性说是以心识、觉性解佛性，而无情有性说则是以真如释佛性"。① 这个评论是非常中肯的。例如，根据《祖堂》《景录》等禅宗史书的记载，慧忠国师曾对当时南方即心即佛，及强调扬眉瞬目皆佛性运用的宗旨（实即指洪州宗），表示了严重的异议，这种倾向和其"无情说法"的话头是一致的。宗密《禅源诸诠集都序》的评论，将牛头与石头两系，皆视为"泯绝无寄宗"，看来颇有见地，它们在很多观点方面，例如无情有性的问题上，持论颇为相似。而另一方面，无论荷泽宗，还是洪州宗，在强调灵知、觉性的同时，则否定了"无情有性"的观点。

但在中国佛教史上，最有力地论证这一点的，当属天台宗湛然法师的《金刚錍》一书。但其理论基础仍在于天台的学说，其实，"一念三千"说，已经有强烈的认为事物彼此间有不可割裂的联系，而报应与成佛都不只是作用于孤立主体之上的想法。正是这种想法支撑着"无情有性"说。

天台的知礼，在《四明十义书》中提出既可以讲理具三千，又可以一一事法，如一色一香，如一念心为总相而讲事造之三千，事造三千乃是随缘地、特定地展现理具三千。如云：

> 此之二造，各论三千。理则本具三千，性善性恶也；事则变造三千，修善修恶也。论事造，乃取无明识阴为能造，十界依正为所造。若论理造，造即是具。既能造所造一一即理，乃一一当体皆具性德三千，故十二入各具千如也。②

所谓三千法即三千世间，由十如是、十法界、三种世间配合而成。"十如是"说源于罗什译的《法华经》，即"如是相、如是性、如是体、

---

① 赖永海：《中国佛性论》，中国青年出版社1998年版，第229页。
② 《四明十义书》，《大正藏》第46卷，第814页。

如是力、如是作、如是因、如是缘、如是果、如是报、如是本末究竟"。① 十界即六凡之地狱、饿鬼、畜生、修罗、人、天，及四圣之声闻、缘觉、菩萨、佛。十界互具则有百法界。百界众生皆具十如是范畴，由此有千如是。乘以五阴、众生、国土三种世间，便是"三千"之数。

　　为何有十界众生及其如是性、相、体、力等特殊的事实性规定，并不能由圆融三谛之抽象内核，推衍令其内在规定成立之相递的环节和关涉的方方面面而逻辑地开出，因为对于理论的规定而言，十界众生之数是或然的经验事实。而上述方法对于作为抽象范畴本身的十如是或许是成立的，因为它们是对缘起关系的一种先验描述方式。"十如是"立足于诸法当体的特殊规定性，具论其现象与本质，体质与功用，因性与果报等，一方面是法法差别相据以自分自立的内涵，对其遍计所执性之现象的描述方式，另一方面则是依缘起的此有彼有，即于时间和内在关系的观察方式。前者系相、性、力、作；后者则是力、作、因、缘、果、报；本末究竟统摄前九个范畴。《法华玄义》这样解释其含义：

　　　　相以据外，览而可别，名为相；性以据内，自分不改，名为性；主质名为体；功能为力；构造为作，习因为因；助因为缘；习果为果；报果为报；初相为本，后报为末，所归趣处为究竟等云云。②

　　荆溪湛然有一篇《十不二门》，为了进一步阐发圆顿止观所体认的"一念三千"的义理曲折，而特地标出"十不二门"。由色心不二、而次第为内外、修性、因果、染净、依正、自他、三业、权实，乃至受润十门"不二"。为实施止观的权宜方便，而提出色心乃至受润等二，开决显实则二而不二。其中所涉及的色心、内外、依正不二，可有助于我们理解其"无情有性"观点的立论根基。如其论"依正"云：

---

　　①　《法华经·方便品》，《大正藏》第 9 卷，第 5—12 页。
　　②　《大正藏》第 33 卷，第 694 页。

依正不二门者，已证遮那一体不二，良由无始一念三千。以三千中生阴二千为正，国土一千属依。依正既居一心，一心岂分能所？虽无能所，依正宛然。是则理性名字观行，已有不二依正之相。故使自他因果相摄，但众生在理，果虽未办，一切莫非遮那妙境。然应复了诸佛法体非遍而遍，众生理性非局而局。始终不改，大小无妨，因果理同，依正何别？故净秽之土，胜劣之身，尘身与法身量同，尘国与寂光无异。是则一一尘刹一切刹，一一尘身一切身，广狭胜劣难思议，净秽方所无穷尽。若非三千空假中，安能成兹自在用。如是方知生佛等，彼此事理互相收，此以染净不二门成。①

在天台的圆顿止观所体会的"一念三千"的总体性状态中，众生世间、五蕴世间可视为生命的主体和主体所具有的广义的心理活动，而国土（器）世间则是指相应的物质环境，前者为正报，后者为依报。此三种世间分别具有一千法，即"以三千中，生阴二千为正，国土一千属依"。生命与环境，分别随四圣六凡等十界相乘的百法界而产生差异，每一法界的生命都具有"十如是"的质的规定性。但这三世间，同样一心中一时俱现，又哪里有依正、能所的绝对差别呢？也就是说，它们是相互依存和相互渗透的。

然而此所谓"依正不二门"，还要说明众生的生态环境与佛的生态环境具有从"理性"角度来观照的一致性。不难看到"一一尘刹一切刹，一一尘身一切身"。众生与佛不仅从正报即主体性的角度看，是彼此融通的，互相摄入的，就连它们生存的环境也是如此，这是否意味着，人们要像尊重佛身净土一样地尊重凡夫众生的身心、国土。从生态哲学的角度来看，由这样的观点可做出的引申是：成佛并非单纯只是心灵的改造，而是具有环境上的相应后果，生命的状态与环境必然是相互伴随着发生改变的。

湛然的《金刚錍》说："一尘一心，即一切生佛之心性"，即从相即相摄的角度来看，一尘、一心即涵摄或融入一切众生与佛的心性。自心

---

① 《大正藏》第 46 卷，第 703 页。

并非局限于某种绝对特殊的精神活动，而在与其相互依存的环境中，体现自己的存在和地位。一个独特的环境，是一个独特的生命的认知和实践的对象，① 但也是一切其他生命和觉悟者即佛陀的心性的内涵的一部分。"以共造故，以共变故，同化境故，同化事故。"②

而在《金刚錍》中，湛然在论证无情有性时，还借用了"真如"，及"不变随缘""随缘不变"的理论模式，其曰：

> 万法是真如，由不变故；真如是万法，由随缘故。子信无情无佛性者，岂非万法无真如耶？故万法之称，宁隔于纤尘；真如之体，何专于彼我？是则无有无波之水，未有不湿之波，在湿讵间于混澄，为波自分于清浊。虽有清有浊，而一性无殊，纵造正造依，依理终无异辙。若许随缘不变，复云无情有无，岂非自语相违耶？③

真如理体并非局限于我与有情众生，正报和依报都渗透着真如。再进一步，也可从"色心一如"来论证：

> 色何以遍，色即心故。何者？依报共造，正报别造，岂信共遍不信别遍耶？能造、所造既是唯心，心体不可局方所故。所以十方佛土皆有众生理性心种。④

此段明确提出，依报是共业所成就，正报是别业所成就。似乎心灵是有局限的，但其实不然，能造之心与所造之色都是心的作用。既然如此，无情的环境何许不能有佛性呢？

无情有性的话头，最晚在宋代已经深入人心。所以才会有东坡居士《赠东林揔长老》的诗句，"溪声便是广长舌，山色岂非清净身？夜来八万四千偈，他日如何举似人？"⑤

---

① 此处所言生命仍依佛教知识的传统，指有情众生即动物性以上层次的生命。
② 湛然：《金刚錍》，《大正藏》第 46 卷，第 782 页。
③ 同上。
④ 同上书，第 783 页。
⑤ 《苏东坡全集·前集》卷 13，中国书店 1986 年版，第 193 页。

（二）民胞物与：儒家爱物思想的极致

儒家也有其爱物的思想，体现对大自然的热爱与护惜之态度。所谓爱物，不只是对有血气灵知的动物生命，还包括对一般认为的花草树木、河流山川等无情物的爱护。爱物是生态伦理思想的基本内容之一。对自然的尊重，也就是对人类赖以为生的整个环境的一种爱护的态度。

儒家在这方面的观点，更完整地理解的话，应该置于亲亲、仁民、爱物这样一个不断扩展的伦理态度的等级圈中来看待。此即孟子所说："君子之于物也，爱之而弗仁。于民也，仁之而弗亲。亲亲而仁民，仁民而爱物。"① 意即对待亲、民、物这样与其亲疏关系不等的对象，应采取情感表现与伦理行为上略有不同的亲近、仁爱与爱护三种做法，既体现态度上的差异，又体现爱护的一贯性，而爱物所涉及的对象最为广泛。

孟子在与梁惠王对话时指出："君子之于禽兽也，见其生，不忍见其死；闻其声，不忍食其肉。是以君子远庖厨也。"② 此犹以儒家仁恕的精神，推己及人，可以将君子的恻隐之心推广到有痛苦感觉的动物身上，感同身受，予以深切的同情。但"君子远庖厨"的做法，仍然不够彻底。

《礼记·祭义》又从"孝"的概念的拓展角度，来论证对自然界的利用要遵循时节规律：

> 曾子曰："夫孝，置之而塞乎天地，溥之而横乎四海，施诸后世而无朝夕，推而放诸东海而准，推而放诸西海而准，推而放诸南海而准，推而放诸北海而准。《诗》云：'自西自东，自南自北，无思不服。'此之谓也。"
>
> 曾子曰："树木以时伐焉，禽兽以时杀焉。夫子曰：'断一树，杀一兽，不以其时，非孝也。'孝有三：小孝用力，中孝用劳，大孝不匮。思慈爱忘劳，可谓用力矣。尊仁安义，可谓用劳矣。博施

---

① 《孟子·尽心上》，朱熹：《四书章句集注》，第 363 页。
② 《孟子·梁惠王上》，朱熹：《四书章句集注》，第 208 页。

备物，可谓不匮矣……"①

　　这是从儒教最为推重的德性之一"孝"的本根上来立论爱物的思想。可以说，孝之德本乎天地，协乎人心，无古今之殊，无远近之异，由爱亲之心推而广之，即令一物之微，亦有不可不爱的道理。小孝的表现就是"慈爱忘劳"，这是直接对亲人而言；中孝的表现就是"尊仁安义"，这是对他人而言；大孝的表现就是"博施备物"，这是对万物而言。显然《祭义》的思想已经把孝置于更广泛的立场来看待了。

　　然则对儒家"爱物"思想发挥得最为淋漓尽致的当推张载的《正蒙》。其中的《乾称》篇提出令人鼓舞的"民吾同胞，物吾与也"的思想，所谓：

　　　　乾称父，坤称母。予兹藐焉，乃浑然中处。故天地之塞，吾其体；天地之帅，吾其性。民吾同胞，物吾与也。

　　此段文字或曰出自《西铭》（一曰《订顽》），实即《乾称》之节选。此段意即乾坤指称阳阴二种宇宙的基本势力，或者基本能量形态，是万物生成之源，故而犹如父母，我处于大化的洪炉之中，其实非常藐小。但推扩来看，充塞天地的气，就是我的身体，而主宰天地的气化之道，就是我的本性，所以人与人、人与万物之间，并无隔膜，乃至可谓"人民都是我的同胞；万物都是我的朋友"。另外，《正蒙》还提到推扩心量而体天下之物，正是上述爱物思想的另一个注脚：

　　　　大其心则能体天下之物。物有未体，则心为有外。世人之心，止于闻见之狭；圣人尽性，不以见闻梏其心，其视天下无一物非我。②

　　张载视"天下无一物非我"的思想，在理学的同道中，绝非孤立的

　　① 孙希旦：《礼记集解》下册，第 1227—1228 页。
　　② 张载：《正蒙·大心》，《张载集》，第 24 页。

绝唱。如程颢云：

> 若夫至仁，则天地为一身，而天地之间，品物万形，为四肢百
> 体。夫人岂有视四肢百体而不爱者哉？圣人之仁至也，独能体是心
> 而已。①

虽则讲的是圣人博施济众的大度，但既然每个人都可成为尧、舜，故而将天地万物融为一身的方面，也正是每个人努力要去体会和实践的。

与"爱物"联系比较密切的一种思想，就是儒教视宇宙"生生不息"之力量实即"仁爱"之根源。而这一点的背景则在于中国自古以来就是一个农业国度。以儒教为代表的传统的道德形上学，认为天道的循环中蕴藏着生长的力量，人伦与亲情中的"仁爱"，实际上就是这种生长力量的表现，二者的浑然一体即"至善"。从《周易·系辞上》"天地之大德曰生""生生之谓易"，到宋儒张载、程颢、程颐、朱熹、王船山等全都认可"天地以生物为心"。② 从生态背景上来看，这种形上学的概括根本上是源于农耕生产对作物生长的关注。

（三）天地不仁和自然无为

作为本土化宗教的另一支巨流，道教派别一般也都主张：从万物皆禀有道性的基础出发，人类应以平等心对待，即"以道观之，物无贵贱"。又如《太上老君虚无自然本起经》云：

> 平等其心，无所贪着，无亲无疏，一心等之，如天如地，不得
> 杀生，所以者何？夫蜎飞蠕动之类，道皆形之。

虫豸之类或振翅而飞，或缓缓蠕动，这些看似微贱的生命形态，其实在生态系统的整体之美中也具有自己不可替代的价值，所以无论贵贱

---

① 《河南程氏遗书》卷4，程颢、程颐：《二程集》第1册，中华书局1981年版，第74页。

② 参见朱熹《周易本义》对《复》卦之解释等。

均应以平等心对待它们，并加以爱护。此种爱惜生命之立场，可见于葛洪的说法："天地之大德曰生。生，好物者也。是以道家之所至秘而重者，莫过乎长生之方也。"① 所以他认为"达人所以不愁死者，非不欲求［长生］，亦固不知所以免死之术，而空自焦愁，无益于事，故云'乐天知命，故不忧耳'。非不欲久生也。"② 这里所说的"达人"，或许隐射着庄子和玄学清谈之士。道教徒强烈地尊重生命的价值，是可贵的立场。但长寿与长生之间的那一步之遥，毕竟是不可能跨越的。③

在道教的话语系统中，真正值得重视，并且可能引发较大争议的，就是老子所谓"天地不仁"的观点，其曰：

> 天地不仁，以万物为刍狗；圣人不仁，以百姓为刍狗。

按刍狗系古代祭祀之物。盖古代祭祀，多束刍为狗，为求福之用，乃始用而终弃之物。④ 对此段河上公注云：

> 天施地化，不以仁恩，任自然也。天地生万物，人最为贵，天地视之如刍草狗畜，不责望其报也。圣人爱养万民，不以仁恩，法天地任自然。

此段意见只是表示天地衣养万物、圣人对待百姓，不责报施，不以仁恩，纯任自然。但仍然强调天地有施化之实，圣人有爱养之情。质言之，手段是放任无情，而本意是爱物。

但魏晋玄学贵无论的代表王弼的注释则另有深意：

> 天地任自然，无为无造，万物自相治理，故不仁也。仁者必造

---

① 葛洪：《抱朴子·勤求》，《诸子集成》第 8 册，第 60 页。
② 同上书，第 61 页。
③ 故自汉以降，飞升炼化之术，夸诞耀奇之科，皆徇末而遗本，有悖老氏清净之旨，它们在生死问题上的教训是值得记取的。
④ 参见《庄子·天运》《淮南子·齐俗训》《说山训》及高诱注；朱谦之《老子校释》等。

立施化，有恩有为。造立施化，则物失其真，有恩有为，则物不具
存。物不具存，则不足以备载矣。地不以兽生刍，而兽食刍；不为
人生狗，而人食狗。无为于万物而万物各适其所用，则莫不赡矣。
若慧由己树，未足任也。①

王弼的注释在训诂上未必正确。显然他并未以刍狗为旋用旋弃之草
制祭物，而当作实物的刍草、狗畜，以其在生态系统中的实际作用来解
释此段。尽管如此，但王弼的注释构成了另一种不无一定合理性的独立
意见。很可能老子的本意是说，天地无施，万物自长；圣人无施，而百
姓自养。但在强调生态系统本身具有达到平衡和自我调节的能力，而无
须人为干预，甚至这种干预会产生不良后果这一点上，王弼的注释或许
更富意蕴。

在西方的伦理学中有一种所谓的大地伦理学，它常常被指责为可以
为维护生态系统整体平衡的目标而牺牲个体生命的价值。这种伦理学在
李奥帕德（Aldo Leopold，或译作利奥波德）的名著《沙郡年鉴》中得
到了充分的阐述。② 不管其结论的阐述是否有某些夸张的地方，但是从
生态伦理的很多方面，它都提出了不少富有启发的观点，值得我们认真
地对待。

其实，大自然的能量循环通过食物链而耦合在一起。大自然的生存
法则不乏其残酷的一面，这是任何人都无法否认，也无法完全改变的基
本事实，对于个体和种群来说面对这些都意味着必须承受某种程度的痛
苦。结合老子的思想，"爱物"的做法需要加上一定的限制。当然这丝
毫不代表要否定它。包括一定的残酷性在内的生态系统的自然的运行，
很多时候都远远超出了人类理智私意的测度。

假如人类在一定范围内有爱物的义务，那么这种义务恰恰意味着人
有义务去维护自然意义上的平衡和生态系统本身的稳定，而不是对某一
些物种或某一些层面的偏爱与溺爱，以致为了减轻某些物种的痛苦而去

① 王弼：《老子注》，《诸子集成》第 3 册，第 3 页。
② 参见［美］阿尔多·李奥帕德（Aldo Leopold）：《沙郡年记：李奥帕德的自然沉思》，
吴美真译，生活·读书·新知三联书店 1999 年版。

人为干预自然的过程，如果有时候干预是必需的，也得非常审慎地对待这项工作。此如英国生态伦理学家罗尔斯顿（H. Rolston）所说：

> 文化不应加剧已存在于大自然中的残酷；如果不是为了追求更大的善，就更不应该这样。判断某个干预行为是否会带来必要的痛苦的一个方法就是去确定，这种痛苦是否与常规地存在于生态系统中的具有某种功能的基本痛苦相类似。因此，这是某种不增加痛苦（nonaddition）的道德，而不是某种减少痛苦（subtraction）的道德。"必要的痛苦"指的是准生态的和生态的趋势，这些趋势所蕴涵的不是"权利"（rights），而是"正确"（right）。①

为了满足某些人的穿貂皮大衣等奢侈需要而捕杀某些珍贵的兽类，以及发生在某些农业用或工业用动物身上的痛苦都是毫无价值的。这是应该去避免的那种无谓的、人为增加的痛苦。但是另一些痛苦，例如1983—1984 年发生在美国南怀俄明州的一个严冬约 8400 只羚羊身上的痛苦，则并非一定要如人们所想象的那样去减少。当时很多人捐款来喂养，但生物学家认为这种喂养会降低这个物种的活力，未必符合这个种群的长远利益。"当人与野生动物接触时，动物并不拥有免除自然选择过程所造成的痛苦的权利或幸福权益"。②

爱物并不意味着人应该基于自己的喜好而干预自然的进程。爱物也必须和务实的态度结合在一起，否则就是没必要的滥情和矫情，甚至是某种自欺欺人。人确实生活在一个"自然"的生态系统中。在其中，一个物种必须攫取其他物种的生物价值才能存活，哪怕这会导致它的痛苦，但这是生态系统的生物学规律的一部分。大部分宗教，包括儒教和道教的很多派别，并不把这一点视为根本上的不道德。在这样的前提下，像前引《礼记·祭义》所说"树木以时伐焉，禽兽以时杀焉"，并以之为孝，则堪称是一种务实的爱物态度。像佛教那样的素食主义者，

---

① ［英］霍尔姆斯·罗尔斯顿（H. Rolston）：《环境伦理学》，杨通进译，中国社会科学出版社 2000 年版，第 80 页。

② 同上书，第 75 页。

极端地反对猎杀动物，这是一种值得尊重的立场。正如人们可以有前面提及的"不增加痛苦的道德"的选择，人们也可以有素食主义的选择，假如他认为这样可以让他获得身心的安宁的话。但是对于这两种态度来说，老子"天地不仁"的命题背后所蕴藏的不干预自然的主张，都必须认真对待。

三　从生态保护理念到生态规划

中国古代较早已经从生产实践中朦胧地意识生态保护的重要性，并摸索和总结了一些生态保护的措施。有限制地开发和利用自然资源，以维护可再生资源，不使之枯竭，以利于人类社会的可持续发展——这样的意识在先秦儒教的典籍中已经露出端倪。

（一）有限制的利用与开发

《论语》中记载："子钓而不纲，弋不射宿。"① 这是由一个似乎"四体不勤、五谷不分"的人给自己提出的生态禁令。② 孔子虽因少时贫贱而多能鄙事③，但根本上仍属于不躬事生产劳动的士阶层，故而这条禁令就显得很有意思。孔安国注此句曰："钓者，一竿钓；纲者，为大纲，以横绝流，以缴系钓罗属着纲。弋，缴射也，宿，宿鸟。"④ 陆德明《经典释文》谓"纲音刚"。皇侃疏云："作大纲横遮于广水，而罗列多钩着之以取鱼也。"⑤ 又《说文解字》谓缴为生丝缕。皆是也。此句意即孔子取鱼仅用钓竿钓，而不用系上很多钩的大纲，横遮大河中以捕获；也不以生丝系矢而射栖巢中之鸟。对于此条，后儒多盛言夫子仁者爱物之义，大体是可取的。然而纲鱼、射宿，颇有"涸泽而渔"的意

---

① 《论语·述而》，朱熹：《四书章句集注》，第99页。

② "四体不勤"等，语出《论语·微子》，朱熹：《四书章句集注》，第184—185页。

③ 《论语·子罕》一段夫子自述。

④ 刘宝楠：《论语正义》卷8，《诸子集成》第1册，第148页；郑玄注论"纲"之义与孔安国注略同。然郑注久佚，此条注节文可见《太平御览》卷834；《论语正义》驳王引之《经义述闻》"纲"为"网"讹之说，其说可从。按此句朱熹注实未能曲尽其妙。

⑤ 刘宝楠：《论语正义》卷8，《诸子集成》第1册，第148页。

思。古人可能已经意识到此类做法的生态弊端，所以像孔子那样的士阶层的知识分子，便率先作则，力图唤醒人们必须有限度地利用动物资源。

反对对自然资源"涸泽而渔"式的开发，此在先秦、两汉的典籍中并非罕见的观点，如《礼记·王制》有云：

> 天子诸侯无事，则岁三田。一为干豆，二为宾客，三为充君之庖。无事而不田曰不敬；田不以礼曰暴天物。天子不合围，诸侯不掩群。天子杀则下大绥，诸侯杀则下小绥，大夫杀则止佐车。佐车止，则百姓田猎。獭祭鱼，然后虞人入泽梁。豺祭兽，然后田猎，鸠化为鹰，然后设罻罗。草木零落，然后入山林，昆虫未蛰，不以火田。不麑，不卵，不杀胎，不殀夭，不覆巢。①

此条是说，天子诸侯没有大事的年份，应行三次田猎，分别充礼器"豆"中的干肉、飨宾客之用以及主君厨房之用。但如果田猎不遵循礼制，就叫做"暴天物"，倘要避免这种情况就得做到以下的要求：天子诸侯的田猎，不应将猎物悉数捕获。② 天子杀猎止则放倒其大旌，诸侯杀猎止则放倒其小旌。③ 大夫杀猎止则停下驱逆之车，其车止则百姓始得田猎。以獭祭鱼，然后"虞人"方可进入沼泽湿地绝水取鱼，以豺祭兽，方可田猎。此即表示虽捕杀之，而仍旧承认其生命的尊严。鸠长成化为鹰以后，才能设小纲、鸟罟，只有等草木零落芟折之后，官民始得取其材木。虽然这些措施令一期所获稍有损失，却可以持之久远。对于动物，不取麑卵，不杀胚胎和未成年者，不倾覆其巢。自"獭祭鱼"以后数点，都有明显的生态意义。应该说，对于掠夺式开发而资源耗竭的生态危害是有充分认识的，如云"川渊枯则龙鱼去之，山林险则鸟兽去之。"④ 此即明证。

---

① 孙希旦：《礼记集解》上册，第333—335页。

② 孙希旦认为"不合围"，即围基三面而不合，参见《礼记集解》上册，第334—335页。

③ 大旌即大麾，即《周礼·巾车》"建大麾，以田"云云。

④ 《荀子·致士》，王先谦：《荀子集解》卷9，《诸子集成》第2册，第172页。

孔子还有"节用而爱人，使民以时"的思想，① 这或许是从不妨夺农时、不增加人民徭役负担的角度立论的。但是将遵循时节规律的思想加以推广，便有了非同一般的生态意义。孟子、荀子对此论之尤详：

> 不违农时，谷不可胜食也；数罟不入洿池，鱼鳖不可胜食也；斧斤以时入山林，材木不可胜用也。谷与鱼鳖不可胜食，材木不可胜用，是使民养生丧死无憾也。养生丧死无憾，王道之始也。②

> 故养长时则六畜育，杀生时则草木殖，政令时则百姓一、贤良服，圣王之制也。草木荣华滋硕之时，则斧斤不入山林，不夭其生，不绝其长也，鼋鼍鱼鳖鳅鳝孕别之时，罔罟毒药不入泽，不夭其生，不绝其长也。春耕、夏耘、秋收、冬藏，四者不失时，故五谷不绝，而百姓有余食也。污池渊沼川泽，谨其时禁，故鱼鳖优多，而百姓有余用也。斩伐养长不失其时，故山林不童，而百姓有余材也。圣王之用也：上察于天，下错于地，塞备天地之间，加施万物之上，微而明，短而长，狭而广，神明博大以至约。故曰：一与一是为人者，谓之圣人。③

在林木生长或者动物繁殖的关键期进行砍伐和捕猎，从生态角度乃至从长远的利益来看，显然得不偿失。所以，如果能够在注意维护生态系统的平衡，维护生物资源的可再生性的前提下，有计划、有节制地遵循客观生态规律加以开发，才能使自然界成为取之不尽、用之不竭的源泉。其中最重要的规律就是动植物繁育的时节规律。《礼记·王制》所谓"林、麓、川、泽以时入而不禁"，④ 也是这个意思，即对生物资源的利用要充分考虑时节规律。而荀子则更进一步从维护生态稳定和可持续发展之道实乃王道政治的基础这样的高度来论述。

---

① 《论语·学而》，朱熹：《四书章句集注》，第49页。
② 《孟子·梁惠王上》，朱熹：《四书章句集注》，第203页。
③ 《荀子·王制》，王先谦：《荀子集解》卷5，《诸子集成》第2册，第105页。
④ 孙希旦：《礼记集解》上册，第355页。

（二）儒教的生态规划

在先秦、两汉之际，虽然可能从实践的价值出发，对于生物多样化的重要性，以及对肆意捕猎等行为所引起的生态上的后果，有了一些直观的认识，但对于整体的生态圈的规律，还处在一种相当朦胧的认识阶段。不过，这一点似乎并没有妨碍华夏族围绕黄河流域的农业生态，建立起系统的规划方案的努力。而此后整个的科学范式并没有任何显著的变化，包括生态规划的领域里也没有涌现可与此期相提并论的崭新特征。因而讨论古代的生态规划，立足点仍然是先秦、两汉，即儒教文明的奠基时期。

其实，农业的特点在先秦两汉的生态规划的产生中起了关键的作用。农业关注一切与作物的生长相关的自然因素。在耕作方式固定的情况下，农业收成的好坏与土壤、气候和灌溉等因素有着紧密的联系。其中，土壤的沃瘠在短期内是稳定的，而灌溉则取决于人力工程对相应区域内水文、地貌的利用程度。而在短期内波动比较大的非人为因素就是气候条件。一定的热量、降雨等因素，始终是一定的种植作物所依赖的，正如对相应的土壤条件的依赖一样。气候条件的变化，不论是稳定的，抑或反常的，在前科学的认识阶段，很容易被联系到"天象"的因素，在就此而建立起来的一系列因果解释当中，有些是确实的，另一些则是伪科学的，例如关于君主的不正当行为可以引起旱涝的看法等。但是由此唤起的对天道循环规律的极度关注，以及人们如何去适应天道规律，以取得最佳的生态或者社会效应的措施导向，则构成中国古代生态规划的最重要的基础。但是这样的规划，由于受到认知水平等各方面的制约，与其说是科学的，不如说是诗意的。

《礼记·月令》等书记载了一个古代思想史上极引人注目的生态规划的模式，[①] 而此模式的时间框架是比较粗线条的、规整的，即一年分四季，每季又有孟、仲、季三月，合十二月。每个月实际上都有详尽的规划。今引孟春之月为例，看看这样的规划是如何编定的，究竟包含哪

---

① 《吕氏春秋》十二纪纪首亦有此"月令"内容，文字略同，参见《诸子集成》第6册，第1—123页等。

些方面的内容：

> 孟春之月，日在营室，昏参中，旦尾中。其日甲乙，其帝大皞，其神句芒，其虫鳞，其音角，律中大蔟，其数八。其味酸，其臭膻，其祀户，祭先脾。东风解冻，蛰虫始振，鱼上冰，獭祭鱼，鸿雁来。
>
> 天子居青阳左个。乘鸾路，驾仓龙，载青旗，衣青衣，服仓玉；食麦与羊，其器疏以达。是月也，以立春。先立春三日，大史谒之天子曰："某日立春，盛德在木。"天子乃齐。立春之日，天子亲帅三公、九卿、诸侯、大夫以迎春于东郊。还反，赏公、卿、诸侯、大夫于朝。命相布德和令，行庆施惠，下及兆民。庆赐遂行，毋有不当。乃命大史守典奉法，司天日月星辰之行，宿离不贷，毋失经纪，以初为常。是月也，天子乃以元日祈谷于上帝。乃择元辰，天子亲载耒耜，措之于参保介之御间，帅三公、九卿、诸侯、大夫躬耕帝藉。天子三推，三公五推，卿、诸侯九推。反，执爵于大寝，三公、九卿、诸侯、大夫皆御，命曰劳酒。
>
> 是月也，天气下降，地气上腾，天地和同，草木萌动。王命布农事：命田舍东郊，皆修封疆，审端经、术。善相丘陵、阪险、原隰土地所宜，五谷所殖，以教道民，必躬亲之。田事既饬，先定准直，农乃不惑。是月也，命乐正入学习舞。乃修祭典，命祀山林川泽，牺牲毋用牝。禁止伐木。毋覆巢，毋杀孩虫、胎、夭、飞鸟，毋麛、毋卵。毋聚大众，毋置城郭。掩骼埋胔。是月也，不可以称兵，称兵必天殃。兵戎不起，不可从我始。毋变天之道，毋绝地之理，毋乱人之纪。①

这个月的主要工作是农事的准备，故而要修筑封疆，审端径术，善于观察和确定丘陵阪险原隰等不同地貌的土地所适宜种植的谷物等，而在这些方面政府负有不可推卸的责任。与春气暄柔发散的特点相应，祭祀的活动也开始活跃起来，除了迎春于东郊之外，还要祈谷于上帝，祀

---

① 孙希旦：《礼记集解》上册，第 400—419 页。

诸山川林泽等。其余每月也都有与各自时令的特点相协的人事安排。另外，各个季节，特别是在春季、夏季，还有一些针对时令的特点而规定生产禁忌等，目的是为了保护自然生态。

孟春之月的规划和其后的仲春，乃至季冬，在叙述结构亦即涉及的规划项目方面，是完全一致的，只是这些需注意项目的具体内容有差异，即在每一项目上，孟春有孟春的内容，乃至季冬有季冬的内容。从大的方面来说，这些规划项目包括：（1）物候；（2）针对王廷的政令；（3）针对一般民众的政令。其具体的所涵事项大致可分析如下：①

物候	星象、天干、帝、神、虫、音、律、数、味、臭、五祀、祭先、气象
王廷	居、乘、驾、载、衣、服、食、器、祠祀（迎时令）、行政安排
民众	农耕、渔猎、林业、工商等方面之宜忌

有些是每月不同的特征，而另一些则属于季节的特征，后者主要由五行的情况所决定，并且同一季的每个月所叙述是一样的。那些涉及天子车服等的礼仪性安排，甚至包括天子每个季节的衣食住行等，也许本身并不会直接影响到自然界的过程，但是具有某种象征价值，可唤醒人们注意当月或当季生态圈的特征。另外，需要指出的一点是，每月的礼仪中均包括一定宗教祭祀与模仿巫术的内容。②

从生态规划的角度来看，最重要的无疑是第三个环节，即由国家政令以督促或禁止的方式予以调节的生产劳动方面的安排。

> 是月（仲春）也，耕者少舍，乃修阖、扇，寝庙毕备。毋作大事，以妨农之事。是月也，毋竭川泽，毋漉陂池，毋焚山林。
> 是月（季春）也，命司空曰："时雨将降，下水上腾，循行国邑，周视原野，修利堤防，道达沟渎，开通道路，毋有障塞。田

---

① 其表是根据《礼记·月令》篇整理而得到，其中有些项目是极为固定的，每个月都有具体安排，另一些连其叙述之有无，也是随时而宜的；而且针对王廷的政令与针对民众的政令，在叙述中常常会交织在一起。

② "模仿巫术"一语，根据〔英〕弗雷泽（J. G. Frazer）：《金枝：巫术与宗教之研究》，徐新育、汪培基、张泽石译，中国民间文艺出版社1987年版。

猎、置罘、罗网、毕翳、餧兽之药毋出九门。"是月也，命野虞毋伐桑柘。鸣鸠拂其羽，戴胜降于桑。具曲、植、籧、筐，后妃齐戒，亲东乡躬桑。禁妇女毋观，省妇使，以劝蚕事。蚕事既登，分茧称丝效功……是月也，乃合累牛、腾马，游牝于牧。牺牲、驹、犊，举书其数。

是月（孟夏）也，继长增高，毋有坏堕，毋起土功，毋发大众，毋伐大树。是月也，天子始绨。命野虞出行田原，为天子劳农劝民，毋或失时。命司徒循行县、鄙，命农勉作，毋休于都。是月也，驱兽毋害五谷，毋大田猎。农乃登麦，天子乃以彘尝麦，先荐寝、庙。是月也，聚畜百药。靡草死，麦秋至。断薄刑，决小罪，出轻系。蚕事毕，后妃献茧。乃收茧税，以桑为均，贵贱长幼如一，以给郊庙之服。

（仲夏）令民毋艾蓝以染，毋烧灰，毋暴布……游牝别群，则絷腾驹，班马政。

是月（季夏）也，树木方盛，乃命虞人入山行木，毋有斩伐。不可以兴土功，不可以合诸侯，不可以起兵动众，毋举大事以摇养气，毋发令而待，以妨神农之事也。水潦盛昌，神农将持功，举大事则有天殃。是月也，土润溽暑，大雨时行，烧薙行水，利以杀草，如以热汤，可以粪田畴，可以美土强。

是月（孟秋）也，农乃登谷。天子尝新，先荐寝庙……完堤防，谨壅塞，以备水潦。修宫室，坏墙垣，补城郭。

是月（仲秋）也，可以筑城郭，建都邑，穿窦窖，修囷仓。乃命有司，趣民收敛，务畜菜，多积聚。乃劝种麦，毋或失时；其有失时，行罪无疑……凡举大事，毋逆大数，必顺其时，慎因其类。

（季秋）乃命冢宰农事备收。举五谷之要，藏帝藉之收于神仓，只敬必饬……是月也，天子乃教于田猎，以习五戎，班马政……是月也，草木黄落，乃伐薪为炭。蛰虫咸俯在内，皆墐其户。乃趣狱刑，毋留有罪。收禄秩之不当，供养之不宜者。是月也，天子乃以犬尝稻，先荐寝庙。

是月（孟冬）也，天子始裘。命有司曰："天气上腾，地气下降，天地不通，闭塞而成冬。"命百官谨盖藏。命司徒循行积聚，无有不敛……是月也，命工师效功，陈祭器，按度程。毋或作为淫巧以荡上心，必功致为上。物勒工名，以考其诚，功有不当，必行其罪，以穷其情……是月也，乃命水虞、渔师收水泉池泽之赋。

（仲冬）饬死事。命有司曰："土事毋作，慎毋发盖，毋发室屋及起大众，以固而闭。地气沮泄，是谓发天地之房，诸蛰则死，民必疾疫，又随以丧，命之曰畅月。"……是月也，农有不收藏积聚者，马牛畜兽有放佚者，取之不诘。山林薮泽，有能取蔬食，田猎禽兽者，野虞教道之。其有相侵夺者，罪之不赦。

是月（季冬）也，命渔师始渔……令告民出五种，命农计耦耕事，修耒耜，具田器……天子乃与公、卿、大夫，共饬国典，论时令，以待来岁之宜。①

以上是从仲春到季冬的十一个月的政令、制度中摘出的直接具有生态后果的部分，也就是人类行为的效应可以嵌入自然因果的链条来加以分析的部分，而不是象征性地要去契合或表现某些生态特征。尽管后者在《月令》中也占有相当的篇幅。这十一个月的完整内容，加上前述孟春月令中的相应内容，便构成月令模式中完整的生态规划蓝图。

在这个规划中，几乎每个月都有一些针对农事的安排。在仲春之月强调毋做大事，以免徭役之妨碍农事，孟夏、季夏也都有"毋起土功，毋发大众"之类的警示，目的是一致的。只有仲冬毋作土事、毋征发大众的要求，或许不是针对农事本身，而是为了臻于天人相应的目标。而补筑城郭、建设宫室、都邑等大型活动，比较合适的时间是孟秋和仲秋，当然应该避开收割的时候。除了消极的方面需要注意以外，官方还必须正面引导农民在每个月适当的时候去从事与农业相关的活动，这是贯穿整个规划的最基本内容。此在上引文中述之尤详，此乃不赘。

山林川泽所蕴藏的丰富生物资源，则必须有限度地开发，以及通过一年中的合理安排而须适当地予以保护。总的原则是在林木生长或动物繁育的关键时期，要避免砍伐和捕猎。孟春禁止砍伐，而仲春则禁止焚

_____

① 孙希旦：《礼记集解》上册，第421—505页。上引诸条在文本中散见于每月之末，今引文乃缀合之。

烧森林，季春惟毋伐桑柘，孟春则毋伐大树，皆有所宽限，而秋冬伴随着营造季节和植物生长期的结束，便没有这样的禁令。捕鱼只在季冬才被提倡。而保护动物的关键时期则在春季。如孟春"毋覆巢，毋杀孩虫、胎、夭、飞鸟、毋麑、毋卵"。郑玄注曰："为伤萌幼之类。"①

在这个月令的模式中体现出一个非常清晰的总体性思路，那就是：人类的行为和制度的设计必须遵循天道循环的规律，并随着季节和月份而编制一份详尽的时间表，行为方式和制度上的差异实际就是一个社会体系中的人们适应自然界的周期性波动而产生的差异。换言之，在一个时段内人们的行为方式必须和该时段内的生态圈特征表现出一定的同质性。

为什么要这样的一个充分理由就是：如果人们的行为不具有某种同质性，那就会让他们遭受自然界的无情惩罚。对此，在叙述每个月的规划方案而即将结束的时候，《月令》还特地断言了违反季节、时令特征可能带来的后果，如以孟春为例：

> 孟春行夏令，则雨水不时，草木蚤落，国时有恐。行秋令，则其民大疫，猋风暴雨总至，藜莠、蓬、蒿并兴。行冬令，则水潦为败，雪霜大挚，首种不入。②

《礼记·月令》是包括农林牧渔工商等各种生产形态在内的一部完整的规划，而不仅限于生态保护的专项内容。"月令"模式在汉代颇受关注。此外还有东汉时期著名的《四民月令》等，四民即士农工商之谓。③ 此类"月令"模式，乃是对迄至汉代的农业生产与物候、生态知识的总结。《四民月令》一书的问世，标志着"官方月令"向"民间月令"的过渡。但从生态规划的角度来看，则或许意味着以政令体系为基

① 孙希旦：《礼记集解》上册，第419页。
② 同上书，第421页。
③ 《四民月令》所记载的农事活动较诸《礼记·月令》要丰富和具体得多。此书堪称"农家月令"的第一部代表作。虽然尊重宗教祭祀的民俗，并有所记述，但是没有像《礼记·月令》那样盛谈"天人感应"，也摒弃了运用"五行"模式时常见的规整然而略有些不切实际的弊端，而是基本以节令和物候为参照系，体现了更加务实的风格。

础的相关兴趣的沉寂。

此书作者崔寔，《后汉书》卷 52 有传。其祖骃，骃祖篆，皆通易学。如崔篆曾"著《周易林》六十四篇，用决吉凶，多所占验"①。祖骃年十三能通《诗》《易》《春秋》。按寔曾出仕边郡，政绩卓著，堪称循吏。寔至性纯孝，史载当其"父卒，剽卖田宅，起家茔，立碑颂。葬讫，资产竭尽，因穷困，以酤酿贩鬻为业。时人多以此讥之，寔终不改。亦取足而已，不致盈余。及仕官，历位边郡，而愈贫薄。建宁中（168—172）病卒。家徒四壁立，无以殡敛。"② 因为置办父亲的丧事而耗尽家资，遂以酿酒制酱所得出售，贴补家用，实属不得已。但此种做法为儒家主流观念所不齿，故而连本人也有些难堪，没有刻意去发展这种农产品的深加工与营利方面。③

崔寔曾与诸儒博士共杂定《五经》，可见其家学渊源。而在《四民月令》一书中，确实可以看到《周易》阴阳模式的影响。阴阳五行的影响可说是贯穿"月令"一类的农业规划当中。因为此书没有完整地保存下来，而靠《齐民要术》等引述，兼后人辑佚，得以略窥其内容，所以其生态规划的完整方面不得而知。单单就今天所见到的部分而言，有关生态保护措施的内容寥寥无几，根本无法和具有官方意识形态背景的《礼记·月令》相提并论。此或许提示，生态保护不是任何特殊集团、个体或阶层的直接（短期）利益所系。虽然他们可能并不反对或排斥，甚至可能会关心这一点，但由于并不掌控山林川泽等资源，所以对于民间规划而言，关注这些，迹近奢谈。民间的月令一定会包含或许以物候等形式出现的生态知识，但却不一定建构起系统的生态规划，因为这些规划远远超出其作者与读者的职责权限和能力范围。

其实，在传统体制下，生态保护属于"王制"的范畴，由国家的各种表现"天人合一"的象征性活动、历法与节令的颁布、劝勉农事的活动、围绕山林川泽之利的各种时节性禁令、官吏体系中的相应职责划分等共同组成。这正是我们阅读《荀子·王制》《礼记·月令》以及《周

---

① 范晔：《后汉书》卷 52，第 6 册，中华书局 1965 年版，第 1705 页。

② 同上书，第 1731 页。

③ 《四民月令》中关于制作各类酱醋类食品，有详细的记载。有关崔寔与《四民月令》的研究，又参见《汉代农业》。

礼》相关部分时所得到的印象。换言之，只有从儒教的意识形态出发讨论生态保护的规划，才有实际意义。

儒教的生态规划，不仅包括生态保护措施，也包含一系列以"自然崇拜"为内涵的祭祀活动的安排。现谨列表以示。其五祀、祭先之别，虽与宗教有关，已于"五行"表中出示，此则不赘。再者，一些祭祀的准备工作，如果未尝与祭祀直接联系起来，亦皆省略。[①]

《礼记·月令》	《四民月令》
孟春之月，先立春三日，大史谒之天子曰："某日立春，盛德在木。"天子乃齐。立春之日天子亲帅三公九卿诸侯大夫以迎春于东郊……是月也，天子乃以元日祈谷于上帝。乃择元辰，天子亲载耒耜，措之于参保介之御间，帅三公九卿诸侯大夫，躬耕帝藉……乃修祭典。命祀山林川泽，牺牲毋用牝。	一、正月之旦，是谓正日，躬率妻孥，洁祀祖祢。乃以上丁，祀祖于门，及祖祢，道阳出滞，祈福祥焉。以上亥祠先穑，以祈丰年。
仲春之月，择元日，命民社……玄鸟至。至之日，以大牢祠于高禖。天子亲往，后妃帅九嫔御。乃礼天子所御，带以弓韣，授以弓矢，于高禖之前……天子乃鲜羔开冰，先荐寝庙。上丁，命乐正习舞，释菜……是月也，祀不用牺牲，用圭璧，更皮币。	二、祠太社之日，荐韭卵于祖祢。
季春之月，命国难，九门磔攘，以毕春气。	三、阙
孟夏之月，先立夏三日，大史谒之天子曰："某日立夏，盛德在火。"天子乃齐。立夏之日，天子亲帅三公九卿大夫以迎夏于南郊。	四、阙
仲夏之月，命有司为民祈祀山川百源，大雩帝，用盛乐。乃命百县，雩祀百辟卿士有益于民者，以祈谷实。农乃登黍。是月也，天子乃雏尝黍，羞以含桃，先荐寝、庙。	五、夏至之日，荐麦鱼于祖祢厥明祠冢。
季夏之月，命四监大合百县之秩刍，以养牺牲。令民无不咸出其力，以共皇天上帝名山大川四方之神，以祠宗庙社稷之灵，以为民祈福。	六、初伏，荐麦瓜于祖祢。

---

①　表中摘自《四民月令》之内容，参见石声汉《四民月令校注》，中华书局1965年版，第89页等。

续表

孟秋之月，先立秋三日，大史谒之天子曰："某日立秋，盛德在金。"天子乃齐。立秋之日，天子亲帅三公九卿诸侯大夫，以迎秋于西郊……是月也，农乃登谷。天子尝新。先荐寝庙。	七、阙
仲秋之月，乃命宰祝，循行牺牲，视全具，案刍豢，瞻肥瘠，察物色。必比类，量小大，视长短，皆中度。五者备当，上帝其飨。天子乃难，以达秋气。以犬尝麻，先荐寝、庙。	八、筮择月节后良日，祠岁时所奉尊神。以祠太社之日，荐黍豚于祖祢。
季秋之月，大飨帝，尝，牺牲告备于天子……天子乃厉饰，执弓挟矢以猎，命主祠祭禽于四方……是月也，天子乃以犬尝稻，先荐寝、庙。	九、阙
孟冬之月，先立冬三日，大史谒之天子曰："某日立冬，盛德在水。"天子乃齐。立冬之日，天子亲帅三公九卿大夫以迎冬于北郊……是月也，命大史衅龟、筮，占兆、审卦、吉凶是察……是月也，大饮烝。天子乃祈来年于天宗，大割祠于公社及门闾，腊先祖五祀。	十、酿冬酒……以供冬至、臘、正、祖荐韭卵之祠。
仲冬之月，天子命有司祈四海大川名源渊泽井泉。	十一、冬至之日，荐黍羔，先荐玄冥于井，以及祖祢。买白犬养之，以供祖祢。
季冬之月，命有司大难，旁磔，出土牛，以送寒气。征鸟厉疾。乃毕山川之祀，及帝之大臣，天之神祇。是月也，命渔师始渔。天子亲往，乃尝鱼，先荐寝、庙。	十二、臘日荐稻雁……臘先祖、五祀。其明日，是谓小新岁，进酒降神……其明日，又祀，是谓烝祭。后三日，祀冢。是月也，群神频行，大蜡礼兴……去猪盍车骨及腊时祠祀炙箄、东门磔白鸡头。求牛胆……大蜡礼兴，乃冢祠君、师、九族、友朋，以崇慎终不背之义。

正是由于传统农业对天人之际的关注，更确切地说，由于传统农业的生产特点对于周期性的气候因素、进而是在认知的层面上对于辨认这些气候因素之波动的物候学的依赖，一系列必须遵循农时规律的周期性安排便应运而生地成为整个儒教帝国的社会基石。很多这样的安排，之所以被称为生态规划，正是因为它在满足农业生态的需求背景的情况下，也试图去协调人与自然的关系，包含一系列生态保护的措施，以保障整个农业社会的可持续发展的机遇。如第一节所提到的，阴阳五行是古代物候学所运用的一种体系化的方法，但它们无疑是指涉着四季循环的大气圈的环境特征，而"天地"就是古人在现象的意义上所指认的这种环境。然而正是这种环境特征及其征候体系进而成为这种规划的结构性特征，当然这种规划也体现了它的全面、无所不包的特点，此正如《礼记·礼运》所说：

> 故圣人作则，必以天地为本，以阴阳为端，以四时为柄，以日星为纪，月以为量，鬼神以为徒，五行以为质，礼义以为器，人情以为田，四灵以为畜。以天地为本，故物可举也。以阴阳为端，故情可睹也。以四时为柄，故事可劝也。以日星为纪，故事可列也。月以为量，故功有艺也。鬼神以为徒，故事有守也。五行以为质，故事可复也。礼义以为器，故事行有考也。人情以为田，故人以为奥也。四灵以为畜，故饮食有由也。[①]

这样的规划在很大程度是实用的。也许特别是官方的规划具有过于严整而略带形式化的特点，但是就连这种严整也是规划的结构的一部分，而实际的运用显然可以在这样的框架下进行灵活的调整。规划必然是严整的，因为与农耕文化关系最密切的气候波动本来就很频繁、很剧烈，也很难预判与掌控的，在这样的情况下，不如以严整的方式去指涉周期性当中一些可能出现的时间点，然后以对实际的情况的判断去进行调适。

---

① 孙希旦：《礼记集解》中册，第 612—613 页。

四　工具价值、内在价值与系统价值

假如一种生态观念仅仅是考虑物种与环境如何能被可持续地利用，以及生态危险、资源衰竭如何可以被避免，后代的利益如何能够被保证等问题，那么这样的生态观仍然是一种使环境从属于人的人类中心主义立场，即主要考虑如何满足人的利益的生态观，也就是说，是以技术的态度来看待环境，注重的是它的工具价值，而不是它的内在价值。前者是基于将环境看作实现人类的生存、发展的手段，后者则是基于能在自身中发现价值而无须借助其他参照物的事物的角度。

在生态系统层面，我们面对的不再是工具价值，尽管作为生命之源，生态系统具有工具价值的属性；我们面临的也不是内在价值，尽管生态系统为了它自身的缘故而护卫某些完整的生命形式。我们已接触到了某种需要用第三个术语——系统价值（systemic value）——来描述的事物。这个重要的价值，像历史一样，并没有浓缩在个体身上；它弥漫在整个生态系统中……系统价值是某种充满创造性的过程，这个过程的产物就是那被编织进了工具利用关系网中的内在价值。[①]

此系统价值即在于创生万物的大自然（projective nature）。在此，生态圈、物种所具有的工具价值并非全然不顾，而是同时强调对环境因素和物种负有某种义务。这就将我们从技术的态度引申到伦理的态度。但是其中仍有很多含混的地方。

如果从社会系统工程的高度来认识生态规划，必须意识到传统生态观的一个基本弱点：缺乏对技术后果的预见性。这一点在伴随着人口不断增长而不断开垦拓殖的过程中愈益体现出来。直到今天人们才有可能去避免和扭转有关的趋势。但是另一方面，单纯从古典哲学的浪漫主义

---

① ［英］霍尔姆斯·罗尔斯顿（H. Rolston）：《环境伦理学》，杨通进译，中国社会科学出版社 2000 年版，第 255 页。

立场，不遗余力、不分青红皂白地抨击技术的态度，以及对工业文明抱有天生的敌意，则都是略显幼稚和过于理想化的做法，并不值得提倡。更为务实的态度应该考虑如何把利益（技术）和伦理（情感）的立场统一起来。

生态伦理或称环境伦理，它是围绕人类与环境间的道德关系而展现的伦理规范，以及一些驱动这些规范的情感和态度的因素。一种环境伦理必须对人类针对自然的行为进行评估，并设定其中一些行为方式在道德上并非中性的，善的或者恶的行为会对环境造成不良的影响，乃至威胁到人类社会本身的可持续发展。但是，环境的评估难道不是要依赖科学技术才能达到可以期待的效果吗？

传统的生态规划的目标，可能是出于如《易传》所说"富有之谓大业，日新之谓盛德，生生之谓易"之类的理念，而在环境的意义上追求的是"天""地""人"三才的和谐，也就是说，功利的目标和人与自然和谐理念是统一的，即期待它们形成一种理想的合力。当人实现它的功利目标时，也同时促进了宇宙生生不息的力量。而生态伦理的设定难道不正是为了从根本上维护这种生生不息的力量吗？

但在具体的实践过程中，经济活动的功利性、生态伦理以及人与自然和谐三者之间可能产生各种异动的情况。经济活动所追求的是人类利益的最大化，这可能是指短期的利益，也可能是指长期的利益，如果短期利益的目标被现实地降低到必须首先满足生存的目标，一切关于维护环境的长期后果的努力便成为奢谈，即使在没有达到如此窘迫程度的情况下，关于一些项目的环境后果评估的问题，也可能受到科学水平的制约而无法给出一个令各方信服的结论，生存斗争和经济活动就可能按照自身的法则来运作。

按照前引罗尔斯顿的《环境伦理学》所述的思路，经济活动是将自然置于工具价值的地位上；古代的生态伦理等则是注重生物物种、群落等的内在价值，给予其受人尊敬的伦理地位；而天、地、人三才和谐的理念则是关注人作为其中一员的自然界的系统价值，而在理论上系统价值应该是去整合工具价值和内在价值。

确实，一种合理的生态实践观的目标应该是去协调这三种价值。其他物种和环境的工具价值，必须围绕人类的长期利益和根本利益来考虑，这时环境保护的措施，以及一系列人类生存方式的自我调整和自我限制，包括人口的控制等都是必需的；再者，生物物种和种群的内在价值必须给予尊重，人类必须意识到他对自然环境和栖息于其中的所有动物、植物等承担着一定的义务和责任，人类只有在兑现对环境的内在价值的承诺的情况下，才能保证系统价值，维护自然的和谐，而这也是他的根本利益之所系。

如果在中国宗教思想的脉络中存在某些系统的生态伦理的话，那么它应该是以道论为底蕴，而以天人之学的面貌出现，或者说是作为其中的一个分支而存在的，但从某些方面来看，其生态伦理的系统程度并不高，譬如远比儒教的生态规划要笼统和含糊得多。

佛教诸派所讲的“无情有性”、儒家的爱物说，多是立足于哲理层面的论证，最多只能说是伦理的哲学基础，而在伦理规范的层面则没有确切的所指，亦即没有绝对的伦理规范的约束力，只是表明某种带有浓厚情感色彩的态度和立场。换言之，从它们本身并不能推论出具体、明确的规范和信条。

古代宗教的生态伦理通常都具有拟人化特征，或者说，是从拟人化的出发点给出其理由的。如《太平经》就是通过把天地比喻为生养的父母来论证相应的伦理责任的：

> 天者养人命，地者养人形。今凡共贼害其父母。四时之炁，无以按行也，则贼害其父；以地为母，得衣食养育，不共爱利之，反贼害之。人甚无状，不用道理，穿凿地，大兴土功，其深者，下及黄泉，浅者数丈。独自愁患诸子大不谨孝，常苦忿忿悃悒，而无从得道其言。凡人为地无知，独不疼痛，而上感天，而人不得知之，故父灾变复起，母复怒，不养万物。父母相怨，其子安得无灾乎？夫天地至慈，唯不孝大逆，天地不赦，可不骇哉？①

这仍然是从爱物的立场，即环境的内在价值来立论。然而不管是哪一种宗教，拟人化的生态伦理都有一个基本弱点：那就是在基本思路和

---

① 王明：《太平经合校》，中华书局1960年版，第115—116页。

基本信条上含混不清，遂在实践上令人手足无措，而削弱了它的影响力。

但是我觉得道家、道教的一个基本思想，"无为""法自然"，即不对环境进行干预、尊重自然本身法则的命题，始终是其生态伦理的一个最具价值的设定。保护其他物种的努力，就应该在这样一个框架下进行。它也对人利用环境的工具价值的活动提出了一个基本限制的要求：不要破坏创生的自然界自我调节、自我修复和趋于平衡的能力。

佛教的不杀生、素食主义，乃至大乘的利他主义所提出的在一些极端场合可以为其他物种的生存做出牺牲（此正如其舍身饲虎、割肉贸鸽之类的故事所喻示的），也许是解决环境问题的根本出路，但是这些并非自然的方式，也不能为大部分人所接受。因为在自然系统中作为一个物种，人与其他一切物种一样都具有攫取其环境中的资源以维护自身生存的目标。当然很多环境问题的产生并非由于人类的基本生存无法满足，而是他追求更多、更过度的一些满足。然而追求恬淡朴素、少思寡欲的生活方式，在东方宗教中恰是相当普遍的共识。也许这可以扭转人类无节制地攫取自然而令环境恶化的趋势。

如果一定要做一个区分的话，那么可以说儒教注重的是环境长期的工具价值，它通过生态规划和提供政治力量的支持而试图保障这一点；佛教以缘起论、业报论为基础的生态伦理则赋予其他物种（主要是动物层面即所谓的有情众生）以完全平等的内在价值，甚至人类可以为此做出极端的牺牲，正如其他物种在不自愿的情况下为人类所做的牺牲一样；道教则体现了另一种高度的智慧，它注重的是系统价值，是不受人为干预的自然界的自我创生、自我调节的能力。

五　生活方式与生态的政治

至少从现象上来看，很多现代社会的问题来自人类过度的需求和不正当的欲望。包括对自然的掠夺式开发，及由此导致的一系列生态和环境问题似乎都可溯源于此，即联系到人类的"欲壑难填"。为此进行调整，既需要生活方式的变革，也涉及针对生态问题的管理层面和政治诉求。

（一）恬淡素朴的生态意义

老子"清静为天下正"的思想[①]，具有不可忽略的价值。此类节制欲望以清虚自守的观点，在《道德经》中可谓比比皆是：

> 是以圣人处无为之事，行不言之教；万物作焉而不辞，生而不有，为而不恃，功成而弗居。夫唯弗居，是以不去。
>
> 五色令人目盲；五音令人耳聋；五味令人口爽；驰骋畋猎，令人心发狂；难得之货，令人行妨。是以圣人为腹不为目，故去彼取此。
>
> 名与身孰亲？身与货孰多？得与亡孰病？是故甚爱必大费；多藏必厚亡。知足不辱，知止不殆，可以长久。[②]

老子对理想人格的理解，一贯倡导"致虚极，守静笃"，倡导克制欲望、清静内敛的生活态度。华丽堂皇的建筑、绚烂繁缛的装饰风格以及奢侈淫靡的生活享受，至少在缺乏高度的技术保障和合理的生态规划的情况下，往往是以环境的破坏或对不可再生资源的掠夺式开采为代价的，从生态和政治的角度来看，这些做法都有待质疑。

在"知足常乐、知止不殆"，亦即适度地克制消费欲望的立场上，儒、佛、道三教，乃至于一般民间信仰的态度几乎高度一致。道教继承了这种把修炼体系与清虚自守的生活方式结合起来的传统：

> 静者，动之基。人能清静，天下贵之。人神好静，而心扰之。人心欲静而欲牵之，常能遣其欲，而心自静，澄其心而神自清。[③]
>
> 所谓圣人，适性而已。量腹而食，度形而衣，节乎己而贪汙之心无由生也。[④]

[①]　此句出自《老子道德经》第四十五章，《诸子集成》第3册，第28页。

[②]　《老子》第二章、第十二章、第四十四章，《诸子集成》第3册，第27—28页。

[③]　《太上老君清静心经》，《道藏》第27册，第156页。

[④]　《通玄真经注》卷1，《道藏》第16册，第687页。

历史的经验与现实的情况，都清楚地告诉人们，生活方式具有严重的生态后果，而且其影响的大小、积极与消极的对比情况等，又都受到消费欲望的经济调节、技术参数以及生态规划等多方面的中介。也就是说，并不是由生活方式，或者说关于生活方式的意识形态直接导致相应的后果。因此单纯从生活方式本身，或者从心态上加以控制，如果实际上不是非常苍白的，至少也未必理想。倘若要实际地探讨关于生活方式的古典学说，如道教的"清虚自守"理念所具有的生态后果，而不是满足于单纯理念上的应然，那么下述环节都值得注意：

> 围绕生活方式的各种说教——生活方式本身——围绕"理性人"等方式而展开的经济运作——技术参数（改造与利用自然的方式）——生态规划（对于一系列生态后果的目标控制，等等）。

无论对于古代社会，还是现代情境，这些环节都具有相当的重要性，而尤其是对于后者。按前述顺序而展开的作用方式确实存在，但也有很多时候未必如此运行。生活方式可能直接由宗教传统、伦理训诫、民俗习惯等决定，但也可能——例如在现代社会中就常常如此——受到经济规律的影响或左右。另一方面，假如生态规划无论其内容，还是其执行情况均良好、合理到即便在消费社会中有着一定程度的生活奢侈倾向，[1] 并且经济上普遍地需要来自"需求"刺激的情况下，仍然足可维护自然界的可再生资源，并推动人类社会的可持续发展——当然如果这样的规划是现实的，它也意味着相关的技术方面可以突破某种瓶颈，而提供这样的保障——那么单纯生活方式上的限制便没有显得非常紧迫，甚至像过分朴素、恬淡的主张还可能对经济的发展有一定负面影响。

其实，生态问题的应对与解决，涉及一个庞大的社会系统工程的问题。在技术和规划并非万能的情况下，生活方式的调整提供了一种选择。何况部分生物资源一旦被破坏，确实是不可恢复或难以恢复的，亦

---

① "消费社会"一语，参见［英］迈克·费瑟斯通（M. Firestone）：《消费文化与后现代主义》，刘精明译，译林出版社 2000 年版。

即这个过程是不可逆的。中国传统宗教"知足不辱，知止不殆"思想的作用，与其说是期待它全面抑制消费①，不如说更关键也是更实际的作用是可以使人格趋于完善，特别在一个充满竞争的社会中。《道德经》有云：

> 不尚贤，使民不争；不贵难得之货，使民不为盗；不见可欲，使民心不乱。是以圣人之治，虚其心，实其腹，弱其志，强其骨。常使民无知无欲。使夫智者不敢为也。为无为，则无不治。②

过分极端地看待这类观点是不对的。不如说它是现代社会，或者任何一个高度文明的社会体系中——例如中国古代的礼乐社会——有效的解毒剂。只要它能发挥相应的药效就可以了。

（二）《周礼》体系的生态管理职能

中国历代的职官体系，虽然名称变化很大，但在根本的职能体系划分上，却有着明显的延续性。可以说作为儒家经典三礼之首的《周礼》，③ 提供了儒教帝国在此方面的一个蓝图或范本。例如唐代开元盛期组织编撰的行政法典《唐六典》④，即在注释中处处追溯到《周礼》的源头。而《周礼》一书有相当强烈和清晰的生态意识，体现在职官体系方面，就是构想了一系列掌管山林川泽等自然资源的职位，它们的责任除了供邦国物资、财赋之用，还要设置各种自然保护区，以保护各类重要的可再生资源，实施那些通常与季节等时间因素相关的禁令，以免资源被掠夺式地开发和利用。这样做的目的显然是为了可持续发展。

其实，具有生态保护职能的职位的设置，乃是促成其《月令》等所述政策得以贯彻的重要一环。而在天、地、春、夏、秋、冬六官的体系中，很多的责任都被分配给地官大司徒及其统领的某些职官上。《周

---

① 这在历史上就没有完全做到。如魏晋时期的奢侈之风等，便是明证，而在此时期《老子》《庄子》还受到了士人的追捧。

② 《老子道德经》第三章，《诸子集成》第 3 册，第 2 页。

③ 《周礼》撰著年代颇有争议。今据钱穆《周官年代》，视为大部内容形成于战国时期。

④ 参见李林甫等《唐六典》，中华书局 1992 年版。

礼·大司徒》称：

> 大司徒之职，掌建邦之土地之图与其人民之数，以佐王安扰邦国。以天下土地之图，周知九州之地域广轮之数，辨其山林、川泽、丘陵、坟衍、原隰之名物。而辨其邦国、都鄙之数，制其畿疆而沟封之，设其社稷之壝，而树之田主，各以其野之所宜木，遂以名其社与其野。以土会之法，辨五地之物生：一曰山林，其动物宜毛物，其植物宜阜物。其民毛而方；二曰川泽，其动物宜鳞物，其植物宜膏物，其民黑而津；三曰丘陵，其动物宜羽物，其植物宜核物，其民专而长；四曰坟衍，其动物宜介物，其植物宜荚物，其民皙而瘠；五曰原隰，其动物宜臝物，其植物宜丛物，其民丰肉而庳。①

　　大司徒的职责，或者也可以说由他所领导的整个部门总的职责中，与生态有关的部分，大致上包括：掌理建立国家根基的土地之舆图和人民的户籍。根据土地之舆图，周密了解九州的地域和面积，辨清山林、川泽、丘陵、坟衍、原隰等不同地形的名称和物产。辨清各邦国与畿内都鄙等的数目；划定畿的界限及建造其上的壕沟与土墙，筑设祭祀社稷的壝坛，树立作为祭田神凭依的田主，各以其土野所适宜的树木，作为各社和野的名称。大司徒还须以适宜各自土地的制定贡税的法则，来辨别上述五种土地的物产和生命形态。"五地"之称是针对地形、地貌的区别，还有根据星象划定的十二块区域。结合此两种土地分类管理的方式而制定相应的贡赋、人民生计与生态保护措施等，也是大司徒所总领的职责之一。除此之外，当然也包括对土地的管理和生态保护等。

> 土均：掌平土地之政。以均地守，以均地事，以均地贡，以和邦国、都鄙之政令、刑禁。与其施舍、礼俗、丧纪、祭祀。皆以地嫩恶为轻重之法而行之，掌其禁令。
> 草人：掌土化之法以物地，相其宜而为之种。凡粪种，骍刚用

----

① 《周礼》卷10，《十三经注疏》上册，第702页。

牛，赤缇用羊，坟壤用麋，渴泽用鹿，咸潟用狟，勃壤用狐，埴垆
用豕，强㯺用蕡。轻爂用犬。

稻人：掌稼下地。以潴畜水，以防止水，以沟荡水，以遂均
水，以列舍水，以浍写水，以涉扬其芟。作田，凡稼泽，夏以水殄
草而芟荑之，泽草所生，种之芒种。旱暵，共其雩敛。丧纪，共
夷事。

土训：掌地道图。以诏地事，地道慝以辨地物，而原其生以诏
地求。王巡守，则夹王车。①

土均是负责土地管理的比较重要的一个角色。郑注曰："政读为
征……地守，虞衡之属，地事，农圃之职。"② 所谓虞衡之属便是指下
述山虞、林衡、川衡、泽虞等职。草人负责化治土地的方法，以使其肥
美，测知各种土地所适宜的情况再予种植。《周礼》认为有九种不同的
土质，详其下文，根据质地色泽不等，而施予不同动物的骨汁和骨灰，
予以土质改良。稻人的职责则涉及稻田的田间管理。土训则解说地图，
叙述九州岛山川形势，地上所生恶物，如蝮虺等，辨清此地物之所有所
无，推原察知其生长季节等。

山虞：掌山林之政令。物为之厉，而为之守禁。仲冬，斩阳
木；仲夏，斩阴木。凡服耜，斩季材，以时入之，令万民时斩材，
有期日。凡邦工入山林而抡材，不禁，春秋之斩木不入禁。凡窃木
者有刑罚。若祭山林，则为主而修除，且跸。若大田猎，则莱山田
之野。及弊田，植虞旗于中，致禽而珥焉。

林衡：掌巡林麓之禁令而平其守，以时计林麓而赏罚之。若斩
木林，则受法于山虞，而掌其政令。③

山虞，《礼记》及先秦典籍中亦称虞人、山人等，主管山林之政令，

---

①　《周礼》卷16，《十三经注疏》上册，第746—747页。

②　同上书，第746页。

③　同上书，第747页。

在其物品的产地设置藩篱界限，所谓"守禁"，郑注云："为守者设禁令也，守者，谓其地之民占伐林木者也。"① 即为那些守护山林的人设各种禁令。砍伐树木应时机而变并有期日限制，公私砍伐有别，另外，虞人在祭祀山林、田猎或田猎结束时，则要做一些准备或收尾的工作。从中可以看到，《周礼》作者对于山林生态保护措施考虑之周密。

地官诸职中，明确受山虞节制的为紧接其后的"林衡"。所掌为林麓，郑玄云："竹木生平地曰林，山足曰麓"。② 此职主要是负责巡视林麓，执行禁令和分配地段给护林人，按时核计护林人的业绩并加以赏罚。

跟山虞职责相似，而针对的保护对象不同的，则有川衡、泽虞等，如曰：

> 川衡：掌巡川泽之禁令而平其守。以时舍其守，犯禁者，执而诛罚之。祭祀、宾客，共川奠。
>
> 泽虞：掌国泽之政令，为之厉禁。使其地之人守其财物，以时入之于玉府，颁其余于万民。凡祭祀、宾客，共泽物之奠。丧纪，共其苇蒲之事。若大田猎，则莱泽野。及弊田，植虞旌以属禽。
>
> 迹人：掌邦田之地政，为之厉禁而守之。凡田猎者受令焉，禁麑卵者，与其毒矢射者。
>
> 卝人：掌金玉锡石之地，而为之厉禁以守之。若以时取之，则物其地图而授之，巡其禁令。
>
> 角人：掌以时征齿角、凡骨物于山泽之农，以当邦赋之政令。以度量受之，以共财用。
>
> 羽人：掌以时征羽翮之政于山泽之农，以当邦赋之政令。凡受羽，十羽为审，百羽为抟，十抟为缚。③

以上所述诸职守中，有若干条与生态环境和资源保护颇有关联。川

---

① 《周礼》卷16，《十三经注疏》上册，第747页。
② 《周礼》卷9，《十三经注疏》上册，第700页。
③ 《周礼》卷16，《十三经注疏》上册，第746—747页。

衡负责巡视川泽的禁令，分配地段给护林人，还要按时设置护林者，犯禁者予以诛罚。泽虞掌国泽的政令，为之设立藩篱和禁令，按时将一些出产提供给玉府。迹人掌其政之地，依郑氏云，当为田猎之地。凡田猎之事，都要受迹人禁令的节制，这些禁令中包括针对：捕杀幼鹿、撷取鸟卵，及使用敷毒的箭射杀禽兽。有些相同的禁令，在《月令》仅在孟春之月，而此处则作为更一般的条款而提到。

此外，矿人是掌管矿产的探测、开采和征用。角人和羽人则分别负责征收齿角骨物、羽翮等。没有提到什么与环境保护特别有关的部分，大体是因为这些资源在当时并不很重要，开采能力也有限。

负责征收的职官还有其他一些，如掌葛，掌染草等：

> 掌葛：掌以时征絺绤之材于山农。凡葛征，征草贡之材于泽农，以当邦赋之政令，以权度受之。
>
> 掌染草：掌以春秋敛染草之物，以权量受之，以待时而颁之。
>
> 掌炭：掌灰物炭物之征令。以时入之，以权量受之，以共邦之用，凡炭灰之事。
>
> 掌荼：掌以时聚荼，以共丧事。征野疏材之物，以待邦事，凡畜聚之物。
>
> 掌蜃：掌敛互物蜃物，以共闉圹之蜃。祭祀，共蜃器之蜃，共白盛之蜃。
>
> 囿人：掌囿游之兽禁，牧百兽。祭纪、丧纪、宾客，共其生兽死兽之物。
>
> 场人：掌国之场圃，而树之果蓏珍异之物，以时敛而藏之。凡祭祀、宾客，共其果蓏。享，亦如之。[1]

以上可知，《周礼》所设想的这一系列职位，基本的职责是向山泽之农等征收各类自然界的材料，功能划分明确，而且有些也考虑到了针对资源保护目标的"适时"因素，其实在这样的框架下可以做的还将更多。

---

① 《周礼》卷16，《十三经注疏》上册，第748—749页。

　　应该说，地官部分关于从事生态保护的职官设置的构想具有相当缜密的思路。生态的规划与保护，始于对国土资源的普查。基本的地貌、地形划分为五种，即前表中所列山林以至原隰，并认为每一种都有各自适宜的动、植物种属，以及人民的不同特征。根据五地、九州、十二地的差别而制定的政策，就有了相应的针对性与合理性，也便于因地制宜地落实和推动。由于生态资源及地形的不同，管理方式自然也会产生相应的差异。根据不同的实际需要而设置的职位，常常是实施管理的一个必要环节。其中，土均是负责地税、贡赋政策的制定和贯彻，并任命山虞、泽虞等守其份地的一个重要的角色。山林、湿地由于生态上比较重要，而且也难以管理，所以须派专门的人负责。

　　在《周礼》所展现的规划蓝图中，生态保护是与农业生产的组织与管理、国家财政政策的制定与实施等因素结合起来通盘考虑的，体现了这种规划的全局性意识，而所有这些又都按照职能要素的不同指派了不同的职官，也就保证了专人各负其责，便于管理和监督。因而这样的规划思路是极其完整的，也有明确的针对性和可行性，体现了较高的管理科学的水准。

　　也许就像在我们所看到的《周礼》的其他部分一样，严整、划一的叙述内容和叙述方式，并不保证其具体内容都是精确的、合理的，更不能假设这些就是周公所实行的制度的本来面目。但是它代表了一种思维的倾向和制度设计的模式。随着认识水平和生产水平的提高，具体内容可以不断加以修订和改进，但这样的整体性思路无疑是有启发的。

　　大司徒的职任，在后世成熟的三省六部的体系中的继承者为户部尚书等，[①] 保留了其中户籍管理和财政税收的职能，但其总负其责的维护生态的职能，以及由他统领的职官中的相应部分，即其关于生态规划、生态保护与监督的角色，则在后世大多缺乏实际的承担者。也就是说，由于包括管理上的难度和对其重要性认识不足等多种原因，而造成儒教职官体系中的这个部分并不算成功，这也连带地妨碍了生态规划的推行，其后果之严重，随着时代越往后发展而越益显现出来。

---

　　①　参见杜佑《通典·职官五·户部尚书》，中华书局 1988 年版；李林甫等：《唐六典》卷 3 户部尚书，中华书局 1992 年版。

但是这种实践上的不足并不意味着原初理论上的疏忽和无能。其实，对于一种良好的政治体系是保障一切良好的生态状况的前提的认识，在儒教思想中是有明确表述的，譬如《荀子》就说过：

> 故人生不能无群，群而无分则争，争则乱，乱则离，离则弱，弱则不能胜物；故宫室不可得而居也，不可少顷舍礼义之谓也。能以事亲谓之孝，能以事兄谓之弟，能以事上谓之顺，能以使下谓之君。君者，善群也。群道当，则万物皆得其宜，六畜皆得其长，群生皆得其命。①

此段为人所熟知，但大多没有注意和征引到最后几句。为什么"群道当"便可使"群生皆得其宜"呢？当然在良好的政治体系与良好的生态保护体系之间还有很多的中间环节，但是有了前者，很多事情就会变得容易起来。而在《王制》同一篇中，荀子提到其所厘定和勾勒的理想中的职官体系之概要时，也提到了很多兼有生态保护责任的职官：

> 序官：……修堤梁，通沟浍，行水潦，安水臧，以时决塞，岁虽凶败水旱，使民有所耘艾，司空之事也。相高下，视肥硗，序五种，省农功，谨蓄藏，以时顺修，使农夫朴力而寡能，治田之事也。修火宪，养山林薮泽草木、鱼鳖、百索，以时禁发，使国家足用，而财物不屈，虞师之事也。顺州里，定廛宅，养六畜，闲树艺，劝教化，趋孝弟，以时顺修，使百姓顺命，安乐处乡，乡师之事也。论百工，审时事，辨功苦，尚完利，便备用，使雕琢文采不敢专造于家，工师之事也。相阴阳，占祲兆，钻龟陈卦，主攘择五卜，知其吉凶妖祥，伛巫跛击之事也。②

完善的政治体制，而并非如古代所关注的仅仅是一个功能涵盖完备的职官体系，应该是一个社会推动生态保护理念的基础。而在古代能够

---

① 《荀子·王制》，王先谦：《荀子集解》卷5，《诸子集成》第2册，第105页。
② 同上书，第106—107页。

意识到通过完善其职官体系来保障生态规划等的实施，已经是相当具有远见卓识的了。

古代哲学生态伦理和生态实践观，大体如上述。而或许这些论题对现代所具有的启发意义在于：

（1）古代思想的整体论特点，对于生态学有一定的启示；但比这一点更为关键的是，作为一种文化的因素，天、地、人三才和谐的理念，可以推动全社会的生态意识的启蒙。

（2）儒教"仁民爱物""民胞物与"，佛教"无情有性""众生有性"等命题，肯定了生命乃至整个环境的内在价值，为现代的生态伦理提供了传统思想上的资源。

（3）儒教经典中的生态规划与生态保护意识，不无一定的借鉴价值。

（4）儒、道、释三教关于生活方式的教诲，或许比其他任何方面，都更具现代转化的直接意义。

也许生态意识的启蒙、生态规划的完善、民主政治的建设、产权制度的配套完善，是今天解决生态问题不可忽视的一些框架性前提。而中国宗教的生态思想，则在良好生态环境建设的某些方面给予我们积极的启发，其经验、教诲是弥足珍贵的。但是对于古典学说精华的吸纳，或许任何时候都要避免一些幼稚病。因为虽然我们面对的是生态问题，但这是透过社会系统的方式而呈现的生态问题，所以也必须通过社会系统来寻求解决的途径。

第五章

中国古代哲学的若干特征

中国古代哲学的概念、范畴和命题，不少都有直接的生态意蕴，并可给予生态解释；但也有些概念、范畴和命题，即使没有直接的生态意蕴，或者基本上没有这样的意蕴，但都可给予生态的解释。关于第二个方面，我们首先应该明确某些思想或思想的特点的确是中国哲学和思想传统中固有的，即通过一系列经典表述来见证这些思想。其次才是解释和分析这些思想或思想的特点是对古代社会经济条件下的生态背景和地理环境的某种反映或反应，但这种生态的解释主要是第六章的工作。

本章所谈的中国古代哲学特征，主要有五个：现世性、中和性、宗法性、包容性和内在超越取向。[①] 但有两个重要特点，在此没有涉及，即生机论和整体观。然而对此所做的论述，其实早已散见于本书的第三章"天人之学的模式和图式"。

一　现世性：即物而穷其理

所谓中国古代哲学的"现世性"是指：其哲学观念所倡导的对于世界的本质或本根的把握，不是围绕着深沉的死亡恐惧、对死后超升的彼岸世界的幻想、理想化而假设性的理念世界、作为自然世界推动者的第一因、某种先验的自我，等等，而是引导人们直接去参悟内在于实际发

---

① 牟钟鉴先生对中国宗教的特征的概括是：宗法性、皇权支配神权、包容性和神道设教（参见牟钟鉴《中国宗教与文化》，巴蜀书社 1989 年版），其中皇权一条可纳入宗法性特征，而神道设教则为宗法性与现世性的表现形态。

生的事件之中的本质和本根，去把握"气""象"之中的道枢。例如将这种本质视为弥漫在宇宙中，并且蕴藏着无限生机的太和之气。个人的实践是要恰当地融入这一过程，并促成其固有的和谐于自身和外在两方面的共同实现，所谓"参赞化育"是也。因此，即哲学即宗教的修证境界，与实用或逐利目的之间是相容的而不是相斥的。

中国古代哲学和宗教的现世性特征，实为有目而共睹的。价值理念上的有关表达俯拾皆是。《易传》所云"富有之谓大业，日新之谓盛德，生生之谓易"，① 正是中国哲学围绕其现世性的目标而凸显的某种宏大而进取的气象。又如作为中国哲学思想基础的"道"，并非遗世独立和超然物外，而是蕴藏在百姓日用之中的，故云"道也者，不可须臾离也，可离非道也"。②

儒家伦理之学建立在个体对家庭和社会的责任的基础之上，认为"君子之道，造端乎夫妇；及其至也，察乎天地"。③ 儒家具有入世的本质，这没有疑问，尽管后世不少有名的人物，像他们的至圣先师孔子一样，对术数体系持有审慎的怀疑态度，但他们仍然充分地肯定了命运的神秘性和依德行生活所具有的安身立命的价值。这样就可以不必畏惧鬼神，甚至可以去影响天道和人事的运行。夫子拒斥"素隐行怪，后世有述焉"的生活态度，④ 从而像印度瑜伽那样的神秘主义者就在被批评的行列，归根结底，儒家就是要在庸言谨行之中，让人体会天人合一的超越境界和生命的本真形态，然而它直接关注的只是现世的事物，只是自然界合乎其节律的循环之道。

相对儒家对于管理层面的注重，道教的现世性主要体现在试图以带有巫术风格的生机观念去协调或掌握追求现世福祉的过程。财富、长寿和子嗣——这些现世的目标，是普通民众和儒、道二教都能够认可的。当然，围绕利益的思考和行动取向，并不能代表这个世界不断演化着的秘密。但是对儒家和道教，甚至对于有着"烦恼即菩提""入世即出世"一类观念的一些大乘佛教的信徒来说，人生证悟境界却可能在追求完全

---

① 《周易·系辞上》，《十三经注疏》上册，第78页。
② 《中庸》1章，朱熹：《四书章句集注》，第17页。
③ 《中庸》12章，朱熹：《四书章句集注》，第23页。
④ 《中庸》11章，朱熹：《四书章句集注》，第21页。

世俗的目标的过程中奠定基础或臻于极致。如果说儒家的现世目标或多或少是由族群的基因推动，因而更注重宗族的和谐与子嗣的繁衍，那么道教则对围绕个体本身的各种现世利益表现出更多关心。因而长生久视之术，亦即个体生命本身的延续，一直是道教长期以来追求的一个中心的目的，而单单这一点还不能表示出它的境界来，它的境界是与老子所洞察到的物极必反的原理有关的。

　　中国古代的哲学和宗教，始终洋溢着重视现世和现实的乐观情绪。孔子说："道不远人。人之为道而远人，不可以为道。"① 道就体现在万事万物当中，特别是体现在一系列偶极化的动态经验当中，诸如光明与黑暗、热与冷、上与下、干与湿、男与女，等等，前者为阳，后者为阴。生命与死亡，倘若也可以纳入这一对隐显转化的范畴之下的话，那么很显然，现世的生命是阳，而死后同一类气息的布散就是阴。庄子著名的"通天下一气"的命题，正是在试图用气化自然观来解释生死的差别与一贯时提出来的。

　　　　生也死之徒，死也生之始，孰知其纪？人之生，气之聚也，聚则为生，散则为死。若死生为徒，吾又何患？故万物一也。是其所美者为神奇，其所恶者为臭腐；臭腐复化为神奇，神奇复化为臭腐。故曰：通天下一气耳，圣人故贵一。②

　　儒教的张载也表达过相近的意思："海水凝则冰，浮则沤。然冰之才，沤之性，其存其亡，海不得而与焉。推是足以究死生之说。"③ 海水之冰沤犹若气之聚散而已。正因为这一类根深蒂固的生机观念，所以中国人对于生命和死亡的看法，却并未充斥着那一类震颤身心的辩证的恐惧。加上宗法型伦理，更容易让人用后代繁衍和宗族兴旺的理由，来淡化个体死亡的突兀性，从而有助于一种乐观情绪的培养。

　　我们知道印度的婆罗门教和小乘佛教有一股遁世的潮流，颇以为人

---

①　《中庸》13章，朱熹：《四书章句集注》，第23页。

②　《庄子·知北游》，王先谦：《庄子集解》卷6，《诸子集成》第3册，第138页。

③　张载：《正蒙·动物》，《张载集》，中华书局1978年版，第19页。

生万象无非阳焰化城而绝不可以留恋的。可是到了大乘佛教，已经开始注重调和出世与入世的矛盾了。在其本土化的传播过程中，由于颇受中国固有思想传统的渗透，佛教逐渐地走上较为肯定现世福祉、协调与伦常日用的关系以及清通简要的道路。按照大乘空宗原有的思路，现世的活动在俗谛差别法上可以得到某种承认，从圆融的立场来看，它与反映更高层次的真理的"胜义谛"是一致的。到了禅宗兴盛起来而成为佛教思想的主流以后，中国佛教在现世中求解脱的证悟法门方始完备。所以慧能讲"佛法在世间，不离世间觉；离世觅菩提，恰如求兔角。"① 在禅宗"说似一物即不中"的方法论的映照下，关于主体与客体、可能与现实、现在与将来或者世间与出世间等一切二元对立的说明，都碰上了困难。在"平常心是道"的审视当中，道在日常生活之中，而又超越了日常生活，在经历了奋迅直截、激扬踔厉的种种不测手法和转瞬即逝的直觉的电击以后，狂性歇息下来，我们就能真正体会到，这时候的"饥来吃饭，困来即眠"不是一种乏味，而是一种淡然自处的境界。

在中国，普通老百姓的宗教情怀也具有典型的现世特征。在主观意识的层面上，他们选择某种宗教仪式或崇拜某种民间神祇，是为了他本人、他的亲属或朋友的现世福祉而已。

我们古代的哲学和宗教之所以具有这种现世性，大概和此土的农业生态圈及其管理制度有关吧。几乎全世界的农民都有一种近乎实用的心态，这导致他们并不关心超验的存在问题和神秘的彼岸世界，而孜孜于追求现世的福祉，那种种可以触摸得到的、实实在在的价值。因此在较高级的形态上观察到的精致的哲学和宗教体系，往往是经过了改铸而被适用于农民们的、无可厚非的实用主义目标。对死后世界的关注导致了种种不切实际的玄想，而这些在中国的宗教中往往是付诸阙如的。虽然有源于佛教的净土信仰，为中古后期乃至今日相当一部分国人的灵魂安顿找到了一条出路，但它并没有从根本上改铸了中国的宗教。例如它没有导致逃弃现世的禁欲主义的流行，或任何其他形式的神秘主义的泛滥，更何况即便作为佛教的例子，我们还可以举证大乘佛教诸宗派所普遍遵奉的"生死涅槃"的信条，以及禅宗的情况。

---

① 宗宝编：《六祖大师法宝坛经·般若品》，《大正藏》卷 48，第 351 页下。

一般来说，在中国人的思想和生命体验当中，缺乏一种深沉的"死亡恐惧"，他们萦绕于心胸的"死"是一系列具体的死，例如由于战争或灾难而导致的恐慌。有理由认为，是宗法性社会结构导致的心理氛围和物候学方法的趋同性特征起到了缓和死亡恐惧的效果。在充满雍穆祥和气氛的大家庭内部，颇不容易产生焦虑，因为人不是以其无所依傍的个体方式直接面对世界的神性，群体的和谐可以帮他分担内心的痛苦和现身的畏惧。个体的神髓通过宗族、群体或他的后继者的方式得以延续下来，尽管死亡仍然是他必须对之负责的一种生存境遇，但它不是像西方宗教那样突出和能够激发彼岸世界的玄想。

有一点是清楚的：现世的目标本身会削弱宗教体验的深度。因而在中国哲学和宗教的类型中，境界主要是在协调现世的目标和追求现世福祉的祥和气氛中体现出来。在哲学因为结合证悟变得更像宗教的同时，宗教气质本身却因为这种现世性而变得有些淡薄。

二　中和性：方法论的道枢

在中国哲学传统中，所谓"中和性"是指：通过阴阳五行的编码方式得以理性化的生机观念，渗透于本土思想传统的方方面面，其取象比类方法的核心和灵活性的价值，并不取决于那些逻辑上充满含糊性的数字体系，而是由彼此相通的个体身上体会到的一种混沌的效应来推动它的判断，这种效应通常还会表现出情绪上不偏不倚和生态上与时消息的特征，阴阳五行的体系完全应当被看作是围绕这种和谐效应的两类相通的表达方式，例如阴阳就是比照周期性波动的某种和谐的生态效应而读出的两种方向相悖的失衡状态，而五行生克关系的推演，则无非是凸显某种和谐的或一般意义上的生态效应的季节性波动，对于古代哲学和宗教所许诺的价值来说，关键是它认为主体可以通过存养、省察的工夫而获得这种和谐的效应，而从它对于环境的适应和调节来说，我们又称它是"天人合一"的境界。

"中和"两个字亦见于《礼记·中庸》。其首章即曰：

> 喜怒哀乐之未发，谓之中；发而皆中节，谓之和。中也者，天

下之大本也；和也者，天下之达道也。致中和，天地位焉，万物育焉。①

"中庸"是早期儒家较为重要的一个概念，反映了他们朴实的智慧和对于生活的观察，其本意大概只是在某一德性区间内把握不偏不倚、从容中道的分寸而已。众所周知，汉代编次于《礼记》的《中庸》，是一部对夫子罕言性与天道的倾向有所裨补的儒家经典。该篇的起首三句，可谓开宗明义，提纲挈领，其文曰："天命之谓性，率性之谓道，修道之谓教"，虽然汉代的郑玄与宋代的朱熹等人对这三句的解释，与郭店楚简中属于思孟学派的《性自命出》一章颇不相同，但是从效果历史（Wirkungsgeschichte）这一解释学的核心概念来看，② 朱熹所谓"命，犹令也，性，即理也"，③ 或许才是真正重要的，意即气化成形所禀赋之理就是人、物各自"不可已"之必然与当然。虽然我们不必像朱熹那样把这个"理"认作纯粹客观和冷漠的理则或规律，但是天命、性、道、理确实是指所以衡定阴阳的东西也就是中和的效应。

到了宋儒，则更为明确地把"中和"视为圣学的根本，例如吕大临尝曰：

> 圣人之学，以中为大本……中者，无过不及之谓也。何所准则而知过不及乎？求之此心而已。此心之动，出入无时，何从而守之乎？求之于喜怒哀乐未发之际而已。当是时也，此心即赤子之心，即天地之心。④

也就是说，无过不及的执中用两，要在此心的喜怒哀乐没有被触动的状

---

① 朱熹：《四书章句集注》，第 18 页。

② 参见［德］伽达默尔（Hans-Georg Gadamer）：《真理与方法》，洪汉鼎译，商务印书馆 1992 年版。

③ 朱熹：《四书章句集注》，第 17 页。

④ 此则载录于《程氏文集》卷 9，程颢、程颐：《二程集》第 2 册，中华书局 1981 年版，第 608 页。

态下去求得，这时候的赤子之心就是天地之心。①

从思想史的角度来看，"中和"的概念并不局限于儒学的范围。例如道教就有它自己的论述"中和"的传统。在农业生态的一般背景中，它的意思倒也不必和儒家的观念相去甚远，如《太平经》解"太平气"三字有云：

> 太者，大也，洒言其积大行如天，凡事大也，无复大于天者也。平者，乃言其治太平均，凡事悉理，无复奸私也；平者，比若地居下，主执平也，地之执平也……气者，乃言天气悦喜下生；地气顺喜上养；气之法行于天下地上，阴阳相得，交而为和，与中和气三合，共养凡物，三气相爱相通，无复有害者。②

乃言阴阳之外，实有中和气也。又云"凡物五行刚柔与中和相通，并力同心，共成共万物。四时气阴阳与天地中和相通，并力同心，共兴生天地之物利。"③ 而后世道门屡屡讲要得纯阳真体，此处阳、阴是与生、死相契的概念，因其包含的宗教动机不同，自然另当别论。

《中庸》一书或许比其他任何一部儒家经典都更能引起佛家的瞩目。如北宋初年，天台山外派的代表智圆尝作《中庸子传》，述其自号"中庸子"的缘起。他认为在学理上，中庸就是龙树所谓二谛中道义："夫诸法云云，一心所变，心无状也，法岂有哉？亡之弥存，性本具也；存之弥亡，体非有也；非亡非存，中义著也。"④ 其实就今日的哲学逻辑

---

① 中和概念还是儒家修养论的重要根据，例如朱熹就是通过参究这一问题而奠定其心性论之基础的。这经历两个主要阶段。先是因不契乃师李延平所授龟山门下令人体验未发时气象的指诀，而认活泼泼的心用为已发，天命之性为未发，其工夫论是要在事上发现良心萌蘖处，后来朱熹察觉这种观点的弊端是心性上的急迫浮露，经乾道八年（1172）的己丑之悟后，始确立主敬致知的工夫论，乃以历时的体段关系持论未发、已发，未发指思虑未萌时，已发指思虑已萌时。但与此并行的另一层含义即未发指性，已发指情。而从朱子成熟时期的另一基本命题"心统性情"来看，如此含义上的未发、已发必定有共时性的不离不杂的间架关系。历时与共时不同向度上的含义不相淆乱、错位，乃在于思虑未萌更近乎性，思虑已萌则更近乎情。

② 王明：《太平经合校》，中华书局1960年版，第149页。

③ 王明：《太平经合校》，第149—150页。

④ 智圆：《中庸子传》，《中国佛教思想资料选编》第3卷第1册，中华书局1987年版，第126页。

论，释氏的中道所遮遣者，矛盾的范畴组也，而儒家所谓中庸则是情绪上的无过与不及，是指把握某一连续的质性区间的适度和分寸，含义有着微妙的区别。以后明代的憨山德清在解释《中庸》"率性之谓道"时说："是则自有厥生以来，凡有食息起居，折旋俯仰，动作云为，乃至拈匙举筋，欬唾掉臂，无一事不是性之作用。"① 而在德清看来，所谓戒慎恐惧乎不睹不闻，并非枯木死灰，而是不可睹不可闻之惟精惟一之性，"寓于寻常声色，而不流于声色，是则虽见虽闻而有不见不闻者存焉，是乃本吾性德全体大用之中庸也。"② 这是用禅宗的逆觉顿悟义来诠释儒家的"慎独"。

毕竟，禅宗作为中国化佛教的代表，还是体现了传统文化最核心的认知倾向，更在"冷暖自知"的默契意会上发挥得淋漓尽致。这种倾向与中和的效验有深刻的渊源关系，后世逃禅的人对此是不明白的。其实，《中庸》与周濂溪、张横渠等所论的"诚"乃是指可以当身体会的活泼泼的生态效应。又好比面对生机盎然的世界而发出"实在"的感叹——所谓"诚者物之终始，不诚无物"是也，③ 而这个所以感叹者就是道德主体性的承当，就是生机盎然的世界的另一种更高的效应，亦即妙万物而不居的观察者。可以说，《中庸》的标题及"诚"和"性"的概念，所表达的是一种生生不息的和谐在人身或心灵上的体现，其农业生态背景构成了儒家乃至整个传统文化永恒的主题。

正因"中和性"系指在个人身上体会到的和谐效应，故它可以成为取象比类方法的枢纽，便是即身测度阴阳五行的方法之道枢。此可举荀子所说"解蔽"为典型的示范。"虚壹而静"的原则正是在探讨取象比类方法的运用，而且很具代表性。荀子精辟地揭示了其中的奥妙，他说"人生而有知，知而有志，志也者，臧也，然而有所谓虚，不以所已臧害所将受，谓之虚"，以及"不以夫一害此一，谓之壹"。④ 这跟《中庸》的旨趣，跟庄子的"心斋坐忘"，乃至后儒所谓"主一无适"一样，都本于深邃的生态意识，即建立人与环境和谐、贯通的意识。人通过自

---

① 德清：《中庸直指》，1884 年金陵刻经处本。
② 同上。
③ 《中庸》第 25 章，朱熹：《四书章句集注》，第 34 页。
④ 参见《荀子·解蔽》，王先谦：《荀子集解》卷 15，《诸子集成》第 2 册，第 264 页。

身的虚静将外界变化感应为各式各样的征候（所谓"象"也），这些征候有序呈现，不相妨碍。①

三　宗法性：伦理和制度之天道

对于中国古代的哲学和教化的传统而言，所谓"宗法性"是指：从普通民众到最高统治者，都与某种以孝道为伦理的核心、以祖先崇拜为制度的枢纽的伦理和制度形态，保持着极为密切的关系，其成分渗透于包括基层组织在内的中国所有主要社会制度之中，由其衍生出来的政治理念和结构，实际上是宗族的理念和结构的延伸和放大；而传统社会里面的其他思想体系，基本上都要向上述宗法性形态表示敬意，与它保持协调，至少不得挑战它的权威性，例如论证某些貌似忤逆的行迹在原理上是与它相通的；而在儒家思想中表现得最典型的天道观，在社会历史的效果上，常常也是为了论证宗法性的天地根源，等等。

综合儒、道、释三教来看，可以说中国宗教的制度与伦理的主干是影响到整个社会结构的宗法性的制度与伦理。所以其思想意识形态上的反响也是非常强烈的。这中间，无论就其影响的实质还是就经典的表述而言，孝亲观又都是这种宗法性制度与伦理的基础与核心。②

一方面，孝亲观是在家庭形态出现以后，作为家庭内部主要的行为规范而得以明确下来，并表现为对于在世长辈的敬爱、服从、赡养和对于已故祖先的景仰和追念等。另一方面，孝亲观念又旨在借助上述温情脉脉的互动而强化氏族中的父系家长的权力。古代中国社会，在奉为宗子即通常是继承了相应祖先最嫡系之血缘的某位父系家长之下，大体上规定了每一位宗族成员的权利和义务，将他们编入一个金字塔式的森严

---

①　有关这一方法论枢纽的详尽探讨，参见本书第六章。

②　吾国传统的孝道，由来尚矣。早在商代卜辞等材料中，已有"孝"字的原型。约当西周时期，我们从当时的金文及《书经》和《诗经》等文献中能够看到大量关于"孝"的表述，如《尚书·酒诰》有曰："肇牵车牛，远服贾，用孝养厥父母。厥父母庆，自洗腆致用酒。"《孔传》曰："农功既毕，始牵牛，载其所有，求易所无。远行贾卖，用其所得珍异孝养父母。"及"其父母善子之行，子乃自洁厚用酒养也。""孝"无疑为祖先崇拜的各项礼仪提供了道义上的根据，较诸殷代祭祀纯粹本于天然纽带方面的"报施"关系，更有利于达到社会的和谐。

的等级当中，结成了主要是围绕长幼之序和嫡庶之分的层层依附和隶属的关系。此外，儒教乃至一些前儒家的学派还从孝亲观引申出忠君的思想，《礼记·祭统》说："忠臣以事其君，孝子以事其亲，其本一也。"①在此基础上诞生了家国同构的宗法制国家。

　　众所周知，汉代以来的儒教伦理之教条，就是三纲五常，所谓"君为臣纲，父为子纲，夫为妻纲"，及推崇"仁""义""礼""智""信"五项基本的德性，② 这些被认为源自不可乖违的天道运行。如果说董子所归纳的道德节目特别三纲的提法其着眼点是自上而下的王者之道，那么从社会基层细胞来看，最重要的道德品性是"孝"。孔子说："弟子入则孝，出则弟，谨而信，泛爱众，而亲仁。行有余力，则以学文。"③

---

　　① 　孙希旦：《礼记集解》下册，第 1237 页。

　　② 　其实，早在孔子就已提出"君君、臣臣、父父、子子"（《论语·颜渊》）作为从政的原则，孟子则涉及了"父子有亲、君臣有义、夫妇有别、长幼有叙、朋友有信"（《孟子·滕文公上》）五伦关系，其中除了朋友关系事涉平等，其余四伦均为尊卑主从的关系，此外荀子也明确表示"少事长，贱事贵，不肖事贤，是天下之通义也"（《荀子·仲尼》）。但他们还没有认为处于卑弱地位的一方必须绝对的、无条件服从，而是要以特定的责任、义务和伦理规范来约束不同的方面，否则就会破坏天然的秩序和固有的和谐。例如"君使臣以礼，臣事君以忠"（《伦语·八佾》），又如"君之视臣如手足，则臣视君如腹心；君之视臣如犬马，则臣视君如国人；君之视臣如土芥，则臣视君如寇仇。"（《孟子·离娄下》）但荀子则把"从道不从君，从义不从父"视为"人之大行也"（《荀子·子道》）。正是基于对于相互义务关系的理解，才会有孟子的"格大人之非"的说法。反倒是热衷专制君主的权谋术的韩非子，最早以无条件的统治和无条件的服从来理解君臣、父子和夫妇的关系。他说"臣事君，子事父，妻事夫，三者顺则天下治，三者逆则天下乱，此天下之常道也，明君贤臣而弗易也"（《韩非子·忠孝》），并认为人主虽不肖，而臣不敢侵，他指摘先儒所赞颂的尧舜揖让和汤武革命的故事。可见董仲舒以降的三纲的提法实是儒法合流的产物。

　　汉代以后，儒教伦理的核心就是人们所熟知的"三纲""五常"。三纲即君为臣纲、父为子纲，夫为妻纲。众所周知，董子为先儒所提及的人伦关系提供了一个"阴者阳之合"的天道观的论证，力图表明集权式人伦关系的永恒性与合理性。董子认为："故贵贱有等，衣服有制，朝廷有位，乡党有序，则民有所让而不敢争，所以一之也。"（《春秋繁露·度制》，苏舆：《春秋繁露义证》，第 231 页）因此，尊尊、卑卑、贵贵、贱贱，是统一上下而维护宗法社会和谐的最基本原则。"五常"这个表述，陆贾《新语·术事》已经提及："天道调四时，人道治五常"（《诸子集成》第 7 册，第 4 页）。但未明确讲五常的内容。贾谊则是把仁、义、礼、智、信、乐称为"六行"。直到董子才确立五常为仁、义、礼、智、信。他说"夫仁、谊、礼、知、信五常之道，王者所当修饬也。"（《天人对策》）可以说，仁是爱人，义是正己，礼是序尊卑、别贵贱，智是分等级、识人伦，信是诚于道、信于教。

　　③ 　《论语·学而》，朱熹：《四书章句集注》，第 49 页。

有若则进一步概括为"君子务本，本立而道生，孝悌也者，其为仁之本与。"① 而在"三纲"里面，它跟"父为子纲"关系最为密切。孝亲观念作为儒教礼制的核心，《礼记·大传》是这样评价其社会功能的：

> 自仁率亲，等而上之至于祖，自义率祖，顺而之下之至于祢，是故人道亲亲也。亲亲故尊祖，尊祖故敬宗，敬宗故收族，收族故宗庙严，宗庙严故重社稷，重社稷故爱百姓，爱百姓故刑罚中，刑罚中故庶民安，庶民安故财用足，财用足故百志成，百志成故礼俗刑，礼俗刑然后乐。②

"孝"不仅仅是体现在对在世父母的供养和对已经去世的祖先灵魂的祭祀当中，还体现在为社会服务而实现个体生命的永恒价值当中，这就是通过个体的扬名来达到光宗耀祖的目的。《孝经》有云："立身行道，扬名于后世，以显父母，孝之终也。"此处所说的正面而基本的扬名方式无非有三种，即立德、立功、立言。盖不惟使自己青史留名，亦且令自己的父母和宗族为后人所崇仰，因为他们和自己在生命的质素上是一体的。按照《孝经》成书年代的官僚选拔的所谓察举制度等，这三条亦能够保证现世的禄位，这和它们的内在价值一道，能够提升祭祀的规格，从而进一步实现孝道。

但是孝道（或者更广泛意义上的宗法性）并不是一个单纯的伦理问题。大孝，甚至是宇宙的内在特性。《孝经》有云："夫孝，天之经也，地之义，民之行也。"③《西铭》里面讲"乾坤父母，"有异曲同工之妙。

三纲五常的道德性的根源，在于天命下降，在于尽心知性知天，在于人副天数，在于太极之理的发用流行。总之，根源在于天人之际的生态意蕴。不管这种伦理上的自然主义的想法合理与否，它的确反映了农业生态背景下的天道观所拥有的近乎压倒一切的优势。关于三纲的天道根源，董子有云：

---

① 同上书，第 48 页。
② 孙希旦：《礼记集解》，第 916—917 页。
③ 邢昺：《孝经注疏》卷 3，《十三经注疏》下册，第 2549 页。

　　凡物必有合……阴者阳之合，妻者夫之合，子者父之合，臣者君之合。物莫无合，而合各有阴阳。阳兼于阴，阴兼于阳……①

　　是故仁义制度之数，尽取之天。天为君而覆露之，地为臣而持载之。阳为夫而生之，阴为妇而助之。春为父而生之，夏为子而养之，秋为死而棺之，冬为痛而丧之。王道之三纲，可求于天。②

　　对朱熹来说，天地之间，理一而已，只是一个太极，随其各得时中，各得其宜，即分化为仁、礼、义、智，加上一个通于四节目的"信"，而此五常，又分别相当于五行的木、火、金、水、土，前四又相当于春、夏、秋、冬四季。恰有一个"生"字可以统贯。太极者，即"生"理之极致。

　　"仁"字须兼义礼智看，方看得出。仁者，仁之本体；礼者，仁之节文；义者，仁之断制；智者，仁之分别。犹春夏秋冬虽不同，而同出于春：春则生意之生也；夏则生意之长也；秋则生意之成；冬则生意之藏也。自四而两，两而一，则统之有宗，会之有元。故曰："五行—阴阳，阴阳—太极。"③

　　传统的宗法性宗教在西周已经具有了完备的形态，儒家脱胎于它，又与之保持若即若离的关系，最后则在汉代与它汇流而形成所谓的"儒教"。其至上神为天帝，系农业生态环境的一种象征。而在普遍的价值上居首位的是祖先崇拜。它遍布于帝国境内的每一个角落和每一个阶层。盖古人认为"万物本乎天，人本乎祖"，故而敬天法祖遂为天下通义，而"慎终追远"的意思则尤为突出，儒家认为对父母是要"生，事之以礼；死，葬之以礼，祭之以礼"。④ 实则，祖先崇拜正是农业型国家的意识形态和它的宗

---

① 董仲舒：《春秋繁露·基义》，苏舆：《春秋繁露义证》，第350页。
② 同上书，第351页。
③ 黎靖德编：《朱子语类》卷6，中华书局1986年版，第109页。
④ 《论语·为政》，朱熹：《四书章句集注》，第55页。

族制度的核心。在这样的崇拜中，人们被反复地灌输了血缘宗亲和礼法等级的意识。故其社会功能的重要性，导致荀子、王充这些颇有无神论倾向的知识分子也不得不向其妥协。而其作用正如《礼记·祭统》所云："崇祀宗庙、社稷，则子孙顺孝，尽其道，端其义，而教生焉"，"祭者，教之本"。①

中国人的传统伦理的确具有典型的宗法性质，可它难道不也是具有某种普遍价值吗？它关心既是等级的又是相互补充的关系，例如阳和阴，天和地，男和女，君和臣，父和子，等等，同时存在着一个日常状态下感情投入的程度有所区别的伦理扩散圈，例如当程颐继承孟子的论调，而对于颇具典型性的杨、墨两家的极端观点进行批判时，他说："分殊之蔽，私胜而失仁；无分之罪，兼爱而无义。分立而推理一，以止私胜之流，仁之方也"。② 这是认为，分殊而不能归于理一，即是杨朱的贵己之说，执理一而无分殊，即是墨子兼爱之说，二者各有偏颇。所以极端的博爱主义在这里是受到审慎质疑的。③

在以忠孝为核心的宗法型伦理观念上，道教和儒教颇具一致性。道教的伦理教化，则是要假借鬼神赏善罚恶的威慑力和劝诱力。事实上从《太平经》开始，各种道经就不断宣称有司过之神，下辖严密的神界机构，来对众生的行为实行监察登记。然而其中所肯定的伦理诫条则仍不过是儒家的那一套，《太平经》强调教徒要遵循敬奉天地、忠、孝、顺、慈仁、诚信等做人的准则，足以表明它的伦理观念是相当应合儒教传统的。而正是这部经典孕育了早期的两大道派。以后诸道派所持的伦理信条亦不能超越此矩矱。陈致虚《金丹大要》就更明确说道："金丹之道，先明三纲五常，次则因定生慧。纲常既明，则道自纲常而出，非出纲常之外而别求道也。"④ 又如洞真部戒律类《虚皇天尊初真十戒文》第一

---

① 孙希旦：《礼记集解》下册，第 1243 页。

② 程颐：《程氏文集》卷 9《答杨时论西铭书》，程颢、程颐：《二程集》第 2 册，第 609 页。

③ 而基督教则试图超越道德态度的情境性原则和那个存在亲疏次第的伦理扩散圈，在深深接触中国文化的利玛窦等人看来，近爱所亲禽兽亦能之，近爱本国庸人亦能之，而堪称"仁"者实爱天主。按照类似的抽象原则，当乡人有攘羊者时，子为父隐、父为子隐的情况就是不足称道的，因为这在天主看来是不义的，基于前述的背景，中国人通常很难理解摩西所规定的第一项义务，就是不要爱父母，而要爱上帝。

④ 陈致虚：《上阳子金丹大要》卷 2，《道藏》第 24 册，文物出版社等 1988 年版，第 9 页。

条云："不得不忠、不孝、不仁、不信；当尽节君亲，推诚万物。"第五条云："不得败人成功，离人骨肉；当以道助物，令九族雍和。"①而元代净明道以"忠孝"名其教，其立场自不待言。

儒教及其前史构成了一部中国思想史和宗教史的骨架，宗法性内涵则是其伦理和政治哲学的核心。而民间信仰和道教也经常想要与它看齐，仰赖其鼻息，也就是把自己的伦理条目和政治原则等编纂得如同儒家的翻版。②再就是，像佛教这样的外来和尚为了在中国本土立足，凡涉礼仪之争时，不得不采取守势而反复申辩其抛家弃子的出世行为实乃有为父母及生灵默祷的大孝，这种说法，曲为之解也罢，理有固然也罢，均反映了一个基本的现实，那就是宗法型伦理对其他宗教派别构成了强有力的制约。

再者，由于传统政治结构缺乏权力平衡的特点，因此部分是在表象的形态上，部分则是在实质的社会机制方面，均呈现出帝国政府尤其最高统治者的个人好恶对于宗教发展所具有的明显干预作用，这种主观随意性亦即缺乏形式的法律制约，恰恰是宗法型社会权力运作的特点。当然从更深层的角度考虑，可以认为它必然受制于农业的生态特征，是有关的生产生活方式曲折的折射，并在这方面表现出一定的强制性和客观性。

四　包容性：思想体系间的兼容并蓄

每一种成熟的哲学流派都有一整套自己的观点和思想、论证和表达方式。其间的个性差异可谓一目了然，但这并不排斥许多流派可以同时表现

---

①　《道藏》第 3 册，第 403、404 页；另见上海涵芬楼影印正统《道藏》洞真部戒律类，第 77 册。又如《太上大道玉清经》卷 1、《本起品》卷 1 所载十戒中，亦有两条力主世俗的忠孝。第一条云："不得违戾父母师长，反逆不孝。"第三条："不得反逆君主，谋害宗国"（上海涵芬楼影印《道藏》正一部，第 1222 册）。

②　按，道教典籍《无上秘要》卷四六收有"洞神八戒"，据与《三洞众戒文》中相当的内容相互对照考订的结果条陈如次：1. 学解五行，补习五德；2. 勤习五事，不可无恒；3. 平理八正（政），行藏顺时；4. 明识五纪，与气同存；5. 精审皇极，上下相和；6. 修行三德，期会三清；7. 决定疑惑，化伪存真；8. 考核征验，消祸降福，炼凡登圣，无负三尊。这里的五行、五事、八正、五纪、皇极、三德诸项明显就是《尚书·洪范》九畴中的一至六畴。所谓九畴，根据儒教的传说，是上帝授予夏禹的九条施政纲领。

出明显的包容性。所谓哲学体系的"包容性"是指这样一种情况：某一流派对于构成自身特征的一系列思想上的要素固然予以坚定支持，但他们通常并不认为其他重要的、已获社会较普遍尊重的思想体系，是一种道义上必须去谴责和贬低的东西，他们也许只是认为这些异己的思想和信仰只是灵性上不够透彻而已，或者认为是某种圆融的终极真理的不同折射方式；类似于西方中世纪那样毅然决然的正统、异端的二分法的意识，对中国古代思想而言是陌生的、隔膜的；某一思想体系的发展，往往是建立在对此前就已产生的较为合理或者较有影响的思想成分的吸收容纳的基础上。可以说，中国古代哲学和宗教的思想发展体现了相当典型的包容性。

　　中华文化的发展历来具有包容连续型的特征。中国的哲学和宗教亦然。史前时代和华夏文明的初期，即便在黄河流域这块后世中华文化的核心区域内，也仍然存在着语言、风俗和生产方式各异的许多民族。譬若夏、商、周、秦、汉便不能被看作一脉相承的改朝换代，而是起源各异的不同文化间的关系。① 甚至到春秋末期孔子所说的"有教无类"，亦主要不是指社会贫富等级的差别，而是指种族特征和文化背景。② 古代思想史正是在这样的多元文化相互碰撞和融合的基础上茁壮发展。因此从一开始它就是各种地域文化的兼收并蓄，以后则像滚雪球一样随着华夏文明和汉字圈的扩散而有各种不同成分不断融入进来。阴阳五行的体系将尚古时代一直延续下来的生机论进一步予以理性化而高度体现了本土思想在这方面的原创力。然则正是这种体系背后的取象比类的认知方法为本土的思想传统和日常体验的包容性提供了基础。因为它无须对现象中的差异进行细致的辨认。

　　汉代的儒教本身就是先秦诸子时代遗留下来的多种传统融会贯通的结晶。儒家无疑构成了它的道德意识的骨干，其相礼教学的职能则为其仪式主义的特征奠定了基础。而阴阳家的观念或者类似的解释甚至渗透到了经学的方法之中。在汉代，刑名术数之学既影响到黄老道，也对儒教本身的政治哲学产生了一定的冲击。因此儒教的成立并不是一个孤立的事实，它上承三代礼制，而采撷诸子之学中足以发明治世之道的部

---

① 参见苏秉琦《中国文明起源新探》，三联书店 1999 年版，第 4 页。
② 苏秉琦：《中国文明起源新探》，第 5 页等。

分，为我所用而成其大宗。

汉魏以降，中经盛唐，迄至明季，中外交流的途径也为中国哲学和宗教的发展提供了新鲜的血液。其中印度佛教的输入为一大盛事。这在很大程度上是中古时代富于探索精神的中国人主动将它请进来的。虽则初时与本土传统亦不乏相互贬低、摩擦和论战的情况，甚至发生过中央政权的毁教事件，然而儒、道、释三教之间总体上仍然形成了一种良好的共生关系。而帝国政府出于神道设教的目的，绝大多数情况下采取兼容并蓄的政策。可以说，中国宗教和哲学的主流——儒、道、释三教之间不仅没有发生大规模宗教战争，而且从一开始就在不断地相互模仿和学习，以及试图调和与折中跟其他类型的差别。先是有论者强调社会功能上的互补，及在伦理实践的方式上作出相应调整，继而是道教在经典制作方式上对于佛教的借鉴，再进到佛教的本土化老庄化和三教在理论观点上的融合。至宋代以后，则三教圆融的思潮真正深入人心，蔚然成为风气。①

"万物并育而不相害"即各自独立的发展，本无所谓冲突，而冲突必定会涉及同一个领域内的社会规范和价值理念的选择，而这些毫无例外地都会具有观念层面上的迹象。因此若单纯就深层的关系而论，则无非是仪轨、制度和思想体验方面的相互渗透的事实，以及各自独立发展的轨迹对于他者所构成的一种境遇上的限定。由于农业文明的生态特点和以天子宗庙最为隆盛的祖先崇拜所代表的宗法制在社会结构中占据的无可争议的地位，儒教始终是岿然不动的中国思想史和制度史的骨架。从历代官方祀典的沿革和经学解释模式的保守性来看，儒教在神谱、仪轨和伦理方面所受到的外来冲击微乎其微。看来，只可能由它的观念来改造其他二教的神谱、制度和伦理的某些因素，而不是相反。然而，在思想体验方面的一些相互的影响，倒也是一个值得探讨的问题。

---

① 西方人总是将他们的信仰分门别类，标榜自己是犹太教徒、天主教徒或者新教徒，等等，但在中国，情况却大不一样，除了职业僧道以外，包括大部分知识分子在内的一般中国人从不将自己的信仰作出明确区分。他们既可以到丛林参禅礼佛，也可以去道观求签问卦。倘若宗教的定义就是个人对某类神秘信息的大体明确的、具有排他性的奉持和景仰的话，那么说中国人同时信奉若干种宗教与说他们信奉一种同样是错误的。在中国，除了祖先崇拜以外，几乎就没有任何原则可以帮助国人来抉择，因此理论上某个个体也就可以包容所有这些信仰，并在这些有可能相互冲突的教义之间来回穿梭，对其中的差别采取存而不论或折中调和的态度。

　　一部三教关系的观念和深层的历史，可以分为两个时期，第一个时期是中唐以前，虽然也有"三武一宗"即北魏太武帝、北周武帝、唐武宗、后周世宗等人的毁佛和梁武帝、唐中宗等人的佞佛，但主要的方面还是：三教在保持自身特色的前提下健康地向前发展。这时候适量的冲突和强调自身的卓越反而是有益于思想创造的一种刺激。① 中唐以降，

----

　　①　中唐以前，一般士子们对于佛道的蒸蒸日上，虽时有提出辟佛论者，但总体上盖未尝究心焉，更有崇尚玄学清谈的士子，为佛教般若学的盛行提供了思想史的契机。然则实际的历史，亦不全是一派春风煦煦、笙歌悠扬的和平景象，在本身倡导一致论的《牟子理惑论》揭开了讨论三教关系的序幕以后，划分为两大阵营的佞佛者与反佛者的争论主要是围绕四个问题展开的，即夷夏论、危国论、白黑论和神灭论（参见牟钟鉴《中国宗教与文化》，巴蜀书社 1989 年版，第 32—67 页）。其中的夷夏论与危国论都涉及制度层面上的批评，也是历来争论的重心，白黑论则由反叛佛教的沙门慧琳所著之《白黑论》引发的，涉及大乘佛教的基本理论——缘起性空，至于神灭论，乃是范缜基于"形存则神存，形谢则神灭"而提出的一种批驳，究其实质恐怕连儒、道在内的一干宗教都在劫难逃吧。不过慧琳、范缜的反驳都没有给后世的人们留下较深的印象。倒是肇端于东晋时沙门应否敬王者之问题的夷夏论等对于佛教本土化过程产生了深远的影响。东晋时先后有权臣庾冰和桓玄，站出来强调"王教不得不一"（《庾冰重代晋成帝诏》，《弘明集》卷 12），要求沙门跪拜王者，他们的对立面何充等人，则认为佛教通过矫正民心实在是有助于王化的，争论中反佛者的一个煽情性的论调是佛教礼仪乃是本于"狐蹲狗踞"的夷俗，与华夏正统不堪相提并论。这种狭隘的民族主义立场使得争论带上了更多的情绪化色彩。当时，慧远以南方佛教领袖的身份曾经作过一篇著名的《沙门不敬王者论》提出僧人"内乖天属之重，而不违其孝；外阙奉主之恭，而不失其敬"（《沙门不敬王者论》，载于《弘明集》卷 5；参见石竣等编：《中国佛教思想资料选编》第 1 卷，中华书局 1981 年版，第 82 页）。因为奉佛可以拯济流俗，超拔幽灵，协契皇极。这种争论对于佛教的发展颇具建设性的推动在于，佛教徒开始更明确地把佛教的社会功能同宗法性伦理联系起来，如僧顺说："释氏之训，父慈子孝，兄爱弟敬，夫和妻柔，备有六睦之美"（《析三破论》，《弘明集》卷 8）。

　　还有就是从社会功能的角度提出的佛教危国论，东晋桓玄尝曰："京师竟其奢淫，荣观纷于朝市，天府以之倾匮，名器为之秽黩。避役锺于百里，逋逃盈于寺庙"（《欲沙汰众僧与僚属教》，《弘明集》卷 1；另见《选编》，第 117 页）。看来这种论调也不完全是捕风捉影，而经济方面的考虑肯定是主要的。一个农业体制的国家看来不可能支持一项糜费浩大的非生产性的宗教事业。当郭祖深上书指出因天下僧尼太多、户口几亡其半而危及国家的基础时，他面对的是一个数度舍身于佛寺的梁武帝。可是对于追求出世的佛教来说，却并不总是有这样的好运。因此当某些对之素无好感的皇帝认为佛教使政教不行、礼义大坏，而依附佛寺的大量逃户使得国家的赋税和兵役受到严重损害时，灾难性的毁弃和限制便是在所难免的。而历次毁佛，尤以唐武宗会昌年间的灭佛事件规模最大和影响最深，除保留个别寺院的僧职外，共毁大中型佛寺 4600 余所，小寺 40000 余所，还俗僧尼 260500 余人等，从此，多数佛教宗派元气大伤、一蹶不振，整体上也开始走下坡路。当然，从净化心灵和敦厚民俗的角度看，也有许多统治者看到了佛教所具有的正面价值。例如南朝宋文帝相信"若使率土之滨皆纯此化，则吾坐致太平，夫复何事？"（《何令尚之答宋文皇帝赞扬佛教事》，载于《弘明集》卷 11）

在思想的争衡中儒家的正统地位愈益得到强调和突出，与此相映成趣的是，儒、道、释三教的思想的融合蔚为趋势和潮流。道、释二教纷纷有一些重要派别的重要人物为融合的目的摇旗鼓噪，煞是热闹，唯一的不和谐音来自理学的正统观念。由于从魏晋迄至宋初，佛教在思想和体制方面的影响都要超过道教，因此，虽然泛称的"老氏"亦常常一并被当作批判对象而提及，但矛头主要是针对佛教的。[①] 批判归批判，却不能掩盖理学家们普遍出入释老而暗窃其说的事实，濂、洛、关、闽各家，莫不如此。[②]

至于释、老两方面——尤其释教——则对于儒教有着某种委曲求全的姿态，在其为学旨趣的宣告上，释、道两家是三教融合论的主要倡导者，除了天台宗智圆等人的常常被人提到的论点之外，更著名的一个例子是全真道。作为经由孔子整理而大体确定下来的一种知识体系，以及作为包含着各自系统的神话、仪轨和经典的制度型宗教，无论是否包含着一种姿态上的表示，儒、道、释三教相互媾和的实际努力，主要是围绕它们各自的精神意趣上的调和而展开，这已经显示出中国宗教的包容性特征。可是在民间宗教的熔铸当中，以及在更为开放、易感和结构上更为脆弱的民间信仰那里，三教融合却可以进一步地表现为神谱、经典、仪轨和伦理说教上真正的大杂烩。

从《易传》"殊途而同归，一致而百虑"的说法，到天台宗"会三归一"，以为声闻、缘觉、菩萨等皆共一乘，惟觉悟方法的不同而已，等等，其思想方法上追求妥协的共性是有目共睹的。这也是传统思维方

---

① 有一知半解的批驳其"唯心"论的，如张载云："释氏不知天命而以心法起灭天地，以小缘大，以末缘本，其不能穷而谓之幻妄，真所谓疑冰者欤！"（《正蒙·大心》，《张载集》，第 26 页）在生死观上则认为释、道二教："彼语寂灭者往而不返，徇生执有者物而不化。二者虽有间矣，以言乎失道则均焉。"（《正蒙·太和》，《张载集》，第 7 页）另一种常见的论调，是本于三纲五常之类礼法秩序的本体根据上的考虑，而认为"佛说万理俱空，吾儒说万理俱实"（《朱子语类》卷 17），这"理"最后便是要归到"主之以仁义中正而立人极焉"。

② 如程颢据说"出入于老、释者几十年，反求《六经》，然后得之"（《河南程氏粹言》卷 2，《二程集》第 4 册，第 1241 页）。其弟颐，则与灵源禅师过从甚密，而雅赞其"不动心"。另一个关键人物朱熹也在给友人的书信中称自己"驰心空妙之域者二十余年"（《答薛士龙》，《朱子文集》卷 38）。所以无论从私人交往的方面还是从理论上的共性来看，释氏尤其禅宗之深刻影响到理学都是毋庸置疑的。

式具有包容连续型特征的明显征兆。但实际上，过分强调事情圆融的一面，总是会在关键特征的判断上变得嗫嚅而失语。也就是说，这不完全是好事。单纯的抹杀差别一般会损害宗教的原创力和体验的深度。也许合理的包容性态度就是像古人所说的那样"和而不同"，也就是说，是一种共生的关系。

五　内在超越：天人合一的本体与工夫

儒、道两家皆有其关于内在超越的理论。其鹄的和宗旨，一在于学做圣贤，而最高境界即圣人的神化之境，为社会性和自然性的高度统一；一在于长生久视，然其所追求之个体身心之协调畅达，仍然根植于自然无为之道。换言之，两家的内在超越理论，在目的、宗旨和手段、途径两方面，都深刻地蕴藏着天人合一的生态意蕴。

圣贤之学是儒家学问题的特色，关于宗法型社会里面的理想人格的追求，在儒典中就其不同的层次、不同的境界，而有各种不同的称谓，"士""君子""君子儒""成人""大人""贤人""圣人"，等等，不一而足。

较常见的几种人格境界的层次安排，或称为士、君子、贤人、圣人，如《大戴礼记·哀公问五义》借孔子言曰：

> 所谓士者，虽不能尽道术，必有所由焉；虽不能尽善尽美，必有所处焉。[①]
>
> 所谓君子者，躬行忠信，其心不买（买或当为置——引者注）；仁义在己，而不害不志；闻志广博而色不伐；思虑明达而辞不争；君子犹然如将可及也，而不可及也。如此可谓君子矣。[②]
>
> 所谓贤人者，好恶与民同情，取舍与民同统；行中矩绳而不伤于本，言足法于天下而不害于其身；躬为匹夫而愿富，贵为诸侯而

---

① 王聘珍：《大戴礼记解诂》，中华书局1983年版，第10页。
② 同上。

无财。如此则可谓贤人矣。①

　　所谓圣人者，知通乎大道，应变而不穷，能测万物之情性者
也。大道者，所以变化而凝成万物者也。情性也者，所以理然不然
取舍者也。故其事大，配乎天地，参乎日月，杂于云蜕，总要万
物，穆穆纯纯。其莫之能循，若天之司；莫之能职，百姓淡然不知
其善。若此，则可谓圣人矣。②

也就是说，士的知行是有一定局限性的，但务必要审其所知所由，坚持
某种原则。其次，君子表现出笃行仁义和博学明辨的进一步特征。再
次，贤人的标准是要超越于独善其身，而以社会关怀为己任，又不贪图
富贵。最后，圣人境界，实乃天人合德、浑然化成之境界，垂拱南面而
天下理也。

　　另一种常见的境界浅深的称谓是来自《尚书》所谓"圣希天、贤希
圣、士希贤"是也。对此周子《通书》评述曰："伊尹、颜渊，大贤也。
伊尹耻其君不为尧舜。一夫不得其所，若挞于市。颜渊不迁怒，不贰
过，三月不违仁。志伊尹之所志，学颜子之所学，过则圣，及则贤，不
及则亦不失于令名。"③ 伊尹、颜渊这样的，也不过是止于贤人。可见
上述圣人的难当。

　　孟子说，人之所以异于禽兽者几希，其要只在于有无仁义，庶民去
之，君子存之。这里的"君子"是一个泛称，涵括了《大戴礼》所说的
士、君子、贤人、圣人几个层次。所以甚至不必说做一个有道德的人，
一个高尚的人，仅仅说做一个人就已经包含着无穷无尽的丰厚的意蕴
了。所以承接孟子之言，而好谈"满街都是尧舜"的陆九渊辈，就径直
说做"人"去了："凡欲为学，当先识义利公私之辨，今所学果为何事？
人生天地间，为人当尽人道。学者所以为学，学为人而已，非有为
也。"④ 以及"人须是闲时大纲思量；宇宙之间，如此广阔，吾身立于

---

① 王聘珍：《大戴礼记解诂》，第 10—11 页。
② 同上书，第 11 页。
③ 周敦颐：《通书》，曹端：《通书述解》卷上，上海古籍出版社 1992 年影印四库本，第
15—16 页。
④ 黄百家：《宋元学案》，中华书局 1986 年版，第 1889 页。

其中，须大做一个人"。这样的人，是十字打开的"大人"①，是与天地正气相贯通的，要做到这样的人，实在是不容易，因为已经同圣贤境界相仿佛了。而圣人不过是把人性中固有的要素，发挥到了极致而已。所以周敦颐讲："惟人也，得其秀而最灵。形既生矣，神发知矣。五性感动而善恶分，万事出矣。圣人定之以中正仁义，而主静，立人极焉。"②

　　圣人是不容易做的，连孔子都不敢自称是圣人，何况其他？但是圣人的境界，作为一个悬设的理想，仍然是有理可循的，"他"博施济众而爱民，表现出强烈的社会关怀。关于其笃行仁义以至于天人合一的境界，孟子有一段话表述得非常精彩，他说：

　　　　可欲之谓善，有诸己之谓信。充实之谓美。充实而有光辉之谓大。大而化之之谓圣。圣而不可知之之谓神。③

意即欲求可以欲求的东西就是善，所谓"有诸己"犹儒家所常谈的"为己之学"，是指不驰心外求，役物而不役于物也。又进一步推扩己性中本于天理之善端，至于充满而积实，则美在其中矣。美在其中而畅于四体，充实善信而宣扬之，使有光辉，是为大人。大行其道，天下化之是为圣人。圣人者，泯然无迹可求，不思不勉，从容中道，非知性所能窥测，是为"神"。——这就是儒家的圣贤之学。

　　作为本土宗教传统的另一面，道教之学以"长生久视"为极致，秉承了古来隐士的传统，但又和老庄恬淡素朴的旨趣不完全吻合。对此，王恽《大元奉圣州新建永昌观碑铭》有云：

　　　　后世所谓道家者流，盖古隐逸清洁之士，岩居涧饮，草衣木食，不为轩裳所羁，不为荣利所怵，自放于方之外。其高情远韵，凌烟霞而薄云月，诚有不可及者。自汉以降，处士素隐，方士诞夸，飞升炼化之术，祭醮禳禁之科，皆属之道家。稽之于古，事亦

---

①　陆九渊：《陆九渊集》，中华书局1980年版，第439页。
②　周敦颐：《太极图说》，上海古籍出版社1992年影印四库本，第10页。
③　《孟子·尽心下》，朱熹：《四书章句集注》，第370页。

多矣，徇末以遗本，凌迟至于宣和（1119—1125 年）极矣。弊极则变。于是全真之教兴焉。[1]

也就是说，他认为在全真教兴起以前，道门中的流弊甚多，这其中就包括殚精竭虑于炼养成仙的方术体系。其实对生命的神圣的尊重，是难能可贵的，而个体生命的无限延续，毕竟违反了自然规律，所以我们今日应当从道教的历史中汲取精华的部分，便是他们对于生命本身的一如既往的重视和对于生态和谐的祈愿。正是基于这样的考虑，才应该认真对待他们的长生术。

全真道兴起以后对累年以来道教方术和科仪的烦琐失真现象提出了严肃的批评，特别是反对外丹烧炼和符咒祓禳之术，因而它着重师法经过长期酝酿而形成的钟吕内丹派的修仙方术，特别在理论所表现的共性方面继承了以吴筠和司马承贞为代表的重玄派的理路。创派祖师王重阳受禅宗心性论的影响，强调人的"本来真性"（元神）不生不灭，是成仙证真的唯一根据；而四大假合的肉身是有生有灭的。他又对"长生"概念重新进行了定义："是这真性不乱，万缘不挂，不去不来，此是长生不死也。"[2] 这样就把道教追求肉体长生的信仰转变为心性超越生死的路向了。这在某种程度上讲，也是回归到了庄子"齐一生死"的旨趣上。只不过它在禁欲主义特征和思想方法方面处处深受佛教的影响罢了。

基于学做圣贤和修"长生久视"之术的不同目的，其修养工夫论，亦各不相同。在于儒家，起先孔子也只是说"躬自厚而薄责于人，则远怨矣"及"吾日三省吾身"云云，更具体的涉及内省的修行方法尚未特别成形。当日孔门弟子日常所操练的主要事情是"礼"，是在揖让升降、谨谨如也的礼仪动作中体会尊亲忠恕乃至于洋洋乎发育万物的圣人之道。所以当孔子厄于陈蔡之间的时候，也仍然陈俎豆，设礼仪，未尝一日中缀，这一点的宗教意义是后世不能完全体会的。

---

① 《秋涧集》卷 58，武英殿本。
② 王重阳：《重阳真人授丹阳二十四诀》，《道藏》第 25 册，第 807 页；另见上海涵芬楼影印《道藏》，第 796 册。

从后世的承传来看，为儒家的修行体系奠定其大体规模的，是思孟学派。而其核心则不外乎所以"诚之"之道也。存养的目标是"上下与天地同流，所过者化，所存者神"的浩然之气。其所究心者，一为自然性的气，尤其要存养夜气，盖孟子认为牛山之木虽被斧斤，但以其日夜之所息，雨露之所调，非无萌蘖之生焉，而碌碌劳攘之众生，其旦昼之所为，有物欲的桎梏放其良心，亦犹斧斤之于木也。故须存养清明的夜气，"夜气不足以存，则其违禽兽不远矣"。① 一为社会性的人伦礼义，故言至大至刚的浩然之气是集义之所生，"其为气也，配义与道，无是，馁也"。② 故而两者相率而互用，犹云"持其志，无暴其气"也。孟子所云另一为宋明儒瞩目的地方，在其"必有事焉而勿正，心勿忘，勿助长"的从容中道，此言养气法则，尤为切要，否则就是在拔苗助长啊。

汉唐儒生多孜孜于经学的积累，于心地法门未曾注意。直到宋儒在佛学粲然完备的止观法门的刺激下，才开始走上静坐内省的路数。如北宋最为学者宗师的伊川就说：

> 学者先务，固在心志。有谓欲屏去闻见知思，则是"绝圣弃智"；有欲屏去思虑，患其纷乱，则是须坐禅入定。如明鉴在此，万物毕照，是鉴之常，难为使之不照，人心不能交感万物，亦难为使之不思虑。若欲免此，唯是心有主；如何为主？敬而已矣……所谓敬者，主一之谓敬，所谓一者，无适之谓一。③
>
> 有以一为难见，不可下工夫，如何一者，无他，只是整齐严肃，则心便一，一则自是无非僻之奸。此意但涵养久之，天理自然明。④

其中与止观法门的差别，正所谓"欲辩已忘言"。其实，伊川工夫论的总纲，可以用"涵养须用敬，进学则在致知"两句来概括，致知则是事

---

① 《孟子·告子上》，朱熹：《四书章句集注》，第 331 页。
② 《孟子·公孙丑上》，朱熹：《四书章句集注》，第 231 页。
③ 《河南程氏遗书》卷 15，程颢、程颐：《二程集》第 1 册，中华书局 1981 年版，第 168—169 页。
④ 《河南程氏遗书》卷 15，程颢、程颐：《二程集》第 1 册，第 150 页。

事物物上把握其分理。而其兄明道最注重"以明觉为自然",其曰:

> 识得此理,以诚敬存之而已,不须防检,不须穷索。若心懈则有防;心苟不懈,何防之有?理有未得,故须穷索;存久自明,安待穷索?……"必有事焉而勿正,心勿忘,勿助长。"未尝致纤毫之力,此其存之之道。①

盖明道不谈外物所表现的分理,而只是讲即身而有的仁者与天地万物为一体的条理。

朱子大率继踵伊川,而特别突出了其中"即物而穷其理"的一面,遂招致陆九渊的大不满。而陆王虽有吾儒的道德意识作为基调,但其发明本心的工夫却都近于"禅"。如象山曰"人精神在外,至死也劳攘,须收拾作主宰。收得精神在内时,当恻隐即恻隐,当羞恶即羞恶,谁欺得你,谁瞒得你!"② 其豪气干云,颇有临济风骨。

如果说儒家那里注重返本工夫的修行体系是回应佛教的挑战,在其已然衰退的时候汲取其中经得起锤炼的、具有普适性的核心,且上承思孟学派的养气说、集义说而获得的一种成果,那么道教的修行体系却始终秉承着本土源头的特色。修炼的方法总是要与目的相适应,哪怕这种目的曾经包含着人们对于生命的过分的执著。围绕长生的目的组织起来的道教的修炼方法的内容极为驳杂,而且其中的大部分都有为民众服务的功能,不纯粹是个人的遗世独立和逍遥自在。然而特别能够与佛教的止观和儒家的存养相提并论的,则是其源远流长的气功和后来融合了诸多因素的内丹术。

早期道教修仙的手段不外乎外服丹药、内养形神两大类。自葛洪、陶弘景等人大力倡导炼丹术以来,中经南北朝隋唐百年的实践,为数不少的帝王将相和道士女冠因服丹中毒而死的事例,充分证明了该术本身的荒诞不经。除了为中国化学史留下一笔宝贵的财富以外,余者不足观

---

① 《河南程氏遗书》卷2上,程颢、程颐:《二程集》第1册,第16—17页。
② 陆九渊:《象山语录》卷2包扬显道所录,上海古籍出版社1992年版影印明刊本,第39页。

也。而另一类内养形神的方术，则颇不乏治病延年的功效和恬淡养性的真谛。虽然葛洪批评好尚老庄的玄学名士不信神仙、不学长生，是囿于狭隘的日常经验，而不能真切见识韬光养晦的神仙，但是他对于老庄人生观中的另一些精粹的部分，还是给予了充分的支持。《抱朴子》一书中常常批评世人耽于富贵权势和声色犬马，例如他说：

> 夫五声八音，清商流征，损聪者也；鲜花艳采，或丽炳烂，伤明者也；宴安逸豫，清醪芳醴，乱性者也；冶容媚姿，铅华素质，伐命者也。其唯玄道，可以为永。①

所以他提倡的是：

> 人能淡默恬愉，不染不移，养其心以无欲，颐其神以粹素，扫涤诱慕，收之以正，除难求之思，遗害真之累，薄喜怒之邪，灭爱恶之端，则不请福而福来，不禳祸而祸去矣。何者？命在其中，不系于外；道存乎此，无俟于彼也。②

此颇得老氏抱朴见素的旨趣。因为他认识到受物欲牵累而向外驰求是永无餍足的过程，也会诱发种种焦虑和不安，导致心理紊乱和疾病丛生。且夫乐极而生悲，物往而若遗，在你享尽荣华富贵之际，只会有更大的不满和空虚向你袭来，因为你的生活失去了"道"的平衡。

所以人生最大的快乐不是追求奢华逸乐的表象，而是通过内视反观之途来实现与道的合一。所以体道者"含醇守朴，无欲无忧，全真虚器，居平味淡，恢恢荡荡，与浑成等其自然；浩浩茫茫，与造化钧其符契……不以外物汨其至精，不以利害污其纯粹也"。③ 惟其如此，才能体会人间的至乐。这是何等的境界呀！可见庄子心斋坐忘一类的修养方法，早已被葛洪自觉地纳入了神仙道教。看来，这是道教卫生术长期以

---

① 葛洪：《抱朴子·畅玄》，《诸子集成》第 8 册，第 1 页。
② 同上书，第 36 页。
③ 同上书，第 2 页。

来的一个共识。

道教气功的法式丰富多彩，有以肢体动作结合呼吸吐纳的"导引"，有专注于脐下等部位而存蓄心神的"守一"法，有以心肾相交、坎离相合为诀要的"周天功法"，有以反观想象人体内部脏器的"内视存思"，等等，不一而足。

但道教气功中有几个因素特别值得注意。一则是重视吸收宇宙天地之精华，其法由来尚矣，例如在《楚辞·远游》当中诗人追述云"吾将从王乔而娱戏，餐六气而饮沆瀣兮，漱正阳而含朝霞。保神明之清澄兮，精气入而粗秽除。顺凯风以从游兮，至南巢而壹息。见王子而宿之兮，审壹气之和德。"① 凯风者，南风也，王乔即王子乔，《列仙传》称周灵王太子晋也，好吹笙作凤鸣。据《淮南子·齐俗训》，可知其法为"吹呴呼吸，吐故内新，遗形去智，抱素反真，以游玄眇，上通云天。"② 王乔食气之法，着实令人神往。

再则重视回归于婴儿等原始状态，其极致是所谓的胎息，葛洪等将胎息视为呼吸训练法中的最高阶段，其法是依据母胎中胎儿的呼吸而规定和设想的，例如《抱朴子·释滞》云："故行炁……其大要者，胎息而已。得胎息者，能不以鼻口嘘吸，如在胞胎之中，则道成矣。"③ 还有"握固"，即模仿婴儿以四指握住拇指的握拳感觉。把这两方面结合起来，则可以说归根结底大自然是人的母胎。可以本着这样的精神去理解《老子》第六章"谷神不死，是谓元牝。元牝之门，是谓天地根。绵绵若存，用之不勤。"④

---

①　王逸注、洪兴祖补注：《楚辞章句》，岳麓书社 1994 年版，第 159—160 页。

②　刘安著、高诱注：《淮南子注》，《诸子集成》第 7 册，第 178 页。

③　葛洪：《抱朴子·释滞》，《诸子集成》第 8 册，第 33 页。

④　《老子道德经》第六章，《诸子集成》第 3 册，第 4 页；按"谷"字，繁体非穀字，或解此字为"浴"，即衣养之义。

第 六 章

中国古代哲学的生态解释

中国古代哲学的特质，固然是跟道论、气论和象论之独特内涵有关。进一步来看，也跟中国古代社会源于其环境特征的独特农耕文明有关。农耕文明需要的基本认识方法，就是物候学观察；而正是以东亚季风性气候为核心的环境的总体特征，使得农耕文明成为我国古代文明的主导因素，并使得物候学及在此基础上经泛化而来的征候学方法成为主导性的认识方法。征候学在传统哲学中的具体表现就是"象论"。

道论和气论的独特内涵，刻印着东亚季风性气候背景下的季节循环的总体规律，循环之中又贯穿着内在的创造性生机，即所谓阴阳消息、五行生克的"天道循环"。但"道"和"气"，实际上都是象，前者谓之大象，后者即为诸象。而物候学观察注重揭示现象或"象"的效应性、循环性、同时性和实用性的维度，这些在传统的天道观中也都有所体现。而取象比类方法的枢纽，便是中和、诚、无为、无思、无欲、无念等；阴阳、五行诸概念亦可被认作是相对于"中和"的某些失衡状态。

一　农耕文明与物候学方法

在我们这个素号"以农立国"的文明古国里，农业生态之重要性乃是不言而喻的。尽管孟子基于其社会分工的立场反对农家学派的许行，但这并不表示孟子的思想远离于农业文明的框架。事实上，孟子曾提到"不违农时，谷不可胜食也"，[①] 甚至认为它的重要性还要胜过拥有利器

---

① 《孟子·梁惠王上》，朱熹：《四书章句集注》，第 203 页。

良具。荀子在其他方面激烈地批评孟子，但是在适应农业文明的若干基底的思想层面上，两人却拥有相当的一致性，例如不误农时的主张以及注重循环论的天道观等。

农耕生产要求合理地安排农时。① 而对于前现代的农业来说，由于很难避免气候要素的周期性波动所带来的各种有利和不利的影响，因而特别注重用来调整农时的物候学方法，其核心就是要考虑自然界整体上表现出来的生态效应，将各类天文、气象与物候因素综合起来予以观察、判断。人们所拥有的对应于历法的各类生产、生活经验，当然是基本的参照，由于气候的年际波动，这些经验却不一定跟每年的实际情况相吻合，因而年复一年的实测是必不可少的。在传统社会里面，这种观测用的就是物候学的方法。

物候学重视的是有机体适应环境季节性变化而产生的那些可以观察到的反应。又据现代专家的推敲，或谓"物候学是研究重复出现的生物现象的时间性和其时间性在生物与非生物因素方面的原因，以及同种或不同种各个阶段中的相互关系。"②

其实，中国早期的经典中充斥着各种各样的物候记载，例如《诗·幽风·七月》据认为是形成于西周末与东周初的描写农家生活与物候的叙事诗。其他如《管子·幼官》《夏小正》《吕氏春秋》十二纪首，《淮南子·时则训》等处，均有更详尽的依节气而安排的物候历。例如《礼记·月令》云："仲春之月，日在奎……始雨水，桃始华，仓庚鸣……玄鸟至"。③《吕氏春秋·审时》为物候的重要性所下的断语是"凡农之道，厚之为宝"。④ "厚"当作"候"，此前贤已有言之。

物候学观察通常会导向整体论的认知倾向。当它在某一文明体系中

---

① 季节的划分，特别是先民们将一年分为春、夏、秋、冬四季，主要也是为了掌握农时。这一做法流行于地球上的中纬度地区，例如德文"秋"（herbst）一词和"收获"同义，英文"秋"（fall）的意思则是落叶。现代气象学以持续一段时间的温度标准来界定季节的做法，并未使人类原初划分季节时的农业旨趣变得晦暗不明。而中国古代把一年划分为二十四节气，明显也有指导农时安排的目的。

② ［美］利思（H. Lieth）：《物候学与季节性模式的建立》，颜邦偶等译，科学出版社1984年版，第2页。

③ 孙诒让：《礼记集解》上册，第421—425页。

④ 《吕氏春秋·士容论·审时》，《诸子集成》第6册，第337页。

占据优势的时候，则表现得尤为明显。虽然今天的各项气象仪器能够精密地测量特定时空坐标内的气候要素，例如温度、气压、降雨等，但对于更微妙的生物繁育的迟早，却还不能通过分析的方法直接表示出来，因此从现象的效应上予以研究的物候学仍是不可缺少的。我们在一个生态系统的各类营养级上都可以观察到季节性的适应。例如陆地初级生产者（陆生植物）、昆虫、鸟类、哺乳动物等，莫不皆然。但凡物候现象，都是在一系列生物和物理变量复杂的相互作用下，种群有所应对的变化以及生物个体体内平衡的综合反应。在前工业化时代，由于包括观测手段在内的各种技术条件的落后，从生态系统的整体效果上加以判断的物候观察，更是农业社区普遍采纳的方法。

作为一种基本的获食模式，农耕作业的生态特性，无非是利用特定地域的土壤条件来生产供人类利用的生物能源。而物候是生态系统特别是其中与农作物培育、生长息息相关的光、热、水配合关系的天然效应指示器。因此它对农时的安排具有相当的指导作用。

农业生态在汉地传统中的显要地位，使得物候学观察的一系列方法论预设，在人们的思想观念里产生着或明白显著或潜移默化的深刻影响。由农业的物候学可以扩展到一般的征候学，它们的精髓与传统"天道"观所涵摄的基本特征是一致的。[①] 分而言之，就表现在效应性、循环性、同时性和实用性四个测度：

（1）物候或征候是自然界的一定的生态效应的指示器，离开这种效应的指示作用便不能有完整的意义，而基础在于它本身已经是一定的生态效应，此即"效应性"；

（2）尽管难免有波动，而它连同它所指示的生态效应是周期性出现的，此即"循环性"；

（3）特定的征候与它所指示的生态效应之间存在一定的同步的频率，此即"同时性"；

（4）征候的指示作用可以导向某种实践上的实用后果，且正是从这种实用的目的出发才去关注征候，此即"实用性"。

---

① 有关中国古代的物候—征候对于季风气候圈的生态特征的刻画信其对中国宗教思想的深远影响，参见吴洲《中国宗教学概论》，中华道统出版社 2001 年版。

　　很明显，循环性正是传统天道观所着重强调的，孔子曾感叹道："四时行焉，百物生焉，天何言哉。"① 这个"天"的观念何尝不是对农业生态特征的概括呢？又如《周易·系辞上》讲以"广大配天地，变通配四时，阴阳之义配日月，易简之善配至德"，及其为"变"所做界定云："一阖一辟谓之变，往来不穷谓之通"等。② 道家与道教的道论自然也有明显的循环论色彩，即同样参照四时之序与昼夜往复。此即《道德经》所言"归根""复命"，"反者道之动，弱者道之用"，或者"天之道损有余而补不足"等；③ 亦即《庄子·天道》所指的万物变化，"春夏先，秋冬后，四时之序也；万物化作，萌区有状，盛衰之杀，变化之流也"。④ 亦即《太平经》所言"天道比若循环，周者复反始"。⑤ 几乎没有哪个古代思想家在满怀热情地礼赞其心目中的"天道"时，能够彻底摆脱这种消息盈虚的模式。这正是其所扎根的农业文明的经验和格局的映现。⑥

　　再者，很难想象，《周易》的预测方式会没有考虑其生态效应方面的同时性。此即卡尔·荣格在为《易经》的一个译本所写的导言中提到过的同时性原则（Synchroicity），它表示两种以上现象之间的"有意味的重合"（meaningful coincidences），它不同于单纯的同步性（Synchronism）。⑦ 而倘若从物候学的角度来读解《系辞上》的一句名言"方以类聚，物以群分，吉凶生焉"，那就饶有意思了。

　　除了上述所及，对实用旨趣的关注，或者某种实用理性精神的体现，也是基于传统农耕思维的传统哲学的特色。民生日用方面的考虑肯

---

　　① 《孔子·阳货》，朱熹《四书章句集注》，第 180 页。

　　② 《十三经注疏》上册，第 79、82 页。

　　③ 《老子道德经》第十六、四十、七十七章，《诸子集成》第 3 册，第 9、25、45 页。

　　④ 王先谦：《庄子集解》，《诸子集成》第 3 册，第 83 页。

　　⑤ 王明：《太平经合校》，第 224 页。

　　⑥ 五代道士谭峭的《化书》对变化有独特的看法："虚化神，神化气，气化血，血化形，形化婴，婴化童，童化少，少化壮，壮化老，老化死，死复化为虚，虚复化为神，神复化为气，气复化为物。化化不间，由环之无穷。"（《道藏》第 23 册，第 589 页）但这仍是一种循环论的模式。

　　⑦ 参见［英］安东尼·斯托尔（Anthony Storr）《荣格》，陈静、章建刚译，中国社会科学出版社 1989 年版，第 143 页。

定占据了中国传统思想的显著位置。虽然孔子在答子贡问政时把政治忠诚（民信之矣）这条原则放到了"足食""足兵"的前面。但在蔚为大观的儒家传统中，"保民而王"的实质仍然是要维护各阶层人士——包括广大农民——的切身利益，从而"富有之谓大业，日新之谓盛德"，[①]构成了农业生态的目的论环节。在这里，存在着从方法到旨趣的连续性，即物候学观察所涉及的生态效应的各个环节，理应包括处在食物链中的"智人"群体。

物候是确定农时得要参照的各类生物和生理现象，征候则是更具概括性的概念，我用它来指涉某种象征（symbol）的形式，它包括了那些并非基于确定农时的目的或者引入非生物关系的形式。这样的"象征"不是那种任意指代的符号，因为后者并不一定属于自然生成的对象或对象的一部分，[②] 相反，这样的象征乃是对象整体上呈现出来的一种效应。但这效应既是可以区别的，又往往是混沌和多义的。

当征候发挥指示作用时，它指涉的不是孤立的数据，而是体现了整体效应或者是整体效应在某方面的全息性表征。可以成为征候的象征或表现，从生物个体到整个生物群落，再到非生物环境中的表征等，不一而足。其实，同样感应着自然界的盛衰消长的人体的某些表现，也能够成为某些方面的征候，而且有时候还能够成为征候方法运转的轴心。中医的理论和实践，尤其经络脉象学说，便是典型的观察人体及其感应的生态效应的征候方法。所谓"春脉如弦""夏脉如钩""秋脉如浮""冬脉如营"，即医生搭脉时要把握的征候。[③] 中医结合"五行"所讲的"脏象"，同样是诊察时倚重的征候，它难道不是指生理上的整体效应吗？

在传统的术语体系中，与"征候"大致相当的概念就是"象"。传统形上学的概念，其实离不开"象"即"征候"这样的认识论底蕴。《系辞上》有云：

---

①　《周易·系辞上》，《十三经注疏》上册，第 78 页。

②　例如不是结构主义语言学家索绪尔所称的那种"能指"（signifier）的任意性。

③　有关脉象之说，参见《黄帝内经素问·玉机真脏论》等。

　　　　阖户谓之坤，辟户谓之乾。一阖一辟谓之变，往来不穷谓之通。见乃谓之象，形乃谓之器，制而用之谓之法，利用出入，民咸用之谓之神。

　　　　是故夫象，圣人有以见天下之赜，而拟诸其形容，象其物宜，是故谓之象。①

　　　　是故易者，象也；象也者，像也；彖者，材也；爻也者，效天下之动者也。②

就是对"象论"的一些很好的、扼要的概括。而周易的整个卦象体系，实际上就是对于各类效应的匹配与分类。张载说，"凡可状，皆有也；凡有，皆象也；凡象，皆气也"。③既然实有的都是"象"，则象所涵括的范围便近乎无所不包。《道德经》二十一章讲"道之为物，唯恍唯忽。恍兮忽兮，其中有物；忽兮恍兮，其中有象"。这是比况道体恍惚有象。三十五章又讲"执大象"，河上公注曰："执，守也；象，道也。"④

　　"征候"的方法论意义并不仅限于农业和医学。在现代汉语艰涩的窘境中，如果我们用"效应"或"征候"的体会，来重新读解一些中国思想史上脍炙人口的段落，也许会有豁然开朗的感觉。古代哲学著作中，一些脍炙人口的段落，据其思想的基底层面看，也可发现与"征候"的联系。孟子曾说，"存乎人者，莫良于眸子。眸子不能掩其恶。胸中正，则眸子瞭焉；胸中不正，则眸子眊焉"。⑤以后陆九渊等人也津津乐道于人的眸子。再如，孟子讲过"君子所性，仁义礼智根于心。其生色也，睟然见于面，盎于背，施于四体，四体不言而喻"。⑥由此，北宋的程颢大谈艮卦，因为它在卦象上代表"会诸阳之长"的背部。所有这些都是颇有道德意味的"征候"，离开这些便无法理解中国古代伦

①　《周易·系辞上》，《十三经注疏》上册，第82、83页。
②　《周易·系辞下》，《十三经注疏》上册，第87页。
③　张载：《正蒙·乾称》，《张载集》，第63页。
④　王卡点校：《老子道德经河上公章句》，中华书局1993年版，第139页。
⑤　《孟子·离娄上》，朱熹：《四书章句集注》，第283页。
⑥　《孟子·尽心上》，朱熹：《四书章句集注》，第355页。

理的特质。

《孟子·公孙丑上》有一段，自述其善养浩然之气："其为气也，至大至刚，以直养而无害，则塞于天地之间。其为气也，配义与道；无是，馁也。是集义所生者，非义袭而取之也"。[①] 孟子又讲"尽心知性知天"，[②] 讲"理义之悦我心，犹刍豢之悦我口"，[③] 以及"恻隐、羞恶、辞让、是非"之善端等。其实，气也罢，心也罢，皆本于同一种物候感知的方法，两个概念的区别是在于把握个体生态效应的侧重点不同。前者是指向可见诸经络脉象的身体上的变化，后者是指向可统率和感知身体上的效应的精神意志上的变化。孟子分别以"气"和"志"两个词来指称它们。先秦诸子多有兼论心、气的，如庄子既云"通天下一气耳"，[④] 又云"游心于德之和"，[⑤] 等等。

实际上，物候学仅仅是农业生态所要求的一般的观察方法。虽然物候学对于中国的宗教和文明影响深远，然而直接为农业服务的物候学，殊非东亚地区的专利。[⑥] 一方面它会由于生态圈和气候类型的差异而拥有不同的观察内容，另一方面只有在当地的农业生态在其文明体系内占据主导地位，并且农耕作业高度依赖于物候学的区域，物候学方法所包

---

① 朱熹：《四书章句集注》，第 231—232 页。

② 参见《孟子·尽心上》，朱熹：《四书章句集注》，第 349 页。

③ 《孟子·告子上》，朱熹：《四书章句集注》，第 330 页。

④ 《庄子·知北游》，王先谦：《庄子集解》卷 6，《诸子集成》第 3 册，第 138 页。

⑤ 《庄子·德充符》，王先谦：《庄子集解》卷 2，《诸子集成》第 3 册，第 31 页。

⑥ 由于季节更替分明，北半球温带和亚热带地区的农业较诸其他地区对于物候学观察具有更强的依赖性。两千多年以前，希腊的雅典人就曾试制过包括一年物候的农历。恺撒（Caser）时代，罗马人还颁发过物候历。此外，赫西奥德（Hesiod）的长诗《工作与时日》，其383—694 行，内中就大量涉及物候学知识与农业生产的关系，如云"当蜗牛从地下爬到植物上以躲避阿特拉斯的七个女儿时，这就不再是葡萄园松土的季节了，而是磨砺镰刀，叫醒奴隶准备收割的时候了"（［古希腊］赫西奥德：《工作与时日·神谱》，张竹明译，商务印书馆1991 年版，第 17 页）。征候学方法同样不是为东亚社区所垄断，例如通行的亚里士多德（Aristotle）全集中收有被视为伪作的《论体相学》一篇，内中即充斥着如下的征候学判断："滑头的表征是，脸颊丰满，眼睛收缩，一脸睡意"（苗力田主编：《亚里士多德全集》第 6 卷，中国人民大学出版社 1995 年版，第 44 页）；以及提到"记忆力强的人身体上半部纤小，光滑，略胖"（《亚里士多德全集》第 6 卷，第 45 页）。

含的认知倾向，才有可能成为该文明体系的形上学思考的根基。[①] 此两点恰是物候学对于希腊文明和华夏文明具有不同意义的根源。在东亚，注重农时就必须联系到季风气候的特点，而对于季风气候条件下生态效应的循环模式的详尽刻画，便是古人所熟悉的"阴阳五行"；希腊、罗马文明还包含着发达的航海与商业，相比较而言，华夏文明才会真正贯彻"征候"的思维。

还值得一提的是：农耕文明从来没有在真正意义上是笃武好战的。譬如拿长城南北农耕区与游牧区发动相互间的战争的动机来说，就存在着强烈的反差。因为对于农耕社会来说，漠北塞外，不适合耕稼，没有占领的价值。长城以北主要是夏季牧马，等到秋高马肥，牧区就会季节性地迁移，包括向南越过长城一线来掠夺人口与牲畜，而长城以内，秋天正好是收获的季节，秋收与军事颇难两全。对于北方，军事侵略不过就相当于一次季节性的迁移；对于南方，则要由国家税收来为军队提供大量给养，战争的胜利只不过是避免财产和生命的进一步损失而已。所以，从经济价值来看，农耕社会缺少把握战争的主动性。

农耕文明的和平性格对于中国古代思想恐怕会产生持久的影响。此处所说"和平主义"主要是指：以儒、道、释为核心的中国哲学和宗教传统，从其所根植的文明的本性上来看，缺乏一种推动结构改造的革命性力量，在意识形态上，儒、道二家都认为它们所建立的人间秩序或者淳朴的生活方式符合天道的运行，而这种天道恰恰是恒久的、循环的，而不是变迁的、不可预知的。从儒教国家的起源来看，围绕灌溉农业的管理职能，特别是东亚季风性气候条件下的"荒政"建设的需要，导致了中央集权体制的早早确立。它进一步杜绝了一切结构性变革的可能。而对于长城以南的小农经济来说，战争显然无利可图。在社会规模随着人口而膨胀的情况下，佛教、道教以及儒家所倡导的慈悲或仁爱、禁欲或存养、忍让或谦顺的人生理念便显示出它的社会价值来。儒、道、释在某些方面有着惊人的相似性，也就是说，它们不鼓励寻求个性化表现

---

① 有关生产方式对其认知方式具有深远影响的问题，参见陈中永、郑雪《中国多民族认知活动方式的跨文化研究》，辽宁民族出版社 1995 年版。

的奋斗和竞争的姿态。它们熟悉和接近的或者是天真烂漫的童稚与婴孩，或者是渊静浑朴的睿智的老者。①

二　古代文明关于河流的故事

每一种文明都有各自关于河流的故事。从很多方面来看，水系状况都堪称是形成区域性联系的主导因素，而它本身又是一种结果，指示着形成区域性阻隔的一些地质构造因素。固然，这不是从自然地理进到经济和人文地理，而成为基础或限制条件的唯一的基本因素，但很可能是一把关键的钥匙。

工业化时代以前，水陆交通骨架，特别是大为节省运输成本的水运条件，随着水系状况而变化。而那些不能通水路的交通要道（就像 Alps 山上连通中欧、南欧的隘口），无论多么重要，都难以把两边联结成为一个经济体。在古代世界，能否成为一个基本经济区或者联结成为一个文明体系，江河水系上的联系，往往在其中起着不能忽视的黏合剂作用。

历史上沟通亚欧大陆两端的丝绸之路，在创造沿线广泛的经、贸联系的同时，也拉近了河西走廊尽头玉门关以西、帕米尔高原（Pamir）以东的沿线区域即西域各地，跟中原文明之间的距离，不过由于没有能够运输大宗商品和促进人员频繁往来的水路的加入，这种联系注定是有

---

① 其实，以宗法制为基础的统一的帝国，通过儒家的教育体系而进一步强调了它的和平主义性称。此点，就连德国社会学巨擘韦伯所著《儒教与道教》（洪天富译，江苏人民出版社1993 年版）第五章"士人阶层"、第六章"儒教的生活取向"，也都有所提及。传统的教育，起决定性作用的是围绕儒家经典的文字、音韵、训诂的学问。至于义理方面，虽然宇宙起源和神学思辨的内容在其注释的经典作品中并非完全缺乏，但显然只是扮演一个次要的角色。替代它们的是一整套以"温良恭俭让"为特征的社会伦理的合理体系。质言之，儒家义理之学始终以全然实际的礼仪问题与宗法制官僚体系的等级利益为其思考和判断的基点。它离不开经典，而具有典型的传统主义的特征。此外，中国的知识阶层从来就不是一个自主的、充满批判意识的学者阶层，毋宁说是一个由官员和官职候补者组成的有教养的阶层。儒家的教育，在中古时代的教育体系里，尤其在童稚启蒙的阶段，差不多是唯一合法的教育。而其教育理念所欲培养之"君子"，是指达到全面自我完善的人，同时也在他们身上体现了宇宙秩序的和谐。洗练的文字修养、引经据典的博学、优雅高尚的风度以及道德观念的纯正都被视为君子言行的典范，这些都将有助于和平性格的塑造。

些脆弱的。

　　事实上，在古埃及的尼罗河两岸，在中东的新月形肥沃地带，在季风亚洲和中国的黄河、长江流域，以及阿尔卑斯山（Alps）周围的欧洲半岛上，人们都能看到生态暨地理因素对于文明体系的某些长时段的深刻影响，也能看到各自文明所讲述的关于河流的故事。① 文化或文明必然包含着对其赖以维生的环境的压力做出回应的方面。在古典时代，尼罗河和两河流域均有发达的灌溉农业，最早的文明火种为什么是在这些地区，而不是其他地区诞生，这本身就颇值玩味。原因

---

　　① 例如，大约从公元前 3100 开始进入早王朝时期，而迎来文明的曙光的古埃及文明，堪称"尼罗河的馈赠"（Gift of the Nile）。这种文明，正如亚欧大陆上其他著名的早期文明，即美索不达米亚（Mesopotamia）、古印度，或者中国的夏商一样，是孕育于大河流域的文明。尼罗河在埃及境内的一段，每年 6、7 月，因上游山地积雪消融，河水暴涨，逐渐淹没河谷两岸，至 9、10 月达到高潮，11 月始退潮，此时留下一层因河水冲积所致的沃土，即便农具粗陋，技术原始，埃及农民也能获得良好的收成。但要想化尼罗河水患为水利，便须组织人力，兴修一整套灌溉工程。另一方面，尼罗河流域是相对封闭的、自成一体的区域。"它的西面是利比亚沙漠，东面是阿拉伯沙漠，南面是努比亚沙漠和飞流直泻的大瀑布，北面是三角洲地区的没有港湾的海岸"（周谷城：《世界通史》，商务印书馆 2005 年版，第 125 页），这些自然屏障的存在，使其受到特别好的保护，没有因不时的外族入侵，而引起走马灯式的帝国变换。尼罗河具有极便利的通航条件，它如同一条天然纽带，将整个流域连为一体，使埃及上下在早王国时期，就完成了统一。此后，直到罗马人征服之前，显著的政治连续性，一直是古埃及王朝的主要特征。

　　同样，西亚古代文明的发祥状况与其特征，也和该地区独特的地缘特征有关。按，"西亚"指亚洲极西部的一大片区域。其北有里海（Caspian Sea）、黑海（Black Sea）与高加索山（Caucasus）；西临地中海（Mediterranean Sea），南部为阿拉伯半岛（Arabian Pen），东南则为波斯湾（Persian G.）和印度洋。此区内有一著名的新月沃区，在亚欧大陆文明的早期，尤为膏腴之地。这一弧形条状地带内的左端或西端，为地中海东岸之巴勒斯坦（Palestine），右端或东端为波斯湾以北之巴比伦（Babylonia）。南界阿拉伯半岛北端之一大沙漠，其北则为小亚细亚（Asia Minor）的山地丘陵，此区"两端向南包围，若军队之左右两翼；中部向北凸起，因成新月样之弧形"（周谷城：《世界通史》，第 72 页）。沃区之北，多山居民族；沃区之南，则多游牧部落。

　　幼发拉底河（Euphrates）与底格里斯河（Tigris），均自沃区以北之山地发源，东南流注于波斯湾。两河平行，流至距波斯湾约一百六十七英里处，河道非常接近，自然条件得天独厚，称为巴比伦平原（Plain of Babylonia）。公元前 3000 年左右，苏美尔人（Sumerians），休养生息于两河流域下游，拉开了西亚文明之帷幕。但是两河流域下游，易受到来自四面八方的游牧民族的攻击，因而先后在这里建立的王朝都不稳定，这与埃及的情况形成鲜明的对照。不独两河流域下游的文明不能维持稳定，新月沃区的文明全都如此。但地缘安全形势上的缺陷，却也带来各类文明不断交流的好处。

可能是：一方面，发达的灌溉农业可以供养大量的人口，并有所剩余；另一方面，在埃及等地，大规模控制灌溉、排水的需要以及其他影响到农民生计的自然因素，引发了某些管理职能的过度膨胀，成为催生政治实体的压力。

中国的历史，自秦汉以来，实以大一统的帝国居多。其欧洲的历史，便与此形成鲜明之对照，除了公元前后倚助地中海这一庞大的内湖所成就之罗马帝国，欧洲大多时候处于分裂割据的状态（其中就包括中世纪封建诸侯林立的局面）。

在中国，特别居于骨干地位的河流之流向，适应地势的西高东低，均为奔腾不息、逝波向东的，即长江、黄河、淮河是也。甚而各居南北两边的珠江、黑龙江，大抵也是如此。江、河、淮、济，在唐称为四渎，济水也是《禹贡》中界分州域的一条重要河流，后因河泛、夺其故道，渐至堙废。一度淮河也遭遇同样之命运。但江、河始终是贯通东西之运道，流域面积占全部国土面积的大半以上。

但与中国的大一统帝国对应少数几条大河流域的情况相映成趣的是，欧洲长期以来的分裂割据局面对应的则是总体呈散射状的多个河流流域的并存。欧洲整体形势之要害，在于中间隆起的阿尔卑斯山（Alps）和喀尔巴阡山（Carpathian），因应地势中间高、四周低的格局，故欧陆之河流，其堪称大河者，大多由此二山脉出发，呈放射状向八方流去。如今日法国境内的塞讷河（Seine）、卢瓦尔河（Loire），皆向西北流，一入英吉利海峡（English Chan.），一入大西洋。阿尔卑斯山南麓的波河（Po），西南流，注于亚得里亚海（Adriatic Sea），北麓的莱茵河（Rhein），东北流，注于北海。至若喀尔巴阡山或其余脉，则北有易北河（R. Elbe）、奥德河（Odra）等，南有德涅斯特河（Dnestr）。唯是多瑙河（Dunav），由阿尔卑斯山北麓发源，穿越两山脉间的缺口，流经罗马尼亚盆地，向东迤逦，注于黑海，大段皆在喀山之南。

河流贯通的作用，带动流域内的人流、物流，即形成经济地理上的整体性联系，任何试图阻断这种流通的做法，都是逆历史潮流的，不可持久的。在机械化动力广泛采用以前的时代，河流的运力是其他运载途径难以比拟的，因而水网之间的分隔或是联系，势必造成其他方面的相对分隔或关联的态势，进而国域之小、大，形势之割裂或统一，在一定时空条件下，亦部分地有赖于此。中、欧之间的差异，能说是跟整体的地理形势截然无关吗？

假如有足够的证据可以证明，从早期国家的雏形到成熟定型的夏、商、周，中原地区国家的最终形成，是跟治水的需要推动的权力集中现象有关，[①] 这就意味着：超越社会大分工而进一步形成国家机器之压力，有些的确跟地理环境有关——即使这不是过程中唯一起作用的机制。证据包括：考古工作者在沿京汉线与陇海线的邯郸与武功之间发现至少有三处，于距今四五千年间有过洪水泛滥的明显迹象。[②] 这跟《史记·五帝本纪》后半段讲述的尧、舜、禹事迹的年代大体吻合。而基于大河流域的治水之统筹需要，推动了政权合并即统一的倾向。[③]

在人口基数较小，即人口聚居点和生产资料的扩散尚属有限的情况下，历史的现实选择是"封土建国"、"封建亲戚以藩屏周"的西周封建制暨宗法制，其特征是上一级的统治者将本来已属于他的土地和人民，分配给血亲、姻亲或有功勋者，土地产权在实际上或名义上具有多重叠加性质，封建的过程可以不断进行下去，这就产生了森严的等级制，但自上而下的掌控并不明显。这种"宗法封建制"应该是适应当时的成本环境而在广阔地域内实现权力分享暨共享的一种有效率

---

① 参见［美］魏特夫（K. Wittfogel）《东方专制主义——对于极权力量的比较研究》，中国社会科学出版社1989年版；［英］汤因比（A. J. Toynbee）：《历史研究》，上海人民出版社1966年版。另外黄仁宇（《黄河青山：黄仁宇回忆录》，三联书店2001年版，第347页）基于他对长时段历史波动的观察，似乎也支持治水的观点，但他提到赈灾和国防是另外两个促进统一之要素（黄仁宇：《赫逊河畔谈中国历史》，三联书店2002年版，第6—10页）。再有，英国著名的科技史学者李约瑟也认为中国官僚体制的存在和维护水利体系的需要有关（参见林毅夫《制度、技术与中国农业的发展》，上海三联书店等1994年版，第265页）。

② 苏秉琦：《中国文明起源新探》，三联书店1999年版，第158—159页。

③ 有学者指出："中国的治水之所以需要高度集权统一的体制，乃是由于联合治水的合作成本过高，也就是国家之间使用政治谈判机制的成本过高，高度集权的体制可以最大限度节约政治谈判的成本，因而是一种均衡的治理结构。"（王亚华：《水权解释》，上海三联书店、上海人民出版社2005年版，第84页）所言近是，但似意犹未尽。

的体系。① 但秦汉以来，大一统帝国下的郡县制、官僚制却成为基本的政权形态。

其实，防洪治水的必要性在春秋战国时期仍然相当的突出。例如公元651年，齐桓公会诸侯于葵丘，其盟约的内容之一就是"无曲防""毋曲堤"和"无障谷"，等等，意思是告诫当日与盟的小诸侯在建筑自己的水利工程时不能只顾自身的利益，而要考虑到治水的统筹安排。② 战国时，孟子尝与白圭言曰："禹以四海为壑，今吾子以邻国为壑。水逆行谓之洚水，洚水者，洪水也，仁人之所恶也"。③ 壑，受水处也。这一指责背后透露出统筹安排的重要性。《孟子》一书提到治水竟多达十一处，而孟子恰曾提出："天下乌乎定？定于一。"④ 正其趋势之

① 基于制度经济学等考虑社会形态问题，或可认为：每个复杂的人类社会，都是提供不断地解决问题之方案的组织，特殊的问题当为特定时、空范围内的环境、技术存量和历史等因素的函数，所以方案也是特殊的，为此还需要不断地投资新的能量以维系其运转。起初，会采用普通、易上手的、低成本并且投资回报率高的解决方案。但持续的压力和意想不到的挑战会要求进一步的投资，以致将原先成本、效益比尚可之解决方案推向不敷应用的境地，为此，社会就必须通过提高其结构化程度等来从事更高成本的投资，但在特定阶段存在一定的临界点，抵达这点时，原先的、总的制度模式就会失效，即以此制度解决问题的各方面收益，已然及不上成本的居高不下，这时来自问题方面的，仍然存在的巨大压力会使原有社会结构趋于崩溃。See Tainter, Joseph. A. *The Collapse of Complex Societies*. Cambridge: Cambridge University Press, 1988.

对西周封建制盛衰的研究或许也可适用这样的思路。该制当为彼时历史条件下在广大地域内实施一种比各地方集团自治为更强的政治治理的解决方案，为一项值得对其进行投资的制度。在国家结构上，商代基本上就是各个名义上臣服的自主部落的集合体。参见李峰：《西周的灭亡——中国早期国家的地理和政治危机》，上海古籍出版社2007年版。商周交代之际并其后很长时间里面，基于那时的农业、交通、军事、信息传播等方面之技术和条件，根本没有支持像后世那样的官僚制帝国的成本环境。反而分封制乃是最现实和最经济的选择。在一个主要农具尚为木制未、耜的时代（杨宽：《西周史》，上海人民出版社1999年版，第224—225页），农业的劳动生产率难以供养庞大的官僚队伍。又如假设帝国境内遥远地方发生叛乱，王室军队能否迅捷抵达平叛，并在此期间拥有足够之补给？答案仍为否定。而与其让王室派驻各地的军队首脑拥兵自重，不若采纳分封之方案——诸侯与王室之间常有紧密之宗法纽带，各类制度文化且在不断地强化它。另外，为科层制所必需之文字记录工作，则因当时普遍使用竹简而效率甚低。

② 《左传·僖公九年》；另参见《孟子·告子下》，朱熹：《四书章句集注》，第344页。朱注云："无曲防，不得曲为堤防，壅泉激水，以专小利，病邻国也。"

③ 《孟子·告子下》，朱熹：《四书章句集注》，第346页。

④ 参见《孟子·梁惠王上》，朱熹：《四书章句集注》，第206页。

反映。

战国之际，列国争雄，时相攻伐，甚至有决堤以淹敌军之事，如公元前 359 年楚攻魏，决河袭长垣，公元前 332 年赵决堤，以退齐魏之卒，公元前 281 年赵又决堤攻魏，公元前 225 年秦决河与鸿沟，袭魏都大梁。而列国分治，亦无防治河患之统筹安排，此西汉贾让，言之甚详：

> 盖隄防之作，近起战国，壅防百川，各以自利。齐与赵、魏，以河为竟。赵、魏濒山，齐地卑下，作隄去河二十五里。河水东抵齐隄，则西泛赵、魏，赵、魏亦为隄去河二十五里。虽非其正，水尚有所游荡……大水时至漂没，则更起隄防以自救，稍去其城郭，排水泽而居之，湛溺自其宜也。①

是以割据分裂，以邻为壑之害，民所不堪也。欲求一统，其有由也。

统一帝国应对水患之效，在于西汉便得体现。武帝元光三年（公元前 132），河水决濮阳瓠子，泛郡十六，帝即发卒十万救决河，辄复坏。② 直至元封二年（公元前 109）四月，帝临瓠子，督率群臣，身预其役，河始安流。③ 是以河泛便有二十余载。其间，民多饥乏，帝遣使者虚郡国仓廪以振，仍不足，又募豪富人相贷假，犹不能救，乃于元狩四年（公元前 119）冬，尝徙关东贫民七十余万至西北诸郡及东南会稽，衣食仰给县官，用度或不足，收银锡造白金及皮币以足。④ 即缘救灾故，竟以财政政策为赌注。嗣后岁欶仍数年，河菑之域，方一二千里。约元鼎三年（公元前 114），⑤ 帝又下诏云："江南火耕水耨，令饥民得流就食江、淮间。欲留，留处"。⑥ 及遣使冠盖相属于道，护之；

---

① 《汉书·沟洫志》，第 1692 页。

② 《汉书·武帝纪》，第 163 页；《汉书·沟洫志》，第 1679 页。

③ 《汉书·武帝纪》，第 193 页。

④ 徙民他处之记载见于《汉书·武帝纪》《史记·平准书》，然徙会稽之文，仅见于前者，故有学者质疑"会稽"二字或衍，辛德勇（《秦汉政区与边界地理研究》，中华书局 2009 年版，第 307—322 页）著文特论其非，说殆可从。又，皮币者，以白鹿皮方尺，缘以藻繢为之也。

⑤ 此据辛德勇（《秦汉政区与边界地理研究》，第 314 页）之判断。

⑥ 《史记·平准书》，第 1437 页。

下巴蜀粟以振。凡此种种可见，设若没有一个掌握广土众民和高度自主财税权的政治实体，统筹赈灾便无从着手；又倘若帝国疆域未能扩及东南、西北边鄙荒闲之所，则徙民就食之举，为不可能也。

黄河这样流域内人口密度较高的大河流域，以及东亚季风性气候之类高度影响制度演化的自然环境变量，共同产生了频繁的治水需要，单是强烈的季风性气候的影响就会产生救灾统筹和协调之需要，此皆易于导致权力集中现象暨包括中央集权的统治结构在内的机制性安排。同样不能忽略的是：大河流域所促成的人员和物资的方便交流，则为建立大一统国家提供了基本的可能性，正如前述需求即为此方面之必要性一样。

从根本上来讲，在若干大河流域为其核心区的文明体系中，统一的大帝国仍然是一个较好的选择，好过以邻为壑、饥年阻籴、禁民出入及关卡森严等。

三　东亚季风性气候与社会经济史、思想史

东亚、东南亚和南亚的绝大部分，都处在一种所谓的季风亚洲区内。[①] 历史迄今，人口繁庶、农耕为产业重点，乃其共同特征。当 20 世纪末、21 世纪初的今日，此区人口占全球 1/2，历史时期内亦是人口极度繁衍、稠密之区。而此季风亚洲范围内的各个文明共同体，举凡种族、文化、宗教、政体与历史轨迹，皆各有别，若说人口繁庶与季风全然无关，绝难令人信服。中国处在地球上最大的一块大陆即亚欧大陆的东部，面向着最大的海洋——太平洋。其青藏高原东部的大部分地区，受到东亚季风性气候的影响尤为深刻。

其实，在中纬度大陆地区，依纬向地带性划分所得之同一气候带内，又可区分西岸、内陆、东岸三大类型。且不论内陆那种极度干燥、土壤因之呈沙漠化态势，并气温年较差悬殊、冬季酷寒的大陆性气候。其大陆两岸之情形，适成鲜明对照。在大陆西岸，40°N 以上的地区，终年处在西风带，深受海洋气团影响，沿岸又有暖流经过（如西北欧受其影响的大西洋暖流），形成气温年较差和日较差都小得多的海洋性气候带，该区域降水系

---

① ［美］罗兹·墨菲（Rhoads Murphey）：《亚洲史》，海南出版社 2004 年版。

全年较均匀分布，尤以秋冬为多，与我国农耕区降雨多在春夏之情况迥然有别，后者秋冬时节受到亚洲大陆气团控制，反而比较干燥。其处在全球最大陆地——亚欧大陆——西岸 40°N 以上的地区，便是作为近代工业革命发源地的西欧。而工业革命可以说极大地改变了全世界智人群体的生态模式。40°N—30°N 的大陆西岸，则属亚热带夏干气候，亦称地中海式气候，该地区正是古希腊罗马文明的扩散范围。

在大陆东岸，冬夏风向和洋流分布与同纬度西岸恰成鲜明的对照。气温、降水的季节分配相当不一样。在中国广泛的中东部地区，由于地处最大陆地和最大海洋之间，季风气候及物候的季节更替极其鲜明，这里可能是全球最典型的季风气候区。这一点不会给生息繁衍于斯的人们产生深刻影响。事实上，早期的华夏文明，并其极富特色的阴阳、五行观念，就诞生于亚欧大陆东部 55°N—35°N 间的温带季风气候区域，并向经度大致相同而与华夏文明国家接壤的 35°N—25°N 的亚热带季风区，进而是 25°N—10°N 以南的热带季风区扩散。

季风气候是在大陆与海洋热力不均匀加热下形成和维系的。我国东部地区，冬季的时候，海洋是热源，陆地是冷源，夏季则相反。因此冬季主要受来自大陆气团的影响，盛行偏北风，气候特征是低温、干燥和少雨，夏季主要受来自海洋的气流影响，盛行偏南风，气候特征是高温、湿润和多雨，正如一般的情况，巨大的气温年较差和日较差，也是我国气候大陆性强的主要表现。[①] 此外，不同地域之间并不总是同步表现其盈亏节奏的降水量年际波动大的情况，构成我国季风气候的另一个重要特点，由此造成的气候灾害之频繁及进一步导致的防洪治水之必要，是否为导致中央集权体制的地理因素，是颇为令人瞩目的问题。而笔者倾向于对此给出肯定的答案。

在大陆东岸和西岸之间，我们会很容易发现和承认的是，与气候和季节因素的差异有关的耕作制度的差异。例如在今南欧区域内的古希腊、古罗马的农民，其主要的播种、收获的时段为：秋天播种，寒冬休

---

① 笔者对于中国自然地理状况（特别是气候因素的）的理解，主要参见任美锷：《中国自然地理纲要》，商务印书馆 1992 年版；中国科学院编：《中国自然地理·地貌》，科学出版社 1980 年版；中国科学院编：《中国自然地理·历史自然地理》，科学出版社 1982 年版；秦大河主编：《中国气候与环境演变》，科学出版社 2005 年版等。

耕，初夏收获。① 而在中世纪的西欧，在先后流行的二圃制（two-field system）和三圃制（three-field system）当中，存在着春播和秋播几乎并重的两个播种季节。② 它们都明显不同于中国北方、南方的代表性谷物粟和水稻，以及包括春小麦在内的多数农作物的生长周期，也不同于东亚地区引为天经地义的"春生、夏长、秋收、冬藏"之规律。

朱熹等哲学家当然对这种在东亚表现得很典型的规律表示了关注。但更重要的是，对四季、十二月、二十四节气及诸物候的循环规律的把握，是农民安排其大田耕种、园圃、林木、采集、巢粜等各项农事活动和农作物交换的主要依据。这类安排的严整而切实的方面可见于《四民月令》《四时纂要》等书。如以《四民》为例，其广泛的农时农事安排具述如下：

　　一月：雨水中，地气上腾，土长冒橛，陈根可拔，急菑强土黑垆之田。可种春麦、蜱豆，尽二月止。可种瓜、瓠、芥、葵、藿、大、小葱、蓼、苏、牧蓿子及杂蒜、芋。可种韭。可别葱、芥。粪田畴。上辛，扫除韭畦中枯叶。自朔暨晦，可移诸树：竹、漆、桐、梓、松、柏、杂木；唯有果实者，及望而止。是月，尽二月可剥树枝。自是月以终季夏，不可以伐竹木，必生蠹虫。

　　二月：阴冻毕释，可菑美田、缓土及河渚小处。可种稙禾、大豆、苴麻、胡麻。（二月采术。）是月也，榆荚成。及青收，干以为

---

① 古希腊的 *Hesiod* 曾提到"你要注意来自云层上的鹤的叫声，它每年都在固定的时候鸣叫，它的叫声预示耕田季节和多雨冬季的来临，它使没有耕牛的农夫心急如焚"（［古希腊］赫西俄德：《工作与时日　神谱》，第 14 页）。根据英译者的说法，该物候出现的时间约当阳历的 11 月中旬，而收获的季节大致在阳历的 5 月中旬。罗马人的播种、收获期，大致相近。公元前 1 世纪，*M. T. Varro* 所撰农书有云："播种应当在秋分开始，可以一直持续九十一天；但在冬至以后，除非为需要所迫就不能再播种了"（［古罗马］瓦罗：《论农业》，商务印书馆 1981 年版，第 64 页）；又说："夏至和天狼星升起之间，大多数人收获了，因为他们说谷物在叶鞘里是十五天，开花十五天，又十五天变干，然后就成熟了"（同上书，第 61 页）。

② 二圃制或曰两田制，即一年中几乎总有一半种庄稼，一半休耕，即两类农田的播种期迥异。三圃制则是把封建采邑下的可耕地分成三类。比较典型的情况是，第一块地在春天种燕麦、大麦或者豌豆、青豆一类的豆类作物，第二块地轮出来在秋天种麦，第三块地休耕。次年则第一块种冬季作物，第二块休耕，第三块种春季作物。第三年则一块休耕，第二块种春季作物，第三块种冬季作物。如此每一块都以一定的节奏错开，循环往复地春耕、秋耕、休耕。参见［美］道格拉斯·诺斯（Douglass　North）等：《西方世界的兴起》，华夏出版社 1989 年版，第 56 页等。

旨蓄；色变白，将落，可收为醫醯。自是月尽三月，可掩树枝。可种地黄。及采桃花、茜，及括楼、土瓜根。其滨山可采乌头。天雄、天门冬。可粜粟、黍、大小豆、麻、麦子。收薪炭。

三月：是月也，杏花盛，可菑沙、白、轻土之田。时雨降，可种秔稻及稙禾、苴麻、胡豆、胡麻。别小葱。昏参夕，桑椹赤，可种大豆，谓之上时。榆荚落，可种蓝。三月桃花盛，农人候时而种也。农事尚闲，可利沟渎……以待雨。是月三日可种瓜。是日以及上除，可采艾、乌韭、瞿麦、柳絮。（清明）节后十日，封生姜，至立夏后，芽出，可种之。是月也，冬谷或尽，椹麦未熟，乃……振赡匮乏，各先九族，自亲者始。可粜黍。

四月：蚕入簇，时雨降，可种黍禾——谓之上时——及大小豆、胡麻。立夏节后，蚕大食，可种生姜。（是月）收芜菁及芥、亭历、冬葵、莨茗子。布谷鸣，收小蒜。别小葱。草始茂，可烧灰。可作枣糒。可粜麹及大麦。

五月：芒种节后，阳气始亏，阴慝将萌，暖气始盛，虫蠹并兴。淋雨将降。是月也，阴阳争，时雨降，可种胡麻。先后日至各五日，可种禾及牡麻。先后各二日，可种黍。是月也，可别稻及蓝。尽至后二十日止。可菑麦田，刈蓝苎。麦既入，多作糒，以供出入之粮。粜大小豆、胡麻。籴麹、大小麦。日至后，可粜轻趜。

六月：趣耘锄，毋失时。菑麦田。是月六日可种葵。中伏后可种冬葵；可种芜菁、冬蓝、小蒜；别大葱。可烧灰。大暑中伏后，可畜瓠、藏瓜，收芥子，尽七月。是月二十日，可捣择小麦磑之……作麹。可粜大豆。籴穬、小麦。

七月：菑麦田。可种芜菁及芥、苜蓿、大小葱、小蒜、胡葱；别蘧。藏韭菁。收柏实。刈乌葵。采蒽耳。可粜小、大豆。籴麦。

八月：凡种大小麦，得白露节，可种薄田；秋分，种中田；后十日，种美田。唯穬，早晚无常。可断瓠作蓄。干地黄。收韭菁；作捣齑。可干葵。收豆藿。种大、小蒜、芥。可种苜蓿。刈乌葵。八日，可采车前实、乌头、天雄及王不留行。刈萑苇及乌葵。粜种麦。籴黍。

九月：治场圃，涂囷仓，修窦窖。藏茋蘘、襄荷。作葵菹、干葵。采菊花，收枳实。

十月：趣纳禾稼，毋或在野。可收芜菁、藏瓜。是月也，可别大葱。收括楼。籴粟、大小豆、麻子。

十一月：是月也，阴阳争。伐竹木。籴秔稻、粟、米、小豆、麻子。

十二月：合耦田器，养耕牛，选任田者，以俟农事之起。①

以上，将主要大田作物的种植时机画线表示。可见主要的谷物等，大体上符合"春种秋收"的规律，跟古希腊人的"秋种夏收"形成鲜明对照。而只有冬小麦和大麦是在八月里播种的。园圃种艺，则贯穿一年中的多数月份，但品种的选择也随季节和月份而有差异。春季大部分时候，初夏"麦秋"，或真正秋收的时候，应为"农忙"。但在黄河中下游的冬三月里，随着禾稼的收纳，农事就基本停顿下来了。

季风气候容易使得农耕作业在获食模式及人与自然的关系中占据绝对主导地位，而农耕主导的模式又比任何其他单一或混合模式，能够供养更多的人口。这或许有助于解释包括古代中国和印度在内的季风亚洲的人口高密度现象。在季风气候区，降雨常伴随夏季风而来，这时温度也已达到或开始接近全年最高的一段时间，这就是常说的"雨、热同季"现象。它有利于充分发挥气候资源的生产效力。它使得东亚地区比起雨水多半集中在植被凋零或草木不生的秋冬数月里的欧洲，具有更长、更集中的耕作期。这是季风区所拥有的无法忽略的优势。就是说单纯在农耕范畴内，总的产出的热值就很高，超过了其他气候带内、相近技术水平下的产出。② 这可以有效地推高人口容量的阈值上限，部分地缓解人口压力，而使其不必诉诸某些野蛮和残酷的方式，不必诉诸尚武

---

① 参见石声汉：《四民月令校注》，中华书局1965年版，第1—89页。这一大段引文，文句顺序做了一些调整；但每个句子大致都与辑本无异。

② 水稻的普遍种植和高产化，是其农耕作业提供热值方面的高效率的证据。从《诗经·小雅·白华》等咏稻的诗句来看，稻在当时的北方已经可以种植了。种植水稻的情况同样见于《诗·豳风·七月》等。成书于东汉的《说文解字》提到稻的品种有六个。在中国经济重心逐渐南移之后，稻成了东亚季风区最普遍种植的农作物品种。而经过生产技术和生产制度的不断改良，单位面积上的稻作产量一般要高于其他很多谷物品种。而据法国年鉴学派泰斗 Fernand Braudel 的说法，单位面积内生产的水稻所含热值是小麦所含热值的5倍。参见〔法〕费尔南·布罗代尔：《15至18世纪的物质文明、经济和资本主义》，施康强、顾良译，生活·读书·新知三联书店1992年版，第173页。

精神、推迟婚龄或育龄，等等，而人口的大幅增长所造成的压力，反过来又促成或巩固了农耕——特别是谷物种植业——的地位。

这就是说，在相近的起步条件下（比如农具均已普及铁器，作物品种有一些交流，也有一定的精耕细作的知识），季风气候带很可能比其他的气候带，具有容纳更多人口的潜力，即适量人口的阈限要更高。嗣后季风区较高的人口基数，伴随着起伏振荡的历史节奏，同样也容易带动人口规模往更高量级不断扩张。在这一过程中，巨大的人口压力推动了荒地的垦辟，推动了农业的精耕化发展，以便提高总的产出或者单位面积上的产出。直到垦荒拓地或精耕化的程度两方面都遇到了时代的瓶颈，这时社会危机和动乱就会悄然孕育。

但不管怎么样，有一种基本状况难以否认：东亚农耕获食模式之提高人地比例的巨大潜力，使得该地区在组织结构和意识形态等方面，都倾向于采纳高度适应农耕生态的形式。血缘和地缘单位，特别是前者的重要性，或许也可以从这里得到一定的解释。

儒教的现世性特征的主要社会表现，不是像道教那样注重个体生命的无限延续和保养之道，它注重的是子嗣的繁衍亦即整个宗族生命的绵延和发扬，其结果必然是对人口繁育的强调。有一次在去卫国的路上，孔子对驾车的冉有说："庶矣哉！"冉有说："既庶矣，又何加焉？"答："富之。"问："既富矣，又何加焉？"答："教之"。① 这位冉有后来做过鲁大夫季氏的宰臣。孔子的这番话乃是因应冉有不甘为寒士的志向而自述其所理解的为政原则啊，所谓"庶"亦即人口众多的意思。而另一次子贡问政，孔子也曾经提到"足食""足兵"的执政目标，这跟"富""庶"二原则大体相近。孟子有一句妇孺皆知的话："不孝有三，无后为大"。② 质言之，终极的孝道甚至已经不只是单纯对长辈的尊敬和奉养，而是要去实现这一家族绵延不断的生命力，这条格言肯定是鼓励了早婚、早育和多育的风气。

对于儒教社会的统治者来说，"庶"也意味着作为他的立国之本的农业自然经济的规模的扩大。所以孟子才会说："诸侯之宝三：土地，

---

① 参见《论语·子路》，朱熹：《四书章句集注》，第143页。
② 《孟子·离娄上》，朱熹：《四书章句集注》，第286页。

人民，政事"。① 春秋战国以降，历代很多统治者出于扩大税源、兵源等方面的考虑，都推行鼓励婚育的政策。汉、唐政府都曾经明确拿户口是否增加作为考核地方官吏政绩的主要依据，并对婚龄等作出过明确的规定，如唐太宗贞观元年（627）下诏："男年二十，女年十五以上，及妻丧达制之后，孀居服纪已除，并须申以媒娉，命其好合"，及以各职能部门能否"使婚姻及时，鳏寡数少，量准户口增多"作为其考核的依据。② 虽然具体规定的内容或许有异，但这确系历代封建帝国所采取之人口政策的基本倾向。

若从社会事实的自发过程方面去观察，亦不难看到，中国自古以来所实践着的人口战略为，主要由宗族体系提供社会保障的早婚、多育和普遍婚姻（即不鼓励独身）的制度。儒教恰恰是表征这一种人口战略的意识形态。从黄河中下游和关中地区的开发，到秦汉时期中国史上人口波动的基数跨入新的梯级，此前的轴心时代亦可信为人口飙升的一个关键性时期。然而，据梁启超等人拿《战国策》《史记》中有限的几个兵力数所作的笼统的推测，战国中叶人口最高值亦不过2500万或3000万。③ 而斯时的人口飙升恰对社会结构的重组构成一种巨大的压力，并有思想界的热情参与以助其声势，方始有璀璨夺目的先秦文化。而其重组的结果即是儒家的宗法型社会伦理结构的全面胜利，并令此后的社会发展一往如斯，不断地重申着对孔子和其孝道观念的尊敬。

西汉末年人口已增至6000万，中经魏晋南北朝400余年的动荡，至8世纪中叶的盛唐，人口增至8000余万。④ 至于中间那段时期的人口下降，应当说原先的游牧民如潮水般地涌入长城以南农耕区域而引致的大规模战乱是其主要原因，而与此同时，一个引人注目的变化是，儒家正统地位在不经意间经受的一次冲击。我国人口发展的第三个梯级是伴随着江南的全面开发和经济重心的南移而出现的。在这个肇始于中唐或宋代的过程中，水稻变成了全国最重要的粮食作物，而通常单位土地面

---

① 《孟子·离娄上》，朱熹：《四书章句集注》，第371页。
② 《唐大诏令集》卷110，《令有司劝勉庶人婚聘及时诏》。
③ 梁启超：《中国史上人口之统计》，《饮冰室文集》第4册。
④ 葛剑雄：《中国人口发展史》，福建人民出版社1991年版，第6章。

积所获水稻的热量较诸小麦等其他作物为多。这就为提高新扩散区域内的人口密度提供了条件。

在农业资本的投入方面，据信历史上农具的数量虽有明显的上升，但它们的质量或品种却没有任何重大改进，农具技术一般都处于停滞状态。① 在古代中国，不是资本的投入而是劳动力明显的追加投入创造了传统农业的繁荣。由于社会的安定和医学的发展等因素所致死亡率的下降，及儒教伦理对人口繁育的倡导，不断攀升的人口及相对过去而显得多余的劳动力就需要通过提高精耕细作的集约化程度来寻求出路。早在战国时期，黄河流域就由以往的三田休耕（菑、畬、新）的粗放型向连作的集约农业过渡，这以后精耕化的发展仍在不断深入，② 更由连作而至轮作，由一熟而至二熟、三熟，而这种发展反过来又需要增加劳动力的投入，因此两者之间形成一种反馈，而能够在意识形态上对人口繁衍予以支持的，主要是儒教。

而常常由大家庭或宗族体系来提供的社会保障，也对减缓生育带来的经济压力有积极的作用。③ 即使在唐代，作为赋税核算单位的家庭与实际聚居的血缘纽带之间，可能是有一定距离的。但大多数的唐人家庭，仍是由一对夫妻和未婚子女有时还包括少数老人组成的核心家庭。经济上真正独立的核心家庭，必须经常性地对经济波动和物质环境的变化做出灵敏反应，这可能抑制夫妻进一步生育的欲望。而在成员相互间扶助较多的大家庭内，婚姻、生育状况和经济状况之间缺乏灵敏的反馈，决定早婚者择偶和抚养能力的并不是本人的积蓄，事实上和年老者日后的生活保障一样，这经常是由大家庭承担的职能，取决于它的经济状况。大家庭提供的多层面的保障，一定程度上会刺激人口繁衍。但宗族或大家庭聚居，既不是人口繁庶的季风气候区（如南亚、东南亚）的普遍现象，甚至也不是中国历史上各地区的一贯现象和普遍现象。所

---

① 参见王渊明：《历史视野中的人口与现代化》，浙江人民出版社 1995 年版，第 46—52 页。

② 在汉代，黄河流域的耕作制度就已趋于完善，参见许倬云：《汉代农业》，江苏人民出版社 1998 年版。

③ 王渊明：《历史视野中的人口与现代化》，第 34—45 页。

以，这最多是起到了辅助的作用。①

在东亚农耕区的进一步发展过程中，精耕化农业需要单位面积上较多的人力投入，这就使得东亚地区的人口与农业生态之间存在着某种反馈机制。孔子"庶、富、教"的原则，② 正好印证了中国此后数千年一贯的社会策略，例如普遍的早婚和鼓励生育。在其中，儒教充当了重要角色，即某种生态价值的载体，但不是它的创造者和原动力——因为通常来说，单单意识形态本身不具有这样的伟力。

虽然纯粹从理论上来看，恐怕很难断言，宗法性的社会基础，家国同构的隐喻意义和实际力量，是支持和维系大一统帝国的一组必备条件，但从中国历史上的客观效果和整体效应来看，宗法性的社会特征和宗法伦理的确与大一统帝国架构有着很强的亲和性，即表现为相互强化的正反馈效应。

中国古代的农业文明虽不是外向侵略性的，可是其内部剧烈的动荡周期似乎也清晰可见。在社会从动乱中恢复以后，社会安定和医学发展等因素导致死亡率进一步下降；注重人口繁育的观念也一直都在起作用（即便它远不是深层次的机制）；大家庭或宗族内部广泛存在的互惠互利关系，令到儒教社会对于人口增长引起的一连串经济后果不敏感；加上精耕化农业对劳动力增长的潜在需求，这一系列因素都使得一定时期内的人口增长保持在一个较高的水平上，直到那个时代最高人口容量的临界点出现——季风气候使这个临界点也变高了。这时，人均保有的耕地、水源和森林不断地减少，劳动力价格降低，资源的相对价格却在上升，很容易出现财富向少数人集中的情况，贫穷

---

① 秦晖对走马楼三国吴简中各"丘"（相当于自然村）的姓氏数进行了统计，发现其多姓杂居的程度已到了显得不自然的程度，令人怀疑这是否有人为地"不许族居"的政策，但透过乡吏，"国家政权"在县以下的活动却十分突出。这似乎可以证实即使在世家大族控制大量部曲、宾客而朝廷常只能对其稍事羁縻的时代里，非宗族化的吏民社会，也存在于一些地区的基层。参见秦晖：《传统十论》，复旦大学出版社 2003 年版，第 1—44 页。此外，湖北江陵凤凰山十号汉墓出土的西汉初的"郑里廪簿"、四川郫县犀浦出土的东汉"訾簿"残碑、河南偃师出土的"侍廷里单约束石券"等，似乎都足以反映基层村落的"非宗族化"。故秦氏认为，"国权归大族，宗族不下县，县下惟编户，户失则国危，才是真实的传统"（秦晖：《传统十论》，第 39 页）。

② 参见《论语·子路》，朱熹：《四书章句集注》，第 143—144 页。

就会无情地加深，如果这时人口还在继续攀升，组织管理的压力大增，"善治"几乎没有可能，终有一天社会矛盾将一发不可收拾地大爆发，遂进入中国史上屡见不鲜的动乱周期，而此番情形极似马尔萨斯所谓"积极的抑制"。①

长期来看，伴随着人口持续增长的是人均自然资源占有量的下降，而农业社会的技术条件并不会使自然资源的利用率的上升幅度可以抵消、克服或超越其负面影响。平均来说，越来越缺少野生或驯化动物的肉食，生态环境的恶化总体上导致了食物质量的下降。哲学家们对这一类苦难表现了极大的关注。在人口增长有可能突破1亿的关键的宋、明之际，② 由于旧的生产分配方式和管理模式，再也没有能力自如地充当主要的能源提供者和再分配者的角色，而创造新的、更有效的生产分配方式和管理模式的时机也还没有成熟，故而儒教越来越赞成用存养或禁欲主义的方法来解决贫困。这和佛教、道教所倡导的食物调节方式大体上是一致的。儒、道、释三教皆不遗余力地赞扬生命的神圣和对微贱者、弱者表示怜悯，这在佛教的"慈悲为怀"和"众生平等"的观念中表现得最为典型，而张载的《西铭》也表达过类似的"民吾同胞、物吾与也"的主张。

但是在古代中国，决定农村面貌的是越来越多的小农经济——无论生产者是自耕农还是佃农。农耕活动自然离不开土地。一般来说，小农和地主基于各自拥有的土地面积的大小不一，其经营土地的方式可以有所不同。少量的劳力（通常是以个人或家庭为单位）和小块土地的紧密结合，正是所谓小农经济的特点。而地主拥有土地较多，原则上他可以雇用大量劳动力在大块土地上从事内部有着密切分工协作的农场经营。但也可以采取小农经营的方式，即把土地化整为零分别租给他人去耕种。对于地主来说，通常前一种经营方式具有创造资本来使再生产扩张，进而改变经济结构的潜力。③ 后一种方式除了可以为地主敛财，对

①　参见［英］马尔萨斯（T. R. Malthus）：《人口原理》，商务印书馆1992年版。

②　参见吴松弟：《中国人口史·第三卷》，复旦大学出版社2000年版，第620—621页；曹树基：《中国人口史·第四卷》，复旦大学出版社2000年版，第465页。

③　戴晋新：《有土有财：土地分配与经营》，载于《中国文化新论·经济篇》，三联书店1992年版。

经济发展裨益有限。但可以肯定的是，正是小农经济倾向于采取家庭或家族式的基层管理，以便在有限的范围内实现资源的相对合理的配置。在无须扩展经济规模和生产被束缚于土地的情况下，经济生产单位与基层管理单位的合一，自然降低了管理的成本。

为什么会出现这种情况：男耕女织的小农经济居于主流；经济上更为高效的农场经营（它有可能刺激技术改良、资本追加投入以及单个劳动力某一项生产率的大幅增长），却退居次要地位，甚至几乎湮灭无踪。这还是和季风气候的大格局有关。在人口基数很大，并且易于进一步膨胀的形势下，由于劳动力唾手可得而劳动价格偏低或趋低，故而抑制了技术改进的动力，同时解决就业的隐性压力极为严峻。古代常被为"末业"的工商业，固然可以为一部分过剩的劳力提供出路，但古代工商业的发展面临一些严重的瓶颈，就像交通运输条件、制造技术、城市化水平，等等，遂使它们无力吸收由于理论上的农场经营而可能挤掉的劳动力中的大多数。所以劳动力的主要出路，要么还是黏着在土地上面，但相对人口基数而言的投入在各行业上的劳动生产率已经下降，[①] 要么就

---

① 对于宋代以来，特别是明清经济史的研究，常常被关于中国近代之发展瓶颈问题所牵引，对近代的停滞加以解释的理论，包括黄宗智的内卷化或过密化（Involution）的概念，谓是农民在人口压力下，不断增加在农业和家庭手工业上的劳动力投入，然而单位劳动力的生产率却在下降，参见黄宗智：《华北的小农经济与社会变迁》，中华书局 1986 年版；《长江三角洲的小农家庭与社会发展》，中华书局 1992 年版。这与英国学者伊懋可（Mark Elvin. *The Pattern of the Chinese Past*. Stanford：Stanford University Press，1973）的高水平均衡陷阱（High Level Equilibrium）学说，差可比拟，彭慕兰（Kenneth Pomeranz）反对过密化的单一解释，认为中国和西欧在 19 世纪之前都曾陷入过密化，但欧洲得到了美洲的资源，走出了泥淖，中国则未有这样的幸运，资源约束暨生态问题是根本的瓶颈（［美］彭慕兰：《大分流——欧洲、中国及现代世界经济的发展》，江苏人民出版社 2003 年版）。又，［日］斯波义信（《宋代江南经济史研究》，江苏人民出版社 2001 年版）认为中国政治组织体系的巨大规模，导致官僚机构的极度膨胀，维系之费用超越财政的负担能力，遂产生功能性的障碍。而李伯重（《江南早期的工业化（1550—1850）》，社会科学文献出版社 2000 年版）对江南早期工业化进程的研究，得出"超轻结构"的定性，指轻工业在产业结构中所占比重过大的事实，但他认为江南工业若能按既定步调走，并实现经济上的区域整合，不排除有实现以矿物能源为基础的工业革命之可能。我觉得上述说法都有一定道理，但他们没有进一步去推演和分析，作为历史的基础或边界条件的生态暨地理因素，如何具体影响经济结构的状况，只是把这些当作笼统的背景来处理，亦未尝整体地考虑各类因素之间的整体性联系。

是难以应付气候灾害的风吹草动，而经常有沦为流民的危险。①

　　在东亚季风气候条件下，由于降水的年际波动大而造成的水旱不节，乃至气候灾害频发的现象，也会促使劳动力不愿轻易离开农业领域。因为自己拥有一块土地耕种，在灾害发生时，要好过那时得面对绝对高企的粮价的城市贫民。② 当然，在灾害极端严重时，这种优势可能荡然无存，尤其是在生态环境严重退化的地区。即便如此，胶着于土地的心理，仍可能非常强固地存在着。努力保障粮食安全、倾向于规避风险的策略，对于古代经济结构便产生着深远影响。而向地产占有和谷物种植业上过度投资，其实就是风险规避策略的体现，但是这不利于经济结构的优化。

　　环境的特殊挑战产生了特殊的问题，构成寻求解决之道的压力，这样的思路对我们观察中国史颇有启发。证诸古籍（例如正史《五行志》），可知中国历来饥荒发生之频繁。但各年之间，严重气候灾害，发生概率不一。《左传》里面频频出现"取麦""阻籴""卹邻"的事件，显示诸侯国围绕是否互助发生的分歧。又梁惠王语孟子，自承其为国尽瘁时提及："河内凶，则移其民于河东，移其粟于河内。河东凶亦然"，③ 然则倘若梁境大部皆罹饥馑，无可调节又将如何？看来，只有基于中央集权体制的大国，才能有效地控制大量的地盘和资源，并在必需的时候负起赈济重担，即实行《周礼》中归入凶礼一类的"荒政"。④

---

　　① 有关流民的研究，参见李洵：《明代流民运动——中国被延缓的原始资本积累过程》，载于《中国古代社会史论丛》（福建人民出版社 1981 年版）第 2 辑；曹文柱：《两晋之际流民问题的综合考察》，《历史研究》1991 年第 2 期；曹文柱：《中国流民史》，广东人民出版社 1996 年版；陈高华：《元代的流民问题》，《元史论丛》（中华书局 1992 年版）第 4 辑；池子华：《流民问题与社会控制》，广西人民出版社 2001 年版；《中国近代流民（修订版）》，社会科学文献出版社 2007 年版；江立华等：《中国流民史·古代卷》，安徽人民出版社 2001 年版等。流民问题在生态严重恶化即生物多样性遭大肆破坏的地区，如淮河两岸，尤为严重，这本身就值得深思。

　　② 粮价极不稳定和常见巨幅波动，在各时期大率如此，参见彭信威：《中国货币史》，上海人民出版社 2007 年版；王仲荦：《金泥玉屑丛考》，中华书局 1998 年版；黄冕堂：《中国历代物价问题考述》，齐鲁书社 2008 年版；彭凯翔：《清代以来的粮价——历史学的解释与再解释》，上海人民出版社 2006 年版等。

　　③ 《孟子·梁惠王上》，朱熹：《四书章句集注》，第 203 页。

　　④ 参见黄仁宇：《放宽历史的视界》，三联书店 1998 年版，第 143—147 页；吴洲：《中国宗教学概论》，第 5 篇第 2 章等。

在中国，东亚季风性气候即全球最强烈的季风性气候的特点的确在起作用。在长城以内的农耕区域，雨量多集中于夏季；且包括降水量在内的气候年际波动大的特点，导致气候灾害频繁发生和农作物产量的巨大波动，并各年或各地之间情形不一，因此对统筹安排下的赈灾或治水的需要，对人员、物资流动在应急状况下可顺畅无阻的需要，对于中国的制度文明，其实具有极深远的影响。

其在唐代，类似需要，于大和三年（849）九月敕中亦可窥及，当时在粮食出界问题上的地方保护主义，损害了赈灾的全局利益，朝廷命御史出外巡察，欲令粮食流通各地：

> 河南、河北诸道，频年水患，重加兵役，农耕多废，粒食未丰。比令使臣分路赈恤，冀其有济，得接秋成，今诸道谷尚未减贱，而徐泗管内，又遭水潦。如闻江淮诸郡，所在丰稔，困于甚贱，不但伤农；州县长吏，苟思自便，潜设条约，不令出界。虽无明榜，以避诏条。而商旅不通，米价悬异，致令水旱之处，种（植）[食]无资。宜令御史台拣择御史一人，于（河）[江]南巡察。但每道每州界首，物价不等，米商不行，即是潜有约勒，不必更待文榜为验，便具事状及本界刺史县令观察判官名衔闻奏。河南通商之后，淮南诸郡，米价渐起，展转连接之处，直至江西湖南荆襄以东，并须约勒。依此举勘闻奏，仍各委观察使审详前后敕条，与御史相知，切加访察，不得稍有容隐。[①]

这正是《左传》里所指责的邻国"阻籴"的现象。在大一统的帝国内，

① 此据《册府》卷 502 所录；另见《唐大诏令集》卷 111，《唐会要》卷 90，按《诏令集》录此敕，首句河南作"河东"，疑误。上面引文中一些关键字句的分歧，据彼二书做了校勘，但此处不特出校记。

另据《旧书》卷 119 本传，中唐时崔倰镇湖南，"旧法，丰年贸易不出境，邻部灾荒不相恤。倰至，谓属吏曰：'此非人情也，无宜闭籴，重困于民'自是商贾通流。"此为湖南日渐成为粮食生产大区之后果，但崔氏从大局考虑，也是关键因素。而五代十国的分裂局面，则对人员、物资正常流动及其赈灾效果，当有更大程度的损害。值荒年，若有超越政权界限，允许粮商自由出入之举措，便被书为仁政，譬如后周广顺元年（951）四月，淮南大饥，许彼粮商过淮籴谷（《通鉴》）。即是如此。

尚且各地之间有时会发生这样的情况，但如果没有大一统的帝国，情况
会更糟糕。

前面提到的治水问题，本质上仍然属于灾害预防和减灾管控的范
畴，即治水之需是整体的防灾赈灾问题的一部分，然而水患发生的程度
和频率，就像一般性气候灾害一样，由于东亚季风性气候的特点而大为
加剧。而覆盖面甚广的大河流域，既和这方面的必要性的加强，即古代
河、淮等流域的统筹治理和协调灌溉之需有关；也和这方面的可能
性——这是指它们提供了区域一体化的自然条件——极有关系。在华
北、西北黄河中下游地区，即在华夏古文明的核心区域和重点区域，就
灾害和危机应对机制而言，地域合成上为"大一统"，权力运作上为
"集权"的体制，几乎成为明智的、必然的历史选择。

而气候灾害频发并有时趋于极端严重的现象，在思想史上也产生其
显著的回响。农民们根深蒂固的、强烈的对于风调雨顺的诉求，既反映
在祈雨或祈晴的仪式中（除了民间自发的祈祷，帝国的中央政府和地方
政府举行这样的仪式，便是其政治合法性的一部分），也在古代思想对
"中和"的关注中得到反映，所谓不偏不倚、所谓"时中"是也。

季风性气候对于华北社会产生的很多影响，对于南方各地或多或少
也都存在。譬如，基于雨热同季的因素，气候资源的农业生产效力很高
（甚至因为全年积温更高，还胜过华北）；各期之内人口增长的阈限较
高；对社会经济具极大破坏力之气候灾害频繁发生；基于风险规避取向
的小农经济模式等。但在南方早期的历史上，我们很难看到基于本区域
的联合治水、救灾，或者像华北那样联合应对游牧部族入侵的需要，内
生地形成对于统一的政治实体之压力。[①] 而笔者倾向于认为，"大一统"
体制对南方地区而言主要为外源的。

但是起初，北南实力对比的悬殊、制度扩散的张力、南方各子区域
之间联系性较差、战略上易被分割而各个击破的态势，实际上都有助于
中央集权政府对东南各地的掌控。较早的时候，南方很多地区人口密度

---

① 例如在唐代东南，大型水利工程多在江、汉干流人口较稠之沿岸平原，其外的很多江
岸仍为天然沙地，或是任其涌溃、蓄堤；而在像越州镜湖或道州江华县涧溪之类地点，即使存
在着管理水利工程和安排灌溉的需要，其影响也绝对是区域性的、局部的。

很低，气候波动的幅度稍小暨水患灾害发生频率相对较小，资源丰度却较高，这使其不会产生跟黄河流域一样强烈的同一类政治需要。后来，移民带来了他们的政治文化和政治模式，并在当地建立的政治体系中居于主导地位，常能以少统多；[1] 而对土著的军事征服则是更加直接地贯彻中央集权模式的途径；[2] 其间民族融合的趋势常为莫可抵挡之洪流。这两三股过程都不绝如缕，慢慢地塑造着南方地区的政治文化和政治模式，并在条件成熟时，顺理成章地将其纳入大一统帝国的版图之中。虽说是外源的，然而一旦郡县制即从属于中央的地方上之官僚科层制已获落实，较诸缺失的状况仍表现出一些明显的优点，譬如可以避免封建的关税壁垒，有利于长江沿线等地的贸易流通和经济一体化；享受具有更大规模效益的公共服务等，因而倾向于维护它。制度延续的强固惯性，则会进一步巩固之。而在人口滋繁的时代，南方很多地区也能切实感受到协调统筹地防灾、赈灾的好处。

在东亚季风性气候条件下，农耕区的生产模式、人口增长的幅度和限度，以及社会组织形态之间，既表现出彼此间有着很强的连带关系，也都在长期的机制上和这种气候条件有关。并且，这些在思想史当中得到了很大程度上的回应。

四　天道观与阴阳五行的生态解释

从黄河中下游华夏族最初建立的国家开始，青藏高原以东，长城以

---

[1]　例如据传说，太伯奔吴，为藩屏周之东南诸侯（《史记·吴太伯世纪》），而今宁镇一带确有西周墓出土，证实吴先世确为周之后胤；后孔子之世，季札仍娴于周礼，为时所称。又如楚世系据说为帝高阳之苗裔（《史记·楚世家》）。由吴、楚上层带动的与华夏文明的深入接触，实际上有利于后来的政治结构之扩250。秦代，已发诸遣亡人等谪戍岭南；有秦不道，赵佗自立为南越武王，佗本真定人也，汉兴，本已附之，而保有若即若离之关系；在灭南越的基础上建立郡县的体系，这是汉代在岭南建立有效治理的契机（《史记·南越列传》等）。当然，永嘉乱后晋室南渡的影响，更难以低估；时衣冠世胄避于江淮、荆湘者甚伙，并带来大量部曲、依附民。

[2]　例如秦始皇略定岭南，置立南海、桂林、象郡（《史记·秦始皇本纪》）；又如汉武帝之略定南越、闽越、东瓯（《史记·东越传》等）；后汉马援征交阯与五溪蛮（《后汉书》本传）；三国由华族建立的东吴政权常得剿、抚境内山越势力；以及南朝历代对东南区内诸蛮的征讨等（参见朱大渭《六朝史论》，中华书局1998年版，第402—436页）。

南的地区就一直是中华民族大家庭内农耕文明的核心区域。而长城一线大致与 500 毫米等降水量线（isohyetline）吻合，从而构成农业与游牧区的分界线。地处我国地势第一、第二级阶梯上的广袤地区毫无例外地处在东亚季风性气候的影响之下，这就使得，通过建立一套完整的物候学观察的季节性模式来表达和适应这样的农业气候资源，变得异常重要。中国气候的两个基本特点——季风性与大陆性，却大体上反映在阴阳五行的模式里面。

阴阳五行的模式，可以说是传统天道观的一种极为重要的具体展现形式。它就好像是为了东亚季风性气候条件下的物象或征候的观察，量身定做似的。如果说"阴阳"观念是按照辩证思维的对立统一模式来统领各类征候的一个体系，那么"五行"观念的拓展和综合运用，则是对四季循环中的各种历法、气候和物候因素予以系统编配的方法。^① 表面上，若是单纯从"数"的推演的立场来看，五行编配体系的结构特征似乎是单调、歧义和随机的。然而这并不影响它的效用。此种效用正是源自它对东亚地区由于四季循环而变化着的生态效应的全面刻画，源自"取象比类"的方法，即观察与内省相结合，并且与物候及生态效应相贯通的方法。这是一种简洁、卓越和富有成果的方法。

五行的模式当比一般的物候观察进一步，主要表现在它所编配的内容，并非具体物种的生息繁衍规律，而是若干的征候群。《吕氏春秋》、《黄帝内经》堪称秦汉时代农耕文明的不刊之典，它所反映的当然是黄河流域的生态知识。在勘验第三章第三节所列五行的表格时，尤其得充分考虑这一点。其五行编配表格中的气象、方位等，比较符合黄河流域的情况，例如"土"所代表的长夏，正值农历六七月间，恰好是夏季风到达时的雨季，故其气象为湿。方位的匹配与每个季节的风向吻合，"虫"的特征，也是一系列相近的生物物种的物候规律之总结，音、味、臭亦大致如此，唯数术的匹配，令人稍感困惑。帝、神、祀、祭四个项目则是人事方面有意识为之的一种筹划，以满足心灵对于秩序的渴求，及期待以神话或制度结构上的差别来配合与响应自然生态方面的知识。

---

① 例如"月令"的模式就是这样的扩展，可见于《吕氏春秋·十二纪》《礼记·月令》《四民月令》等。

至于体质、孔窍、内脏、颜色、情态、声、变动等，则有古代医学体系临床观察上的根据，而这样的观察同样是从农耕文明的物候学方法中引申其范型的，并且也都是季风性规律的体现。另外，八卦等也可与季节和方位等要素相匹配，从而与五行即与东亚季风气候的特征相呼应。

其实，在亚欧大陆西岸 40°N 以上的地区，因终年处于西风带，深受海洋气团影响，沿岸又有暖流经过，气温年较差和日较差都小，降水为全年较均匀分布，尤以秋冬居多，这明显不符合五行模式所指涉的气候特征。例如所谓"秋燥"只不过反映了东亚地区秋季受亚洲大陆气团控制的特点。又如南欧的地中海式气候，呈现典型的夏季干燥少雨、冬季湿润多雨的特点，这跟五行的季节—气象匹配无论如何都是面貌迥异的，也就是说，地中海式气候为典型的"雨、热不同季"。时节因缘的差异如此悬殊，则五行体系内的其他项目的匹配自然也就成了疑问。

在孕育了全球最重要的几个古代文明的亚欧大陆上，东亚地区所处的地理位置和气候类型，与该地区华夏文明的宗教和哲学的基底层面上的编码模式之间具有深刻的同构性。东亚季风性气候在中国与西方之间塑造了一种结构性的差别，它为本土宇宙论的想象力提供了迥异西方的基本素材，但这种观念层面所展示的同构性对于文化的总体态势而言并不是决定性的，只有当东亚季风气候为该地区人口、组织与食物获取方式之间的反馈关系造就了特殊的机制，使得农耕作业在该地区的生态模式中占据主导地位时，物候学所基于的认知倾向甚至观念层面上对于气候类型的映现，才会在其文明史上具有持久的影响力。

雨、热同季显然有利于充分发挥气候资源的生产效力。它使东亚地区较诸雨水多半集中在草木不生的冬季几个月里的欧洲，具有较长、较集中的耕作期。看来，正是东亚地区农业获食模式的高效率，使得该地区的文明在观察和认知的方法，乃至社会的组织上，均采取高度适应农业生态的模式。

阴阳五行这套图式所体现的征候学方法及生态原则，具有很大的融通性。至少，如果要将其推广到黄河流域以外的季风气候区时，并不存在根本的障碍。其实，传统思想（包括古典医学）的融通性是基于这样的考虑：响应生态效应的人体的平衡，既要避免任何偏颇的情绪状态，也不是毫厘不爽地对应于按照循环论模式而建立的某些特殊的匹配，当然也不是脱离任何循环论模式。前者如喜、怒、哀、乐、爱、恶、欲等，都是情绪失衡，会波及人体生理的平衡；后者是指固执和僵化地对待四季、五行、十二月、二十四节气或干支配气一类的时节规律，但稍有变通乃是灵活适应本身即常有变动或波动的现实的需要，这并不妨碍其融入动态平衡的过程。

在中国思想传统中，"中和"的方法论是指：一种循环论的生机观念渗透于"阴阳五行"体系里，其"取象比类"方法的运作的关键，并非源自那些在对象的指认和逻辑的推演上充满含糊性的象数的排列，而是由彼此相通的个体身上的某种混沌的生态效应来引导对于诸"象"的分类、比附和推断，这种效应通常还会表现出情绪上的中庸和生态上与时消息的特征——合而言之即是"中和"。① 阴阳五行，实际上就是围绕此种和谐效应而展现的征候分类的体系，例如阴阳就是在周期性波动的框架下，比照某一和谐的生态效应而读出的两种方向相悖的失衡状态，而五行生克关系的推演，无非是凸显此种和谐的或一般意义上的生态效应的季节性波动。古代的宗教则许诺，主体可以通过它的存养、省察等工夫获得这两类相通的和谐效应。

以"中和"为底蕴的表述在经典中屡见不鲜。如《道德经》的"挫锐解纷、和光同尘"、"冲气以为和"等。② 在属于思孟学派的《礼记·中庸》里面，"中和"两个字不能与该篇所讲的"诚"割裂开来，作为个体在循环模式中所体会到的那种和谐的生态效应，"中和"既是农耕文明内在超越的实践旨趣，又是征候方法的枢纽。

征候学的方法，实际上就是所谓的取象比类。但征候、物候二词，能向我们点明这一方法或方法论与农耕文明的内在关系。"取象比类"肯定是中国古代哲学的一般方法论的基础，儒家概莫能外，《易传》的概括，仍旧是托古喻今。"古者包牺氏之王天下也，仰则观象于天，俯则观法于地，观鸟兽之义，与地之宜，近取诸身，远取诸物，于是始作八卦，以通神明之德，以类万物之情。"③ 可是，特别拿八卦成列的过

---

① 案"和"有动态的"适时"的意义，此正为《中庸》首章倡导的含义。
② 《老子道德经》第四、四十二章，《诸子集成》第 3 册，第 3、26—27 页。
③ 《周易·系辞下》，《十三经注疏》上册，第 86 页。

程来看，取象比类之上升到与儒家的形上学乃能因果互倚的一般方法论的高度，就不纯粹是随感而发且纷纭扰攘的"象"之间的憧憧往来，其中亦有抽象的奠基。泛泛而言，"阴阳"之观念即是可以将诸侧度、诸层面的基本对立值加以编配和施以转换运算的一般的算子。

任何清醒的现代诠释，都无法想象阴阳二仪的潜通互运，已经具体而微地蕴藏着精确运算的法则。然而又是什么令阴阳观念如此丰产，以致我们无法否认阴阳二仪在中医、内丹等各个领域里卓有成效的运用呢？它的灵活性的基础和直觉的基础究竟何在？在近代科学观念的畸形冲击下，现代汉语是否已经失去这种直觉的基础？虽不是老子"道之出口，淡乎其无味"的大象，但阴阳应当是"象"的天平之两端，仍是概括而凝练的象。虽有董仲舒那样在政治人伦领域内的崇阳而抑阴的主张，但在儒家的观念史上，阴阳的调和方是驭权的常经。如此说罢，答案便呼之欲出了。也就是说，我们切身可以体会的某种和谐状态构成了测度阴阳的轴心。因此，恰好可以把阴阳理解为相对于"中和"而言的两种方向相乖的失衡状态。其在《易传》则表现在"简易"的原则上。

中国哲学史上，对于征候学方法（实即取象比类之法）的枢纽，荀子所论"解蔽"尤为精当。"虚壹而静"的原则正是在探讨征候方法的运用，而且很具代表性。荀子精辟地揭示了其中的奥妙。

> 故治之要，在于知道。人何以知道？曰：心。心何以知？曰：虚壹而静。心未尝不臧也，然而有所谓虚。心未尝不满（读若两）也，然而有所谓一。心未尝不动也，然而有所谓静。人生而有知，知而有志，志也者，臧也，然而有所谓虚；不以所已臧害所将受，谓之虚。心生而有知，知而有异，异也者，同时兼知之；同时兼知之，两也，然而有所谓一；不以夫一害此一，谓之壹。心卧则梦，偷则自行，使之则谋，故心未尝不动也，然而有所谓静；不以梦剧乱知，谓之静。未得道而求道者，谓之虚壹而静。作之，则将须道者之虚则入，将事道者之壹则尽。尽将思道者，静则察。[1]

---

[1]　参见《荀子·解蔽》，王先谦：《荀子集解》卷15，《诸子集成》第2册，第263—264页。

此即本于深邃的生态意识，建立人与环境和谐、贯通的意识。人在自身处于虚静、和谐、不偏不倚，没有或者少有"意必固我""师心自用"的深沉意识状态，可将外界变化感应为各式各样的征候，这些征候有序呈现，不相妨碍。阴阳五行，随其所适，皆有偏倚，却在这无偏倚的状态，各得呈现，有序井然。

然而荀卿此说，要非孤明独发，非思想史上的绝唱，而是渊源有自，并后续绵延不绝。《管子·心术篇》所讲"静因之道"，① 殆"虚壹"说之先导。

此法，亦犹庄生所谓"心斋""坐忘"。

　　一若志，无听之以耳，而听之以心。无听之以心，而听之以气。听止于耳，心止于符。气也者，虚而待物者也。唯道集虚。虚者，心斋也。②

　　颜回曰："回益矣"。仲尼曰："何谓也？"曰："回忘仁义矣。"曰："可矣，犹未也！"他日复见，曰："回益矣。"曰："何谓也？"曰："回忘礼乐矣。"曰："可矣，犹未也！"他日复见，曰："回益矣。"曰："何谓也？"曰："回坐忘矣。"仲尼蹴然曰："何谓坐忘？"颜回曰："堕肢体，黜聪明，离形去知，同于大通，此谓坐忘。"③

此法，亦犹王辅嗣所谓"圣人之情，应物而无累于物者也"。④ 亦犹北宋濂溪先生所谓"无思，本也；思通，用也。几动于彼，诚动于此，无思而无不通，为圣人"。⑤ 亦犹张横渠"大其心则能体天下之物"的

---

　　① 参见黎翔凤《管子校注》卷13，中华书局2004年版，第772、776页。

　　② 《庄子·人间世》，王先谦：《庄子集解》卷1，《诸子集成》第3册，第23页。

　　③ 《庄子·大宗师》，王先谦：《庄子集解》卷2，《诸子集成》第3册，第46页。

　　④ 此系针对何晏"圣人无情"之说，提出"圣人茂于人者神明也，同乎人者五情也。神明茂，故能体冲和以通无；五情同，故不能无哀乐以应物"，故曰"应物而无累于物"。参见《魏志·钟会传》裴注引向邵《王弼传》，载于陈寿撰《三国志》，中华书局校点本，第795页。

　　⑤ 周敦颐：《通书》，曹端：《通书述解》卷上，上海古籍出版社1992年影印四库本，第13—14页。

"德性之知"。亦犹邵康节"以物观物"的"观物说"。此法，亦即明道先生所谓"夫天地之常，以其心普万物而无心；圣人之常，以其情顺万物而无情。"[1] 论及诸说之义理曲折，虽有微妙之差别，其大要则同。

其于佛法，亦有类似的思路，谓是如来藏摄藏或镜像无尽的、如恒河沙数的诸法。按照在中土颇有影响的《大乘起信论》的观点，如来藏或心真如门，由于它的无差别性，因此不可能是如来藏自体即具色、心法自相差别。如来藏或心真如门，在其清净的体性上，系解脱还灭地映现生灭染义的差别相而随顺地摄入的。这样的话，"如来藏"就像一面光滑（无差别）的镜子，能够映现生灭染妄的差别相，但自身并非生灭染妄。[2]

明代王学受佛家启迪，喜用明镜喻，譬诸中和之心体，无思无虑而纤尘毕现，万象森罗，无所隐遁也。

> 澄问：喜怒哀乐之中和，其全体常人固不能有，如一件小事，当喜怒者，平时无有喜怒之心，至其临时亦能中和，亦可谓之中和乎？
>
> 先生曰：在一时一事，固亦可谓之中和。然未可谓之大本达道。人性皆喜，中和是人人原有的，岂可谓无？但常人之心，既有所昏蔽，则其本体虽亦时时发见，终是暂明暂灭，非其全体大用矣。无所不中，然后谓之大本，无所不和，然后谓之达道。惟天下之至诚，能立天下之大本。
>
> 曰：澄于中字之义尚未明。曰：此须自心体认出来，非言语所

---

[1]　程颢：《河南程氏文集》卷2《答横渠张子厚先生书》，程颢、程颐：《二程集》第2册，第460页。

[2]　如来藏说，由来久矣，非中土独创。且常有空如来藏与不空如来藏之相辅。此可举《胜鬘狮子吼经》文为例："世尊，过於恒沙不离不脱，不异不思议佛法成就如来法身，世尊，如是如来法身不离烦恼藏名如来藏。""世尊，有二种如来藏空智，世尊，空如来藏若离若脱若异一切烦恼藏，世尊不空如来藏过於恒沙不离不脱不异不思议佛法"（欧阳竟无编：《藏要》第2册，第309页）。

空、不空的语义似可改写为以烦恼藏与如来藏的关系为论域的某种二歧式的形式，烦恼藏与如来藏不是决定性的相离，可谓非异，此是不空义，不离亦非决定性的同一，故而非一，此即空义。

能喻。中只是天理。

　　曰：何者为天理？曰：去得人欲，便识天理。

　　曰：天理何以谓之中？曰：无所偏倚。

　　曰：无所偏倚是何等气象？曰：如明镜然，全体莹徹，略无纤
尘染着……

　　（阳明曰：）须是平日好色好利好名等项一应私心，扫除荡涤，
无复纤毫留滞，而此心全体廓然，纯是天理，方可谓之喜怒哀乐未
发之中。①

　　在于王学，则天理、良知、中和、心之本体大用，其实一也。所以
这"良知"就是无思无虑，感而遂通的"中和"之道。故而"圣人致知
之功，至诚无息，其良知之体，皦如明镜，略无纤翳。妍媸之来，随物
见形。"② 然而"良知只是造化的精灵"，③ 故自不外于造化的规律和
枢机。

　　作为修养工夫，"致中和"意在"虚静"，而彻底的"虚静"又不可
能不在它的当下体现"中和"，这样的观念并非儒家的专利。恬淡、素
朴、虚静、守一、诚、中和、解蔽、无念、无住、无相这些概念，在一
定程度上彼此是可以互训的，但来源不同，侧重不同，作为征候学方
法，它们都旨在教导人们：让虚静的身、心像澄澈宁静的止水那样去映
现纷繁芜杂的物象。④ 总之，就是要在无思、无欲、无为当中包容、涵
摄、参赞所思、所欲、所为——这就是古典文明反复强调的"中和"的
意义。

　　征候学观察要不时做出调整，其依据就是这种自身可以体验的和谐
的生态效应，或者可以称为"玄冥的零度"。其实，征候学观察所给出
的一切特征上的基本对立，都要围绕着效应的零度来测度。在阴阳五行
的流行发用中，其征候把握的方法是一种深邃的哲学。一方面，阴阳就
是比照上述玄冥的零度而从物候或内省的效应上读出的两种方向相悖的

---

① 《阳明传习录》卷上，上海古籍出版社 1992 年版影印明隆庆本，第 22 页。

② 《阳明传习录》卷中，第 63 页。

③ 《阳明传习录》卷下，第 92 页。

④ 在中国化佛教中，不乏类似的表述。

失衡状态；另一方面，五行生克关系的推衍等，又旨在凸显生态效应的季节性差异，这便使得玄冥的零度持续再生着它的时间记忆。同时玄冥的零度并不是外在把握的对象，它本身是"妙万物而不居"的观察者。

作为征候学方法的枢纽，"中和"表现为三重意义：（1）观察中效应的零度，以测度阴阳的失衡，或由于五行生克循环的阻滞而导致的季节性失衡；（2）解蔽的观察者，只有解除了情绪或者其他方面的偏颇性的干扰，才能成为适宜的观察者；（3）个体小生境趋向平衡的目标，此点在实践中又具有生态、道义等多重意义。此三条可谓是"即三而一，即一而三"。

"中和"这一认知倾向，也是儒道二教的本根论、修养工夫论和境界论的根据和基础，恰好对应于它作为征候学方法的三重维度。儒家在本根论上是像《中庸》首章那样将它认作天下的大本、达道，抑或如张载所云："太和所谓道，中涵浮沉、升降、动静相感之性，是生纲缊、相荡、胜负、屈伸之始。"[①] 又依张横渠之说，谓气之本虚无湛寂，感精微而生成，则聚而有象，然而"有象斯有对，对必反其为；有反斯有仇，仇必和而解。"[②]

其实，道教也有它自己论述"中和"的传统，如云"气者……天气悦喜下生；地气顺喜上养；气之法行于天下地上，阴阳相得，交而为和，与中和气三合，共养凡物，三气相爱相通，无复有害者。"[③] 似言阴阳之外，实有中和气，在思致或表述上虽然稍显滞涩，但却是沿着《道德经》"冲气以为和"的思路进行的一种解释。

传统上农业生态是中国人的心灵世界的重心，以物候学观察为基准的一系列方法论预设，在人们的思想观念里潜移默化地发挥着基本的影响。从农业物候到广泛的征候，再到阴阳、五行之类系统地编配的征候模式，都是征候方法的发展环节。其中，阴阳、五行诸对立项之间的"中和"，乃是这一方法的枢纽。

---

① 张载：《正蒙·太和》，《张载集》，第 7 页。
② 同上书，第 10 页。
③ 王明：《太平经合校》，第 149 页。

　　对中国古代哲学的思想特点给予生态解释，实在不能忽略东亚季风性气候带来的整体性影响。但以此为典型特征之一的东亚大陆上的农耕区域的地理环境，对于中国古代历史和哲学思想的影响，并不是以粗糙的决定论式因果的方式，而是作为基础、背景或有待于适应的边界条件起作用——特别是作为思考问题的背景或思维方式得以产生的背景而起作用。①

　　中国古代的自然地理对其历史进程之影响，将透过若干不同的层面：（1）既是从整个东亚大陆农耕区范围来看的普遍特征或总体面貌，也是历史上表现大致稳定的地理因素，例如气候总为季风性的；（2）某一区域的历史上大致稳定的地理因素，但从更大地理范围来观察，却为该区域的特殊因素，例如黄河中下游独特的水文、地貌、土壤等方面的格局；（3）某一区域的呈现历史性变动或波动的地理因素，在前述二重背景下，既是以往的历史进程的函数，也为嗣后的历史进程的出发点；（4）某一区域的呈现历史性变动或波动的地理因素，仍在前述二重背景下，透过与"异地"的联系而产生全局性的影响，这异地或本地的地理因素，均为某种特定的历史性状态。

　　但不管是稳定的生态环境因素，还是不稳定的环境因素，它们对人类和社会造成任何影响，都无法摆脱实践活动本身的中介。这样的中介往往表现为特定的历史性状态。某一特定时期或者时间点上的人口、技术、体制、公共政策、习俗、惯例、实践活动等，便在中国古代农耕区域的长期稳定或变动不居的生态暨地理条件下，加入了不同的因素，一如在化学反应中，加入不同种类和比例的化学成分将会使最终结果变得不同。而特定时期的人类实践活动的具体形态，一定程度上也是受到其此前的环境特征影响的产物。

　　显然，如果我们谈论的是中国古代哲学贯穿各个时代和覆盖各种地域文化的一般特征，那么解释也必须找到跨越这些时代和环境的一般性

---

　　①　所谓边界条件是指，在特定历史时期内，如果存在一些因素，这些因素给某个事物或者某个领域的发展提供了一定的支持，但同时使得这个事物的发展面临某个受限制的形态的范围和一些近乎刚性的要求，亦即事物发展的形态，必须符合这些要求或在那个范围之内，超出这个范围，即便不是绝不可能，概率也接近于零，那么这样的因素对该事物来说就是它的边界条件。另可参见本书第一章第四节。

原因和背景。纵向的社会历史的继承性，以及历史上从某些文明核心区向边缘区的横向传播的影响，可能会在某些基本的原因和条件消失或并不存在的情况下发挥作用。但这两方面既不是起源阶段的主导因素，也不是后来的根本保障。在其扩散范围大致稳定以后，对于有待给出生态解释的某种思想史而言，这个扩散范围就很可能是有关解释所采纳的合适的地理环境的尺度——尽管这并不意味着这一范围内的任何局部环境都能和这一思想史的基本命题的主旨相呼应。而从整个古代世界的时代跨度来看，合适尺度上的地理环境，并不是这样的环境在某一时代的特殊表现，而是指环境中的某些一贯特征。

在长城一线以内、青藏高原以东地区，东亚季风性气候并其所作用的整体的环境特征，影响到中国古代哲学，至少通过这样一些方式：

（1）此种气候资源因素，加上土壤等方面的适宜性，使农耕作业成为许多人口聚居区的获食模式的主要选择；这就使得适应农耕作业的物候学观察，势必对于人们思维方式产生深远的影响；即这种影响是泛化和迁延性的，广义的征候式思维会在农耕以外的其他领域里不断出现。

（2）在中国古代思想史中，与道论、气论紧密相关的"象论"，就是以"取象比类"为核心的认识论和方法论，而有关的方法事实上就是物候学的泛化及提炼。并且它的重要性在于，道论和气论的内涵和意蕴，必然是以"象论"作为其认知的基础。

（3）与季风性气候有关的环境的一系列一般性要点或某些细节上的特点，是作为关于自然界图景和规律的思考的素材而呈现的，围绕这种图景和规律的描述性成果就是天道观和阴阳五行模式，其中，前者是总体性的刻画，后者堪称前者的细化和模式化。

（4）以周易的卦爻之象为代表的阴阳模式和以本土的四季循环为背景的五行模式，其内在的认识方法的根源和基础，仍然是"取象比类"的"象论"。即事实上形成的描述环境的观点和模式，既映现和折射着东亚大陆上的农耕区环境的总体特征，也是以"象论"即物候学方法的提炼为其方法论的枢纽。

以农耕为主的社区里的人们，自然会进行物候学观察，并其思维方式可能受到这种观察的深刻影响。而一种对物候学的核心特征加以高度概括和抽象化即泛化处理的"象"论，在农耕社区中也容易引起广泛的回响。事实上，这样的象论在这样的人群中具有深刻而广泛的直觉基础，是对于环境和基于这样的环境的生产方式的较佳适应的结果。如果物候学是这类适应环境的人类实践方式的一个非常基本的环节，那么，象论就因为强化和泛化了这种适应性，进而在饮食、服饰、建筑、身心调节、医学，甚至伦理等方面，开辟了一系列具有环境适应性和彼此间的内在同构性的实践方式（当然从历史长河来看，这样的系列未必是唯一可以适应东亚大陆环境的人类实践体系），便成为一种被历史选择的认识论和方法论的体系。基于"象论"和"道论"的更具体的人类实践模式就是"阴阳五行"，即一种"气论"的近于全幅展现的模式。

地理环境是历史的舞台。假设舞台在一个时期是相当固定的，但演戏的人可以在上面唱出不同的戏文，这戏文绝非为舞台所预先订下。不过舞台也是有一定限制的，那些能够适应，甚至恰当地运用舞台特点的戏子，更有可能博得满堂喝彩。生态暨地理因素便也是这样，是历史发展的基础和限制条件，也是人类要适应的方面，但它既没有决定历史的细节，也没有决定社会结构的全部关键因素（不过在特定的历史阶段，极可能塑造着某些特定的关键因素）。历史和地理之间的辩证关系，当作如是观，其中当然包括"思想史"和"哲学史"。

固然人类的哲学思考往往有其超越作者个人的永恒性与普遍性的层面。即，纯粹的、伟大的哲学思想是超越于时、空的，是无远弗届和亘古常新的，但思想的起源和思想的广泛深入传播，又与特定历史时期内的地理环境息息相关。而一种以农耕文明为其思考背景的哲学体系，就有可能更显著地映现或折射其环境特征，因为，这类环境因素对于农耕文明来说，是无法不去关注的。

当然，要想周密地解释中国古代哲学的社会效应和影响机制，生态解释绝对不是唯一合理且重要的解释。存在着多个因素的综合作用。例如，假设阴阳五行模式是华夏文明高度适应黄河中下游生态环境的产物，则其传播及于长江流域，乃至渐渐流行于四季并不分明的岭南、福建或云贵等区，则恐怕不只是象论的高度灵活性和实际变通性可以解释的，而更有文明传播的因素在起作用，即体现为一种强势的、成熟的话语体系的传播效应。

五　中国古代哲学的本质

——基于生态意蕴和生态解释的反思

在当代哲学里面，本质主义名声不佳。它被视为教条主义、刻板的权威或者压迫的代名词，因而在这样的时代潮流的冲击下，我们要想心安理得地谈论哲学或中国哲学的本质，就必须或者强有力地回应这种哲学上的挑战，或者对我们用词的微妙含义进行澄清。"中国哲学的本质"这样的表述，一方面是出于简洁有力地勾勒整体面貌和展现其特质的教学体系的需要，另一方面也正要通过相关的诠释方法的展现，让人体会这种普遍性概括背后所对应的混沌的效应，只有当我们融入这一混沌的总体性当中，有关"中国哲学的本质"的谈论才不至于退化为一系列虚妄的命题。在此，我们的方法论意识，又恰好是我们的研究主题的一部分，这就保证了此种研究不是出于一种外部框架的强加，而是一种合乎自然之道的自我展现。

如果用最简明的方式来表达我们的诠释方法，不妨称为"概念网络的无尽缘起"。[①] 热衷东方式直觉的人，或许会匆忙地对这样的构词法忽视了身体的智慧表示不满，但是没有人能够用赤裸裸的、充满神秘性的直觉来跟这个世界打交道，除非他把自己下降到了纯粹依赖本能的动物的水平。语言是一道神性的光辉，它照彻了由类人猿通向智人的道路，正是在语言中，人第一次构造了完整地联结了过去、现在和将来这三世的桥梁，也正是在语言中，人第一次真正认识到了——死亡。因此身体的智慧只有在转化为语言的所指即概念之后，才能赢得相应的神性。

东方智慧对于语言背后驱动着它的知性冲动抱有与生俱来的警惕心理，害怕它成为生命和灵性的桎梏，这种忧虑是不无道理的，但也无须夸大其词，走向极端，而把语言无条件地视为心灵自由的对立

---

① "无尽缘起"这个概念乃是本书作者得自华严宗。贤首国师在《一乘教义分齐章》述及"十玄"时，表示有立义门和解释门的区别，亦即有围绕概念的论域及其重重回互的缘起模型之间的区别。其实，耐心思考和灵活运用一下这个有效的概念工具，会给我们关于"古代哲学本质"的研究带来惊喜。

面。只有当我们像下述那样做时，情况才会变得严重起来：亦即我们忽略了概念网络的"无尽缘起"，而认为词的意义每每有一个确定的、自在的中心。然则在所谓"概念网络的无尽缘起"中，一方面我们与身体的智能或者东方式的直觉有着密切的接触，另一方面也和语言背后的知性结构，例如所谓的二元化逻辑，保持着必要的创造性张力。①

佛教华严宗的法藏在给武则天说法的时候，提到了他颇为珍重的十玄门，提到了人尽知晓的印度神话帝释天宫中的因陀罗网的隐喻。他以朝堂上的狮子为例说：

> 师子眼、耳、支节，一一毛处，各有金师子。一一毛处师子，同时顿入一一毛中。一一毛中，皆有无边师子，又复一一毛，带此无边师子，还入一毛中。如是重重无尽，犹天帝网珠，名因陀罗网境界门。②

相即相入和互为镜像的关系，无论其所探讨的关系项为两个、十个还是成百上千乃至不计其数个，它都会立刻把我们带入重重无尽的缘起当中，这是由它的抽象意义上的逻辑的本性所决定的，因为"镜像"的关系，就是某个物象要把其视阈范围内全部的其他物象都摄入到自身的构成当中，那么一旦它本身也映入到某个他者之中，则他者，他者中的它，他者中的它的他者，他者中的它的他者中的它，如此下去以至无穷，都是刹那间显现的，其俱时性的含义正是由华严十玄门中的"微细相容安立门"来表现的，此门更特定地就同时性一念等确立了自他相待的主伴关系及有重重无尽的含义，重重无尽的缘起中，诸微细或者说由于不断摄入而趋微细的法体，均能在此一念中为主导对象所包容，这个法门给我们的最强有力的震撼是，它令重重隐映互现的一切物象在各种

---

① 这里所用的"知性"概念，大体上参照德国哲学家康德（Immanuel Kant）在《纯粹理性批判》中对于感性、知性、理性所做的区分。

② 法藏：《华严金师子章·勒十玄》，石峻、楼宇烈、方立天等：《中国佛教思想资料选编》第2卷第2册，中华书局1983年版，第202页。

特定的角度中同时炳然显著。①

倘若要对某种在特定的生态环境和社会心理条件下诞生、存在、延续和转型的哲学体系做出全面的判断，那么用一句话来概括与用全部的事实性叙述来铺陈，实际上效果是一样的。也就是说，要么是过于凝练，以致无法给人留下任何深刻的印象——除非这句话是"心有灵犀一点通"，是可以引发无穷无尽的联想的生长点，但这和严谨的研究无涉；要么是过于详尽而琐屑，一叶障目乃至于叶叶障目，将所有的细节都浏览了一遍，但却未必能得出一个整体的印象。而我们的方法大概是折中的。在此情况下，有一个观念值得向大家推荐，那就是"理学"的渊源于华严"十玄门"的"理一分殊"。人类的基因彼此相似，它们受制于自然界的情况也有相通之处。在原型方面，人并没有像那些受纷纭扰攘的差异性支配而跳上蹿下的世俗的活动者所想象的那样，充满本质上的奇遇和丰富性的冒险，在基本的心理品质上他们都受到了若干种相同的力量的牵引。就连它们，我们也可谈论其彼此的融贯。但是正像《易传》里面讲的，"易穷则变，变则通，通则久"，② 我们倒无意认为"久"是指经由合理的变革而赢得的一种社会结构上的稳定性和持久性，关键在"穷则变"一句：存在的简单性达到了事物的顶点，这时候便会有一种意想不到的神奇的力量被唤醒了，活跃起来，并向人的心灵和才具提出挑战，接下来的一切便是顺理成章的。总之是严谨的、精神式的约束，引起了变化和多样性的爆发。谁要是缺乏这种精神上的自制力，谁就将在没有底本和终局的人类演进的戏剧当中扮演次要的、被动的角色。所以"穷"并不是在事物个别化的轨道上走向偏执的尽头和极端，

---

① 大家都熟悉这样一个关于中西文化差异的论点，即中国文化求同，而西方文化则求异。可是从"概念网络的无尽缘起"的角度来审视，这样的论点除了其固有的截然二分的简单化缺陷以外，它还是不圆满的、缺乏反思的。类似的论点还有很多，例如中国文化是注重整体、注重直觉，其思维方式是综合的、混沌的，而西方文化是注重个体、注重理智，其思维方式是分析的、精确的，似乎双方面是各擅胜场，而需要启动一次辩证的综合。诸如此类的论点也许不能笼统地斥之为荒谬，可是它们给我们的理智和心灵究竟带来多少有益的启示和感触颇值得怀疑。也许并不需要我们彻底改变此类论点所包含的指涉结构，仅仅是注入我们上面所提到的那个辩证的概念工具，就能使其简单和笼统的面貌发生彻底改观。同时，第一章里提到的主位与客位的辩证二分法也将有助于我们重新赢得本质研究的具体性。

② 《周易·系辞上》，《十三经注疏》上册，第86页。

"穷"是人对于事物的差别性被吸附和消融的深渊的亲近。然而绝对的齐一是能够达到的吗？要是这样，它就不再是混沌的深渊了。①

稍稍思考一下"概念网络的无尽缘起"所蕴涵的种种推论，我们也能够得到与"穷则变"相似的论点。因为概念的意义并非来自自我指涉，而是来自它们在概念的缘起网络中的位置和彼此的映现，以及这个网络通过若干关节点而在整体上与身体、直觉以及外部世界的相互作用。因而一个高度抽象的概念——例如我们在比较哲学中所使用的那种概念，如果不是模糊的、意义不明确的或者根本就是缺乏意义的，那就得通过它与活生生的体验材料的相互印证来充实自身的意义。一与多、共相与殊相的矛盾，比起同样是抽象或具体的概念之间的关系，更难以令人理解。但理解的事实却不可避免地在粗糙和混乱当中发生了，尽管总是不圆满的和难得达到解释的精确性。正是一种文化在它的形上学沉思和它的体制因素方面接近这样的抽象性时，它才为自己赢得了本质上的多样性，因为人们对这样概念的理解必定是在其语义的展现当中、从一多关系的无尽缘起中获得的：一方面是概念之间，另一方面是概念网络为多样性体验提供的一种境域上的地平线。

显然不会有人认为中国文化求其"和而不同"乃至求其混通玄冥的精神，毫无例外地在一切领域里面都导向了简练单调的处理方式和具有共通性的前提，刚好相反，我们尊重历史的多样性和所有已知未知的事实而试图让它们自己来说话，不添加各种主观化的个人判断，因为后者常常免不了过分戏剧化的矫揉造作，以及过分地强制和扭曲。我们的不辨其差异，乃是包容连续型的文化借以确认自身的手段，在我们先辈的哲学和宗教里面，"人"的形象不过是一种本身并无任何固执姿态的运转之道。换言之，生命是一种神圣的容器。进一步的圣贤境界亦无非是虚而受物的混沌，这样对他们（圣凡）来说，充满勃勃生机的多样性便来自他们所容纳的事物的表现形态。同样，圣人与凡人的区别也已经在这样的境域中呼之欲出了。

---

① 对此，庄子已经给予了有力的驳斥："既已为一矣，且得有言乎？既已谓之一矣，且得无言乎！一与言为二，二与一为三，自此以往，巧历不能得，而况其凡乎？"（《庄子·齐物论》，王先谦：《庄子集解》卷1，《诸子集成》第3册，第13页）

西方文化中的"人"的形象是一个摆出挑战性姿态的筹划者和立法者，他的求其新异和冒险，是外部的跃动在向他呈现的过程中被他的律法扭曲和变得僵硬以后，他个人的灵魂在此穷极的境域下，不得不求其自身的背反和混沌，所以还是那句话，"穷则变，变则通，通则久"，只不过这种西式的充满创造性气泡的穷通之道，与东方的相比，在方向、途径和配置上发生了改变。这两种文化路向，近乎理想型的勾勒，但是人类已知的文化类型千差万别，难道都可以纳入上述两种轨道吗？对此的答复是，这两种姿态，主动的与被动的，刚断的与包容的，是基本的对偶，而且是彼此融通的，而且这种表示法亦不能不说是得自阴阳概念给予我们的启发。每一种束缚于特定的地域和历史机缘的哲学文化都因其特殊的，尤其在它的制度建构当中得到典型体现的主观性的姿态而彼此有异，然而一种所涵盖的环境和历史经验极其广博和丰富的文化，却有可能为最抽象的概括提供有力的支持，例如中国或者作为整体的西方的形象。因为它们不仅使得这样的概括产生，而且还为它贡献最生动的诠释。

儒家的礼制，这种涵盖了社会生活方方面面的制度建设，的确为中国古代哲学所采取的一种最引人注目的主观性姿态。另外，在道、释的形上学所提供的见解当中，我们却发现一种惊人的相似之处，这类形上学对包容连续型的特征给予了郑重的肯定，虚而受物的混沌，既是通向圣贤、永生和涅槃的途径，又是它的境界归宿。固然，土生土长的儒、道二教的天道循环论，借助阴阳五行等概念的表现形式而提供了最重要的整理现象的方法，但是归根结底，它是被心灵所容纳的事物的外部特征，尽管也许是东亚季风性气候条件下最值得注意的外部特征。

因此，像中国哲学史这样异常丰富多样的人文现象，为一种针对其本质的概括式研究提供了不同层次的素材，是毫不奇怪的。首先，它曾经深入过的某种形上学体验为针对它的最为抽象的概括提供了良好的注脚，但这种概括的特征并不是它在一切历史表现里都曾经无条件地拥有的，由于这种概括的普泛性，同样不是说，其他文化共同体就不可能在它的具体样式里面体现这些特征，因为没有一个人群不需要对"同一与差异"或者"主动与被动"做出判断，或者在它们的样式里面体现这两种基本对偶的运作。然而区别在于，其他类型由于相应的历史机缘的匮乏而没有产生过特别突出其中一方的形上学沉思，因为这种面对抽象特征的沉思要突破其贫乏性的极限，必须由特殊的文化机制，例如由相当广范围内的一种生态模式来提供心理上的动机和无穷无尽的联想的素材。换句话说，是在一系列客观因素作用下得以强化的某种主位的姿态对应了这样的概括。

我国古代的文明是一种根深蒂固的农业文明，并且是在东亚季风性气候条件下的一种农业文明，无论怎样估价这一点的极端重要性，都不算过分。它的局限性和它潜在的普适性都和在这样的基础上生长起来的形上学体验息息相关。基于主位立场（并设想其本身具有普适性）的形上学体验及其表达，就和我们针对它的生态起源的客观研究颇为不同。简单地说，在于前者，不仅中国哲学流派例如儒家曾经是东亚地区唯一成熟的政治伦理，我们还对它总体上在未来社会的价值和前途抱有信心，在于后者，则认为恰好是东亚季风性气候圈内的农耕社会的历史经验，才能为它的注重现世价值、家庭伦理和"道的平衡"的包容连续型的形上学体验提供不竭的源泉和动力。

中国哲学和宗教的本质，即为无彼岸思想而又特重其生机观念，竟至于形成一种蔚为大观的生机论的形上学，实际上可以用这种形上学涵括前面提到的四五个特征。[①] 禅宗常有"黄花般若，翠竹法身"语，这在儒道二教的境界中又何尝不是如此？甚至，更其如此。日常生活，若皆顺其天则，畅其至性，则从最卑微藐小的饮食花木、挑水砍柴、举手投足，至于日月星辰、山河大地，无一不是生机盎然的至诚之道的体现，又何尝不受内心意境的点染与感化呢？殊不必如持有彼岸思想和寂灭本怀的异域僧侣那样，呵斥人间世而别求天国与净土也。

由于中国形上学注重的是无内外能所之分的天地万物一体之仁，故而中国哲人即于万象而一一皆见其浑全的太极，既无逐物驰求之患累，

---

① 所谓无彼岸思想云尔，此可于中国远古的《诗经》证之。《诗》三百以《二南》冠首，曰《周南》，曰《召南》，其所咏歌，皆男女室家农桑劳作之事，亦即人生日用须臾不可离之常道，而处处表现其高尚、泰然、和乐、恬淡、闲适、肃穆、勤勉、宽豁、坦荡之情怀。不绝假弃物而专诉诸内心之冥想，故无枯槁寂灭之患；亦不疲役逐物而陷溺其心，故无贪婪无餍之累。——此意，参见熊十力先生的有关论著与书信，但熊先生却由此推论中国乏宗教精神，这种提法有待商酌和界定。

又在知解上是混沌的，不易往另一种在其预制的抽象方法上力求简单和整齐划一的科学的路向上发展。这和我们前面提到的主位姿态上的主动与被动的差别有关，亦可以说是东西方文化在"易穷则变"的境域上的差别。前者是指包融历史多样性的虚而受物的混沌，后者是指自由创设情境使之具有抽象指涉力的那种先验能力。但我们显然没有理由认为其中一方是注重自然的，而另一方则是注重社会的。不如说自然如何向他们呈现，部分是取决于他们的社会是如何构成的，而从长远的和总体的来看，包括人的自由创造在内，人与环境的有意味的渗透和调谐乃是一个永恒的主题。——虽然我们由于无知而造成的历史记录并不令人乐观。

印度宗教断言自然界是"摩耶"（Maya，亦即幻幕），这个词表示某种仅仅具有短暂和相对的实在性的事物。另一方面，正如基督教关于肉体复活的教义所表明的，西方宗教（包括犹太教、基督教和伊斯兰教）对物质和自然界表示了高度的尊重，按照《圣经·创世记》的说法，大地（以及天）是非常仁慈的，以及最重要的是，人受委托而统治整个大地。① 可是，同样高度尊重自然界的中国哲学和宗教，却在它们所构想的自然界的本性和人与自然的关系方面，表现出极大的不同。在东亚地区的农业文明的语境当中，也可以说，中国哲学和宗教的基本问题是探究"天人关系"，不同于西方宗教是围绕神与人的关系大做文章，这个"神"与其说是自然界的代表，毋宁说是一种具有理性建构能力的先验自我的代表。然而，中国人对于自然界的生机论的看法，在传统上既是实用性的，也是美学意义上的，因而特别是倾向于诗人与热爱大自然的人的那种自然主义，而非西方文明所倚重的那种科学家与工程师的自然主义。② 按照天人合一的方式来说，表达上有多种，但也还是可以

---

① 参见［美］休斯顿·史密斯：《从世界的观点透视中国宗教》，汤一介主编：《中国宗教，过去与现在》，北京大学出版社1992年版，第12页。

② "五四"以降的中国知识分子，接触近代欧洲文化后，都能敏锐地感受到中西哲学和宗教的性格差异，例如近代的熊十力先生就一再强调，欧洲的文明"只能给人以思辨的知识、逻辑的方法，却不能教人从躬行履践中获得安身立命的精神受用"。——此为任继愈先生转述熊先生语，参见《天人之际》，上海文艺出版社1998年版，第5页。而后者恰是中国哲学和宗教之所长。但在西方亦并非完全没有这种安身立命的哲学和宗教境界。只不过，在我国的古代哲学传统中，由于哲学和宗教的难分难解，使其哲学便有这样的面貌。

融通的。按照董仲舒的说法，是一种结构上的对应，亦即"人副天数"，然而更彻底的见解，是像程颢那样认为，"天人本无二，不必言合"。[①]也就是说，光看到结构上的对应还不够，还要体会人和自然并不是服从两套不同的规律体系，实际上，天的本性就是人的本性。甚至人是秉承了阴阳五行的灵秀之气，是自然界的内在本性的完成。这倒并不意味着人可以沾沾自喜，一个劲地夸耀自己了不起；相反，人之优越恰在于它禀赋的是纯粹中正之气，这得靠它的谦逊和诚敬来维系，在方法论上就是要契合虚而受物的混沌。

并非由于中国地理环境的严酷性才妨碍了中国人深入探索自然界的奥秘，由中国人的聪明才智所导致的卓越发明大多数处于孤立状态，这个不幸的事实和农业文明处理人与自然关系方面的被动姿态有关，这样它就无法通过自己的规划而让自然界所服从的抽象法则经受质询，从而向它呈现。但在不断趋向于精耕化的小农经济使得人口日渐膨胀的情况下，人们相互之间如何才能相处得最为融洽的问题便活跃起来，所以从实际的建设性效果来看，儒家的兴趣一直主要集中于伦理、社会和政治问题上。

从文明起源和演进的深层机制上来考察，中国哲学和宗教的内涵是建立在征候—效应原则的基础之上的，将这样的原则推扩到伦理、社会的领域里面，便构成了个人修身或者他的只可意会而不可言传的处世之道的示范意义。当然有一部分涉及礼节性的尊重和如何待人接物的准则性的内容可以作为社会经验加以传授，但是大部分——甚至包括那些处世经验的内核——都得要诉诸心灵中的"道的平衡"和在此情境下的征候—效应的判断。这样的判断会产生很多角度的偶极化的范畴，差别对立的含义通过它们相互之间的中介点被标示出来，或者更应该说首先是有了这样的玄冥的零度，然后才有了这样偶极化的、作为失衡表现的一对对范畴。通常在道德形上学的领域里面，人的道德和非道德状态也是按照征候—效应的判断的方式来加以辨认的（虽然礼的规定是另一个附属的、相对明确的标准）。

---

① 《河南程氏遗书》卷6，程颢、程颐：《二程集》第1册，中华书局1981年版，第81页。

　　由此会产生两个重要的后果。其一，作为一种征候—效应，无论从实现的途径还是从最后的落脚点来看，道德境界都应该是从内在心田中流淌出来并且体现在一系列生理效果方面的躬行践履的事情，而不是对某种抽象原则或信念的诉求。其二，中国的哲学和宗教总体上所热衷谈论的人性本善或者人人具有内在向善的可能的学说，并非因为中国的历史乃是一部缺乏血腥、欺诈和腐败的理想图卷，实在是因为在中国这样的农业文明的语境里面，围绕"道的平衡"而展开的征候—效应判断，即便在伦理、社会和政治领域里面，也是基本的方法，这便内在地要求一种善的学说来与玄冥的零度相适应。所以便不难理解：中和性的特征，较诸亚里士多德的类似学说，具有更强的生态—道德的含义。[①]

　　在中国古代的哲学和宗教里面，一种生机论的形上学能够综合地透显现世性、宗法性、包容性、中和性和内在超越等特征，或者也可以说这几项是彼此涵摄，重重摄入的，并与历史长河中的生态环境与文明形态的演化息息相关。作为我们立足于当代视角所做的一种抽象概括的结果，作为在宗教和哲学经典当中得到出色表述的对应的思想观念，以及作为它们所反映的生态学和社会学事实的信息：注重宇宙生机充盈鼓荡的当下化的流露、家庭本位或者传统上是家国同构的宗法型的取向、尊重已知事实的多样性而准备谦顺地容纳它们的心态，以及征候—效应的判断中注重"道的平衡"的方法，这几项除了彼此之间可以设想的上述"相互诠释"以外，它们各自还与农作、食物、服饰、居住、旅行、知识、艺术、教育、习俗、法律和行政制度等领域里的形态暨信息，处于"一即一切，一切即一，一入一切，一摄一切"，重重回互以至于无尽缘起的关系网络中。其中某些领域里的改变（甚至相当重大的改变），都未必引发其形上学特征的波流、迁移和改组，但在这些领域里面，我们仍然能看到这些形上学因素的重大影响，通过传递它们的声音来具体支持那些本质的因素。

　　所谓生机论的形上学，并非凭空而来，对它的生态起源，笔者已经

---

　　① 亚里士多德的中庸学说见诸《尼各马可伦理学》（苗力田译，中国社会科学出版社1990年版），它和征候判断基础上的中和之说在形上学的背景方面颇为不同，后者是对物候学的方法带有普遍性的引申。

有所讨论，此处就这几个特征为生机论所统摄的情况略作小结：首先，中国哲学是入世的哲学，注重的是人伦日用而不是地狱天堂的警世之说，是人的今生的超越与转化，而不是人的来世的拯救与解脱，因为蠢动含灵乃至山河大地无不蕴涵透脱着内在的生机，此种生机本身就极具价值；其次，注重家庭本位的伦理思想被解释为天经地义的宇宙法则的体现，虽说从实际上来看，它是小农经济条件下的社会结构的产物，然则正如张横渠的"乾称父，坤称母，予兹藐焉"的名句所表示的，父母的生育之恩犹如天地的好生之德；再次，包容连续型的心态正是为了体现天地万物一体之仁，因为所有的生灵和它们的境域都有神圣的价值，都是创造性生机的某种表现；最后，围绕"道的平衡"而展开的征候——效应判断，往往需要借助阴阳五行的系统方法，它在中国哲学和宗教的各个领域里面也都有强烈的表现，"中和性"被认为是令天机流行而发育万物的关键。

主要参考文献

《史记》、《汉书》、《后汉书》、《三国志》、《魏书》、《晋史》、《北史》、《南史》、《隋书》、《旧唐书》、《新唐书》、《旧五代史》、《新五代史》、《宋史》、《明史》等，以上正史均采用中华书局点校本。

旧题左丘明撰：《左传》，十三经注疏本。

佚名，〔吴〕韦昭注：《国语》，上海古籍出版社 1987 年版。

佚名：《战国策》，上海古籍出版社 1978 年版。

〔宋〕司马光等撰：《资治通鉴》，中华书局 1956 年版。

〔唐〕刘知几、〔清〕章学诚：《史通·文史通义》，岳麓书社 1993 年版。

《二十五史补编》：中华书局 1986 年版。

〔清〕王鸣盛：《十七史商榷》，商务印书馆 1959 年版。

〔清〕钱大昕：《廿二史考异》，商务印书馆 1958 年版。

〔清〕阮元编：《十三经注疏》，中华书局影印 1980 年版。

《汉魏古注十三经》，中华书局影印四部备要本 1998 年版。

〔清〕阎若璩：《古文尚书疏证》，四库全书经部书类。

《诸子集成》，中华书局 1954 年版。

《景印文渊阁四库全书》，台北商务印书馆 1986 年版。

《四部丛刊》，上海古籍出版社 1984 年版。

《丛书集成》，中华书局 1985 年版。

〔宋〕王溥编：《唐会要》，中华书局 1955 年版。

〔宋〕王钦若编：《册府元龟》，中华书局 1960 年版。

〔宋〕宋敏求：《唐大诏令集》，商务印书馆1959年版。

李希泌主编：《唐大诏令集补编》，上海古籍出版社2003年版。

宁可辑校：《敦煌社邑文书辑校》，江苏古籍出版社1997年版。

〔清〕徐松编：《宋会要辑稿》，上海古籍出版社1957年版。

〔唐〕欧阳询编：《艺文类聚》，上海古籍出版社1982年版。

〔唐〕徐坚等撰：《初学记》，中华书局1962年版。

〔宋〕李昉编：《太平御览》，四库全书本。

〔宋〕王应麟撰：《玉海》，江苏古籍出版社1990年版。

《甲骨文合集》，中国社会科学院历史研究所编，中华书局1982年版。

《尔雅》，十三经注疏本。

〔清〕毕沅疏证：《释名疏证补》，中华书局2008年版。

〔清〕段玉裁撰：《说文解字注》，上海古籍出版社1988年版。

〔梁〕萧统编，〔唐〕李善注：《文选》，上海古籍出版社1986年版。

〔宋〕姚铉：《唐文粹》，四部丛刊初编本。

〔宋〕李昉编：《文苑英华》，中华书局1966年版。

〔清〕董诰等辑：《全唐文》，上海古籍出版社1990年版。

〔汉〕应劭撰：《风俗通义》，上海古籍出版社1990年版。

〔汉〕班固撰，〔清〕陈立疏证：《白虎通疏证》，中华书局1994年版。

《九章筹术译注》，郭书春译注，上海古籍出版社2009年版。

《四民月令校注》，石声汉校注，中华书局1965年版。

〔唐〕韩鄂撰：《四时纂要校释》，缪启愉校释，农业出版社1979年版。

〔元〕王祯撰：《农书》，《四库全书》子部农家。

〔明〕徐光启撰：《农政全书校注》，石声汉校注，上海古籍出版社1979年版。

〔明〕李时珍撰：《本草纲目》，人民卫生出版社1975年版。

《大正新修大藏经》（《大正藏》），台北财团法人佛陀教育基金会出版部1990年影印版。

《中华大藏经》任继愈主持，中华书局1984年版等。

〔宋〕释赞宁撰：《宋高僧传》，范祥雍点校，中华书局 1987 年版。

杨曾文编校：《神会和尚禅话录》，中华书局 1996 年版。

〔唐〕宗密撰：《禅源诸诠集都序》，《大正藏》卷 48。

〔南唐〕释静、筠撰：《祖堂集》，（一）吴福祥、顾之川点校（岳麓书社 1996 年版）；（二）孙昌武等点校（中华书局 2007 年版）。

〔宋〕道原编：《景德传灯录》，《大正藏》卷 51。

〔宋〕普济编撰：《五灯会元》，苏渊雷点校，中华书局 1984 年版。

〔宋〕赜藏主：《古尊宿语录》，（一）影印径山藏本，上海古籍出版社 1991 年版；（二）萧萐父等校点，中华书局 1994 年版。

〔日〕真人元开著：《唐大和上东征传》，中华书局 2000 年版。

〔日〕释圆仁著：《入唐求法巡礼行记》，（一）上海古籍出版社 1986 年版；（二）小野胜年、白化文等校注，花山文艺出版社 1992 年版。

〔宋〕志磐撰：《佛祖统纪》，《大正藏》卷 49。

《道藏》，（一）文物出版社等 1988 年版；（二）上海涵芬楼影印版。

〔清〕胡渭：《禹贡锥指》，上海古籍出版社 2006 年版。

陈桥驿校证：《水经注校证》，中华书局 2007 年版。

〔唐〕李吉甫撰：《元和郡县图志》，贺次君点校，中华书局 1983 年版。

〔宋〕乐史撰：《太平寰宇记》，（一）线装宋本，中华书局 2000 年版；（二）王文楚校点，中华书局 2007 年版。

〔宋〕王象之：《舆地纪胜》（《纪胜》），道光二十九年刊影印本，中华书局 1992 年版。

〔明〕顾炎武撰：《天下郡国利病书》，《四部丛刊》三编史部。

〔清〕顾祖禹：《读史方舆纪要》（《纪要》），中华书局 2005 年版。

《中国地图册》湖南地图出版社 2005 年版。

谭其骧主编：《中国历史地图集》（一至八册），中国地图出版社 1982 年版。

《世界地图册》，中国地图出版社 1994 年版。

〔美〕戴尔·古德主编：《康普顿百科全书·生物科学卷》，商务印书馆 2003 年版。

〔唐〕陆德明：《经典释文·周易音义》，中华书局 1983 年版。

〔唐〕李鼎祚：《周易集解》，《文渊阁四库全书》第 7 册。

〔宋〕周敦颐：《太极图说》，上海古籍出版社 1992 年景印四库本。

〔宋〕张载：《张载集》，中华书局 1978 年版。

〔宋〕程颢、程颐：《二程集》，中华书局 1981 年版。

〔宋〕德清：《中庸直指》，1884 年金陵刻经处本。

〔宋〕程颢、程颐：《二程集》，中华书局 1981 年版。

〔宋〕黎靖德：《朱子语类》，中华书局。

〔宋〕朱熹：《朱子性理语类》，上海古籍出版社 1992 年影印版。

〔宋〕陆九渊：《陆九渊集》，中华书局 1980 年版。

〔宋〕陆九渊：《象山语录》，上海古籍出版社 1992 年版影印明刊本。

〔明〕王阳明撰，吴光等编校：《王阳明全集》，上海古籍出版社 1992 年版。

〔明〕曹端：《通书述解》，上海古籍出版社 1992 年景印四库本。

〔清〕黄宗羲：《明儒学案》，中华书局 1985 年版。

〔清〕黄百家：《宋元学案》，中华书局 1986 年版。

〔清〕李道平：《周易集解纂疏》，中华书局 1994 年版。

〔清〕孙希旦：《礼记集解》，中华书局 1989 年版。

〔清〕陈立撰，吴则虞点校：《白虎通疏证》，中华书局 1994 年版。

〔清〕皮锡瑞：《今文尚书考证》，中华书局 1998 年版。

邓球柏：《帛书周易校释》，湖南人民出版社 2002 年版。

徐元诰：《国语集解》，中华书局 1992 年版。

苏舆：《春秋繁露义证》，中华书局 1992 年版。

石峻等编：《中国佛教思想资料选编》第 1 卷，中华书局 1981 年版。

石峻等编：《中国佛教思想资料选编》第 2 卷第 4 册，中华书局 1983 年版。

王卡点校：《老子道德经河上公章句》，中华书局 1993 年版。

王明：《太平经合校》，中华书局 1960 年版。

尚志钧等整理：《中医八大经典全注》，华夏出版社 1994 年版。

冯友兰：《中国哲学史》（两卷本），华东师范大学出版社 2001 年版。

张岱年：《中国哲学大纲》，中国社会科学出版社 1982 年版。

李零：《郭店楚简校读记》，北京大学出版社 2002 年版。

郭沂：《郭店竹简与先秦学术思想》，上海教育出版社 2001 年版。

徐复观：《两汉思想史》（1—3 卷），华东师范大学出版社 2001 年版。

汤用彤：《魏晋玄学论稿》，上海古籍出版社 2001 年版。

汤一介：《郭象与魏晋玄学》，北京大学出版社 2000 年版。

任继愈主编：《中国哲学发展史·隋唐卷》，人民出版社 1994 年版。

高令印、陈其芳：《福建朱子学》，福建人民出版社 1986 年版。

陈来：《有无之境》，人民出版社 1992 年版。

庞朴：《沉思集》，上海人民出版社 1982 年版。

嵇文甫：《晚明思想史论·附录》，东方出版社 1996 年版。

苏秉琦：《中国文明起源新探》，三联书店 1999 年版。

杨宽：《西周史》，上海人民出版社 1999 年版。

李峰：《西周的灭亡——中国早期国家的地理和政治危机》，上海古籍出版社 2007 年版。

辛德勇：《秦汉政区与边界地理研究》，中华书局 2009 年版。

葛剑雄：《中国人口发展史》，福建人民出版社 1991 年版。

吴松弟：《中国人口史·第三卷》，复旦大学出版社 2000 年版。

曹树基：《中国人口史·第四卷》，复旦大学出版社 2000 年版。

王渊明：《历史视野中的人口与现代化》，浙江人民出版社 1995 年版。

许倬云：《汉代农业》，江苏人民出版社 1998 年版。

秦晖：《传统十论》，复旦大学出版社 2003 年版。

徐茂明：《江南士绅与江南社会（1368—1911）》，商务印书馆 2004 年版。

赵华富：《徽州宗族研究》，安徽大学出版社 2004 年版。

黄仁宇：《放宽历史的视界》，三联书店 1998 年版。

黄仁宇：《黄河青山：黄仁宇回忆录》，三联书店 2001 年版。

黄仁宇：《赫逊河畔谈中国历史》，三联书店 2002 年版。

王毓瑚：《中国农学书录》，农业出版社 1964 年版。

牟钟鉴：《中国宗教与文化》，巴蜀书社 1989 年版。

汤一介主编：《中国宗教：过去与现在》，北京大学出版社 1992 年版。

任继愈：《天人之际》，上海文艺出版社 1998 年版。

赵敦华：《基督教哲学 1500 年》，人民出版社 1994 年版。

史宗主编：《20 世纪西方宗教人类学文选》，上海三联书店 1995 年版。

吴洲：《中国宗教学概论》，台北中华道统出版社 2001 年版。

吴洲：《缘起论的基本问题》，高雄佛光山基金会 2001 年版。

吴洲：《唐代东南的历史地理》，中国社会科学出版社 2011 年版。

徐梦秋、吴洲等：《规范通论》，商务印书馆 2011 年版。

詹石窗、吴洲等：《中国宗教思想通论》，人民出版社 2011 年版。

徐友渔等：《语言与哲学》，三联书店 1996 年版。

张公瑾：《文化语言学发凡》，云南大学出版社 1998 年版。

金克木：《梵佛探》，河北教育出版社 1996 年版。

何怀宏：《生态伦理学：精神资源与哲学基础》，河北大学出版社 2002 年版。

杨持主编：《生态学》，高等教育出版社 2008 年版。

蓝盛芳等：《生态经济系统能值分析》，化学工业出版社 2002 年版。

任美锷：《中国自然地理纲要》，商务印书馆 1992 年版。

中国科学院编：《中国自然地理·地貌》，科学出版社 1980 年版。

中国科学院编：《中国自然地理·历史自然地理》，科学出版社 1982 年版。

秦大河主编：《中国气候与环境演变》，科学出版社 2005 年版。

李剑农：《中国古代经济史稿》，武汉大学出版社 2006 年版。

赵冈：《中国经济制度史》，新星出版社 2006 年版。

侯家驹：《中国经济史》，新星出版社 2008 年版。

韩国磐：《隋唐五代史纲》，三联书店 1961 年版。

漆侠：《宋代经济史》，上海人民出版社 1987 年版。

傅衣凌：《明清农村社会经济　明清社会经济变迁论》，中华书局2007年版。

傅衣凌：《明清时代商人及商业资本　明代江南市民经济试探》，中华书局2007年版。

彭信威：《中国货币史》，上海人民出版社2007年版。

王仲荦：《金泥玉屑丛考》，中华书局1998年版。

黄冕堂：《中国历代物价问题考述》，齐鲁书社2008年版。

周谷城：《世界通史》，商务印书馆2005年版。

高鸿业：《西方经济学（微观部分）》，中国人民大学出版社1996年版。

林毅夫：《制度、技术与中国农业的发展》，上海三联书店等1994年版。

王亚华：《水权解释》，上海三联书店、上海人民出版社2005年版。

陈中永、郑雪：《中国多民族认知活动方式的跨文化研究》，辽宁民族出版社1995年版。

［古希腊］亚里士多德（Aristotle）著，苗力田主编：《亚里士多德全集》第7卷，中国人民大学出版社1993年版。

［古希腊］亚里士多德（Aristotle）：《范畴篇》，方书春译，商务印书馆1959年版。

［古希腊］亚里士多德（Aristotle）：《尼各马可伦理学》，苗力田译，中国社会科学出版社1990年版。

［古希腊］赫西奥德（Hesiod）：《工作与时日·神谱》，张竹明译，商务印书馆1991年版。

［古罗马］瓦罗（M. T. Varro）：《论农业》，商务印书馆1981年版。

［法］谢和耐（J. Gernet）：《中国和基督教》，耿昇译，上海古籍出版社1991年版。

［法］谢和耐（J. Gernet）：《中国5—10世纪的寺院经济》，耿昇译，上海古籍出版社2004年版。

［法］费尔南·布罗代尔（F. Braudel）：《15至18世纪的物质文明、经济和资本主义》，施康强、顾良译，三联书店1992年版。

［瑞士］索绪尔（F. D. Saussure）：《普通语言学教程》，高名凯译，

商务印书馆 1980 年版。

　　［奥］维特根斯坦（Ludwig Wittgenstein）：《哲学研究》，汤潮译，三联书店 1992 年版。

　　［德］马克思、恩格斯：《马克思恩格斯选集》第 2 卷，人民出版社 1972 年版。

　　［德］马克思、恩格斯：《马克思恩格斯全集》第 28 卷，人民出版社 1973 年版。

　　［德］韦伯（M. Webber）：《儒教与道教》，洪天富译，江苏人民出版社 1993 年版。

　　［德］伽达默尔（Gadamer）：《真理与方法》，洪汉鼎译，商务印书馆 1992 年版。

　　［德］哈贝马斯（J. Habermas）：《交往行动理论》第 1 卷，重庆出版社 1994 年版。

　　［德］哈贝马斯（J. Habermas）：《交往与社会进化》，重庆出版社 1989 年版。

　　［德］柯武刚（Wolfgang Kasper）等：《制度经济学》，商务印书馆 2000 年版。

　　［英］麦克斯·缪勒（Max Müller）：《宗教的起源与发展》，金泽译，上海人民出版社 1989 年版。

　　［英］卡尔·波普尔（Karl Popper）：《科学知识进化论》，纪树立编译，三联书店 1987 年版。

　　［英］亚当·斯密（Adam Smith）：《国民财富的性质和原因的研究》，商务印书馆 1972 年版。

　　［英］汤因比（A. J. Toynbee）：《历史研究》，上海人民出版社 1966 年版。

　　［英］阿诺德·汤因比、［日］池田大作：《展望二十一世纪：汤因比与池田大作对话录》，国际文化出版公司 1985 年版。

　　［英］R. 约翰斯顿主编：《人文地理学辞典》，商务印书馆 2006 年版。

　　［英］哈·麦金德（H. J. Mackinder）：《历史的地理枢纽》，商务印书馆 2010 年版。

〔英〕安东尼·斯托尔（Anthony Storr）：《荣格》，陈静、章建刚译，中国社会科学出版社 1989 年版。

〔英〕马尔萨斯（T. R. Malthus）：《人口原理》，商务印书馆 1992 年版。

〔英〕霍尔姆斯·罗尔斯顿（H. Rolston）：《环境伦理学》，杨通进译，中国社会科学出版社 2000 年版。

〔英〕葛瑞汉：《论道者》，中国社会科学出版社 2003 年版。

〔美〕G. W. 柯克斯、M. D. 阿特金斯：《农业生态学：世界食物生产系统分析》，王在德等译，农业出版社 1987 年版。

〔美〕利思（H. Lieth）：《物候学与季节性模式的建立》，颜邦倜等译，科学出版社 1984 年版。

〔美〕J. 丹西：《当代认识论导论》，周文章等译，中国人民大学出版社 1990 年版。

〔美〕布龙菲尔德（L. Bloom field）：《语言论》，商务印书馆 1980 年版。

〔美〕普洛格（Fred Plog）等：《文化演进与人类行为》，辽宁人民出版社 1988 年版。

〔美〕彼德·布劳（Peter Blau）：《社会生活中的交换与权力》，华夏出版社 1988 年版。

〔美〕约拉姆·巴泽尔（Yoram Barzel）：《国家理论——经济权利、法律权利与国家范围》，上海财经大学出版社 2006 年版。

〔美〕唐纳德·沃斯德（D. Worster）：《自然的经济体系——生态思想史》，商务印书馆 1999 年版。

〔美〕阿尔多·李奥帕德（Aldo Leopold）：《沙郡年记：李奥帕德的自然沉思》，吴美真译，三联书店 1999 年版。

〔美〕弗里德曼（M. Freedman）：《中国东南的宗族组织》，上海人民出版社 2000 年版。

〔美〕魏特夫（K. Wittfogel）：《东方专制主义——对于极权力量的比较研究》，中国社会科学出版社 1989 年版。

〔美〕罗兹·墨菲（Murphey, Rhoads）：《亚洲史》，海南出版社 2004 年版。

〔美〕陈汉生：《中国古代的语言和逻辑》，社会科学文献出版社1998年版。

〔美〕郝大维、安乐哲：《汉哲学思维的文化探源》，江苏人民出版社1999年版。

〔日〕沟口雄三、小岛毅主编：《中国的思维世界》，江苏人民出版社2006年版。

〔日〕小野泽精一等编：《气的思想》，上海人民出版社1990年版。

〔日〕青木昌彦：(《比较制度分析》，上海远东出版社2001年版。

Tainter，Joseph. A. 1988. *The Collapse of Complex Societies*. Cambridge：Cambridge University Press.

Bray，Francesca. 1985. *The Rice Economies，Technology and Development in Asian Societies*. New york：Oxford University Press.

Buck，John L. 1964. *Land Utilization in China*. New york：Paragon Book Reprint Corp.

Elvin，Mark. 1973. *The Pattern of the Chinese Past*. Stanford：Stanford University Press.

Ho，Ping－ti. 1962. *The Ladder of Success in Imperial China：Aspects of Social Mobility*，1368－1911. New York：Columbia University Press.

Jones，Eric L. 1981. *The European Miracle：Environments，Economies，and Geopolitics in the History of Europe and Asia*. Cambridge：Cambridge University Press.

Marks，Robert. 1991. *Tigers，Rice，Silk，and Silt：Environment and Economy in Guang-dong*，1250—1850. New York：Cambridge University Press.

North，Douglass. C. 1981. *Structure and Change in Economic History*. Now york：W. W. Norton.